DOPAMINA

DOPAMINA

Despre cum
o singură moleculă
din creierul nostru
controlează iubirea, sexul și
creativitatea – și va hotărî
soarta omenirii

Traducere din engleză de
Adina Avramescu

DANIEL Z. LIEBERMAN
MICHAEL E. LONG

CO–LECȚIA
DE ȘTIINȚĂ

PUBLICA

Titlul original al acestei cărți este
The Molecule of More: How a Single Chemical in Your Brain Drives Love, Sex and Creativity – and Will Determine the Fate of the Human Race.
Autori: dr. Daniel Z. Lieberman și dr. Michael E. Long.

Descrierea CIP a Bibliotecii Naționale a României
LIEBERMAN, DANIEL Z.

Dopamina : despre cum o singură moleculă din creierul nostru controlează iubirea, sexul și creativitatea - și va hotărî soarta omenirii / Daniel Z. Lieberman și Michael E. Long ; trad. din engleză de Adina Avramescu. - București : Publica, 2019
ISBN 978-606-722-350-7

I. Long, Michael E.
II. Avramescu, Adina (trad.)

159.9

EDITORI: Cătălin Muraru, Silviu Dragomir

DESIGN: Alexe Popescu

REDACTOR: Corneliu Beldiman

CORECTORI: Rodica Crețu, Elena Bițu

DTP: Dragoș Tudor

CUPRINS

Pentru Sam și Zach, care m-au făcut să văd
lumea cu alți ochi.
D.Z.L.

Pentru tata, care le-ar fi spus tuturor, chiar
dacă nimeni nu ar fi vrut să audă

și

Pentru Kent, care ne-a părăsit chiar în
momentul în care lucrurile începuseră
să devină interesante.
M.L.

M

Mulțumiri

Îi suntem deosebit de recunoscători dr. Fred H. Previc pentru cartea sa, *The Dopaminergic Mind in Human Evolution and History* (*Mintea dopaminergică în evoluția și istoria omenirii*). Această lucrare ne-a atras atenția asupra distincției fundamentale dintre cercetarea viitoare referitoare la dopamină și cea prezentă axată pe un grup de alți neurotransmițători. Ea este destinată, în primul rând, oamenilor de știință, dar, dacă sunteți interesați de o descriere mai detaliată a neurobiologiei care stă la baza cărții de față, vi-o recomandăm cu căldură.

Le mulțumim agenților noștri, Andrea Somberg și Wendy Levinson de la Agenția Harvey Klinger, care au înțeles imediat ce făceam și ne-au oferit confirmarea pe care sperasem să o obținem. Îi mulțumim, de asemenea, editoarei noastre, Glenn Yeffeth de la BenBella. Entuziasmul și profesionalismul ei ne-au făcut să ne simțim și mai liniștiți. Mulțumiri se cuvin echipei de la BenBella, în special lui Leah Wilson, Adrienne Lang, Jennifer Canzoneri, Alexa Stevenson, Sarah Avinger, Heather Butterfield și tuturor celor de acolo care au trudit la cartea noastră, chiar dacă nu i-am întâlnit. Datorăm mulțumiri speciale redactorului excepțional pe care l-am avut, James M. Farleigh. Ar putea să îmbunătățească până și fraza asta, probabil chiar și în somn.

Dan vrea să-i mulțumească dr. Frederick Goodwin pentru că a fost mentorul său vreme de mai mulți ani. Dr. Goodwin este unul dintre cei mai buni experți din lume în tulburare bipolară. El mi-a atras atenția asupra relației dintre imigrație și genele bipolare și mi-a sugerat să citesc lucrarea clasică a lui Alexis de Tocqueville, *Despre democrație în America*, pentru a înțelege mai bine specificul sociopolitic al Statelor Unite în secolul al XIX-lea. Le sunt recunoscător membrilor George Washington University Medical Faculty Associates pentru oportunitatea de a practica psihiatria într-un mediu academic dinamic și pentru privilegiul de a trata pacienți cu boli mintale. Faptul că pacienții mei sunt dispuși să-mi împărtășească suferințele, succesele, speranțele și temerile lor reprezintă o sursă constantă de inspirație pentru mine și le sunt recunoscător. Le mulțumesc, de asemenea, studenților mediciniști și rezidenților care pun întrebări supărătoare, obligându-mă să regândesc în permanență teoria mea cu privire la funcționarea creierului.

Mike dorește să le mulțumească lui Greg Northcutt și soților Hubbard, Jim și Ellen, primii noștri referenți, care ne-au confirmat că făcuserăm din știință un demers captivant. Mulțumiri se cuvin lui John J. Miller, pentru exemplul profesional și lui Peter Nash pentru inspirația personală. Le mulțumesc, de asemenea, studenților mei de la Georgetown University, care mi-au reamintit că cea mai mare parte a scrisului este gândirea. Nu aș fi știut cum să spun o poveste, dacă nu ar fi fost recent dispărutul dintre noi regretatul Blake Snyder, iar fără Vincent Gilligan nu aș fi știut cum să o fac să sune captivant – mulțumesc, domnilor! Îi mulțumesc fratelui meu, Todd, pentru împunsăturile zilnice. Nu te opri, Todd! Și, evident: mulțumesc, mamă!

Dan dorește să-i mulțumească soției sale, Masami, pentru susținere, optimism și încurajare. Când obstacolele întâlnite pe parcursul scrierii acestei cărți m-au făcut să mă îndoiesc de mine însumi, aceste îndoieli au dispărut în momentul în care i le-am adus ei la cunoștință. Le mulțumesc fiilor mei, Sam și Zach, care au adus bucurie în viața mea și m-au obligat să mă maturizez.

Michael dorește să-i mulțumească soției sale, Julia, pentru ultimii câțiva ani de libertate. Întotdeauna mă lași să mă văicăresc, apoi mă săruți pe frunte și îmi spui că pot să fac ce vreau. Le mulțumesc copiilor mei, Sam, Madeline și Brynne, pentru că v-ați arătat interesați chiar și atunci când nu erați. Vă iubesc pe toți!

Autorii doresc să-și manifeste recunoștința față de restaurantul TGI Fridays de lângă White House, unde ne-am dedat de atâtea ori la dopamina controlului și dorinței. Planurile și visurile pe care ni le-am făcut acolo s-au condensat în bucata de realitate pe care o țineți acum în mâini.

În fine, această carte a început ca proiectul a doi prieteni care erau atât de neinteresați de pasiuni obișnuite precum pescuitul sau baschetul, încât singurul lucru pe care-l puteau face împreună era să ia prânzul mai des sau să scrie o carte. Am rămas prieteni, chiar dacă, de câteva ori, prietenia noastră a fost pe muchie de cuțit.

Daniel Z. Lieberman & Michael E. Long
Februarie 2018

La început, Dumnezeu a creat cerul și pământul.

I

Sus *versus* jos

Uitați-vă în jos. Ce vedeți? Mâinile dumneavoastră, biroul dumneavoastră, podeaua, poate o ceașcă de cafea, un laptop ori un ziar. Ce au ele în comun? Acestea sunt lucruri pe care le puteți atinge. Ceea ce vedeți când vă uitați în jos sunt lucruri care vă sunt la îndemână, lucruri pe care le puteți controla chiar acum, lucruri pe care le puteți mișca și manipula fără planificare, efort sau gândire. Fie că este rezultatul muncii dumneavoastră, al generozității altora sau pur și simplu al întâmplării, o bună parte din ce vedeți jos vă aparține. Sunt lucruri aflate în posesia dumneavoastră.

Acum uitați-vă în sus. Ce vedeți? Tavanul, probabil tablouri pe un perete sau lucruri aflate dincolo de fereastră: copaci, case, clădiri, nori pe cer – orice se află în depărtare. Ce au ele în comun? Pentru a ajunge la ele, trebuie să vă faceți un plan, să gândiți, să calculați. Chiar dacă nu sunt prea departe, tot e nevoie de un efort coordonat pentru a ajunge la ele. Spre deosebire de ce vedeți când vă uitați în jos, tărâmul de *sus* cuprinde lucruri pe care le puteți obține printr-un efort de gândire și prin muncă.

Este la fel de simplu precum sună. Însă pentru creier această distincție marchează două moduri de gândire total diferite: două maniere complet diferite de a aborda lumea. În creierul nostru, lumea de *jos* este controlată *de o mână* de substanțe chimice – neurotransmițători – care ne permit să cunoaștem satisfacția și să ne bucurăm de tot ce avem în clipa de față. Dar, când ne îndreptăm atenția spre lumea de *sus*, creierul nostru se bazează pe o substanță chimică diferită – pe o singură moleculă –, care nu numai că ne permite să trecem dincolo de tărâmul lucrurilor ce ne sunt la îndemână, dar ne și motivează să urmăm, să controlăm și să posedăm lumea la care nu avem un acces imediat. Ne face să căutăm acele lucruri care se află departe de noi – atât lucruri fizice, cât și lucruri pe care nu le putem vedea, cum ar fi cunoașterea, iubirea, puterea. Fie că este vorba de a ne întinde peste masă după solniță, de a zbura până la Lună într-o navetă spațială sau de a ne închina unui zeu aflat dincolo de spațiu și timp, această substanță chimică ne oferă control asupra oricărei distanțe, geografică sau intelectuală.

Acele substanțe chimice *joase* – haideți să le numim *Aici & Acum-uri* – ne permit să experimentăm ce avem în fața noastră. Ne fac să savurăm și să ne bucurăm sau probabil să ne luptăm ori să fugim, chiar acum. Substanța chimică *înaltă* este diferită. Ne face să ne dorim ceea ce nu avem încă și ne dă ghes să căutăm lucruri noi. Ne răsplătește când ne lăsăm în voia ei și ne face să suferim de fiecare dată când ne împotrivim ei. Este o sursă de creativitate și, la capătul celălalt al spectrului, de nebunie; este cheia pentru dependență și calea către recuperare; este fărâma de biologie care îl face pe directorul ambițios să sacrifice totul de dragul succesului; pe actorii și antreprenorii de succes, să continue să trudească multă vreme după ce au obținut toți banii și toată faima la care au visat vreodată; și pe soțul mulțumit sau soția mulțumită să riște totul pentru fiorul produs de altcineva. Este sursa acelei pasiuni irefutabile care îi determină pe oamenii de știință să caute răspunsuri și pe filosofi, să identifice ordinea, rațiunea și sensul.

Ea ne face să ne îndreptăm privirea către cer pentru a găsi izbăvirea și pe Dumnezeu; este motivul pentru care raiul este sus și pământul este jos. Este combustibil pentru motorul visurilor noastre; este sursa disperării noastre când eșuăm. Este explicația căutărilor și reușitelor noastre, a descoperirilor și prosperității noastre.

Și este motivul pentru care fericirea noastră nu este niciodată de durată.

Pentru creierul nostru, această moleculă unică este dispozitivul multifuncțional fundamental, care ne împinge, prin mii de procese neurochimice, dincolo de plăcerea simplă de a fi, către un univers al posibilităților care se înfățișează în imaginația noastră. Mamiferele, reptilele, păsările, peștii, toate au această substanță chimică în interiorul creierului lor, dar nicio creatură nu o posedă într-o măsură mai mare decât ființa umană. Este o binecuvântare și un blestem, o motivație și o răsplată. Este alcătuită din carbon, hidrogen, oxigen și un singur atom de azot, însă rezultatul este complex. Aceasta este dopamina și ea ne spune, nici mai mult, nici mai puțin decât povestea comportamentului uman.

Și, dacă vreți, puteți să o simțiți chiar acum, să-i oferiți controlul.

Ridicați privirea.

O notă din partea autorilor

Am pus în această carte cele mai interesante experimente științifice pe care le-am putut găsi. Însă unele părți sunt speculative, în special în ultimele capitole. În plus, există locuri unde am simplificat foarte mult pentru ca materialul să fie mai ușor de înțeles. Creierul este atât de complex că până și cel mai sofisticat neurolog trebuie să simplifice pentru a construi un model de creier care poate fi înțeles. Totodată, știința este dezordonată. Uneori, studiile se contrazic reciproc și este nevoie de timp pentru a stabili care rezultate sunt corecte. O trecere în revistă a tuturor dovezilor existente s-ar transforma rapid într-un proces obositor pentru cititor, astfel că am selectat studiile care au avut un impact hotărâtor asupra domeniului și care reflectă un consens științific, când acesta există.

Știința nu este doar dezordonată; ea poate să se dovedească bizară uneori. Încercarea de a înțelege comportamentul uman poate să ia forme ciudate. Nu este ca și cum ai studia o substanță chimică într-o eprubetă sau chiar infecțiile la oameni. Cercetătorii creierului trebuie să găsească modalități de a declanșa comportamente importante, într-un mediu de laborator – uneori este vorba despre comportamente sensibile generate de pasiuni precum furia, lăcomia sau chiar dorința sexuală. Când a fost posibil, am ales studii care pun în lumină această ciudățenie.

Pe de o parte, cercetarea omului, în toate formele sale, este complicată. Nu se aseamănă cu îngrijirea medicală, în care un medic și pacientul său lucrează împreună pentru a trata boala acestuia din urmă. În acest caz, ei aleg tratamentul pe care-l consideră cel mai eficient și singurul scop este acela de a-l face pe pacient să se simtă mai bine.

Pe de altă parte, scopul cercetării este să răspundă la o întrebare științifică. Chiar dacă oamenii de știință muncesc din greu pentru a minimiza riscul la care se supun cei implicați, știința trebuie să aibă întâietate. Uneori, accesul la tratamente experimentale poate să ducă la salvarea unor vieți, însă, de obicei, subiecții implicați în cercetări sunt expuși la riscuri cu care nu s-ar confrunta pe parcursul unei îngrijiri medicale normale.

Oferindu-se ca voluntari pentru studii, participanții își sacrifică o parte din propria lor siguranță în beneficiul altora – oameni bolnavi care se vor bucura de o viață mai bună, când cercetarea are succes. Ei sunt asemenea pompierilor care intră fără ezitare într-o clădire în flăcări pentru a-i slava pe cei care sunt captivi acolo, alegând să se pună în pericol pentru binele altora.

Elementul-cheie, desigur, este că participantul la cercetare trebuie să știe cu exactitate în ce se bagă. Se numește consimțământ informat și, de regulă, vine sub forma unui document lung care explică scopul cercetării și prezintă riscurile implicării. Departe de a fi perfect, este totuși un sistem bun. Participanții nu-l citesc întotdeauna cu atenție, mai ales dacă este foarte lung. Uneori, cercetătorii omit o serie de lucruri, deoarece ascunderea adevărului este o parte esențială a studiului. Dar, în general, oamenii de știință fac tot ce se poate pentru a se asigura că participanții vor fi parteneri cooperanți pe parcursul cercetării care are ca țintă misterele comportamentului uman.

Iubirea este o nevoie, o dorință,
un imbold de a obține cel mai mare premiu al vieții.

HELEN FISHER, ANTROPOLOG BIOLOG

1

Iubirea

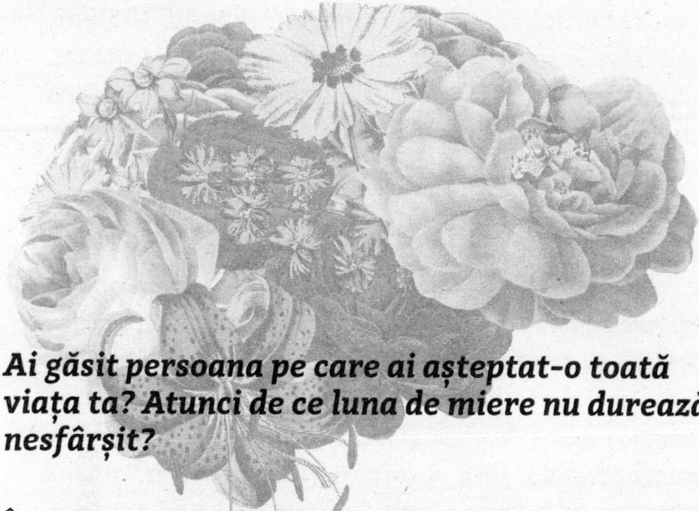

Ai găsit persoana pe care ai așteptat-o toată viața ta? Atunci de ce luna de miere nu durează la nesfârșit?

În care analizăm substanțele chimice care ne fac să dorim să facem sex și să ne îndrăgostim – și de ce, mai devreme sau mai târziu, totul se schimbă.

Shawn a șters un petic din oglinda aburită a băii, și-a trecut degetele prin părul său negru și a zâmbit. „Totul o să meargă strună”, a zis el.

Și-a dat jos prosopul și și-a admirat abdomenul plat. Obsesia lui pentru sala de fitness produsese două treimi dintr-un „six-pack”. De aici, mintea lui a trecut la o obsesie mult mai presantă: nu ieșise cu nimeni din februarie. Era un mod elegant de a spune că nu mai făcuse sex de șapte luni și trei zile – și s-a întristat, dându-și seama că ținuse o socoteală atât de precisă. Însă această perioadă nefericită avea să ia sfârșit în seara aceasta, s-a gândit el.

Odată ajuns la bar, a trecut în revistă posibilitățile. În acea seară se aflau acolo o mulțime de femei frumoase – nu că înfățișarea ar fi reprezentat totul. Desigur, simțea nevoia să facă sex, dar, totodată, tânjea să aibă o persoană în viața lui căreia să-i trimită mesaje fără niciun motiv și care să-i însenineze fiecare zi. Se considera un romantic, chiar dacă în acea seară era vorba doar despre sex.

Își tot încrucișa privirea cu aceea a unei tinere femei care stătea la o masă înaltă împreună cu o amică vorbăreață. Avea părul negru și ochii căprui. Shawn o observase pentru că nu era îmbrăcată în ținuta obișnuită de sâmbătă seara – purta pantofi fără toc și blugi Levi's, în loc de tocuri și haine de club. El s-a prezentat și conversația a demarat rapid și fără obstacole. Numele ei era Samantha, iar primul lucru pe care l-a spus a fost că se simte mult mai confortabil făcând exerciții cardio, decât să dea pe gât sticle de bere una după alta. Astfel, au ajuns să discute în amănunt despre săli de fitness din oraș, aparate de gimnastică și avantajele relative ale antrenamentului de dimineața comparativ cu cel de după-amiaza. Tot restul serii el nu s-a mișcat de lângă ea, iar ea și-a dat seama imediat că se simte bine în compania lui.

Numeroși factori i-au împins către ceea ce avea să devină o relație pe termen lung: interesele lor comune, faptul că se simțeau bine împreună, chiar și băuturile și un pic de disperare. Dar niciunul nu era cheia reală a iubirii. Factorul major a fost acesta: ambii erau sub influența unei substanțe chimice de natură să modifice gândirea. În aceeași situație se aflau toți ceilalți din bar.

Și, după cum se vede, și dumneavoastră.

Ce poate fi mai puternic decât plăcerea?

Dopamina a fost descoperită în creier în 1957 de Kathleen Montagu, o cercetătoare care lucra într-un laborator al Runwell Hospital din apropierea Londrei. La început, dopamina a fost percepută pur și simplu ca o modalitate prin care corpul produce o substanță chimică numită norepinefrină – numele atribuit adrenalinei atunci când ea este găsită în creier. Însă oamenii de știință au început să observe apoi lucruri ciudate. Cu toate că doar 0,0005% din celulele creierului produc dopamină – una din două milioane – aceste celule par să exercite o influență disproporționată asupra comportamentului. Participanții la cercetare au avut senzații de plăcere când au activat dopamina și au depus eforturi serioase pentru a declanșa activarea acestor celule rare. De fapt, în circumstanțele potrivite, este imposibil să reziști încercării de a activa dopamina *mă simt bine*. Unii oameni de știință au botezat dopamina *molecula plăcerii*, iar calea urmată în creier de celulele producătoare de dopamină a fost numită *circuitul recompensei*.

Reputația de *moleculă a plăcerii* a fost consolidată și mai mult de experimentele cu dependenți de droguri. Cercetătorii le-au injectat acestora un amestec de cocaină și zahăr radioactiv, ceea ce le-a permis oamenilor de știință să afle care parte a creierului lor ardea cele mai multe calorii. În timpul în care cocaina intravenoasă își făcea efectul, participanții trebuiau să evalueze cât de euforici se simțeau. Astfel, cercetătorii au descoperit că activitatea mai intensă de pe circuitul recompensei mărea euforia. Pe măsură ce organismul elimina cocaina din creier, activitatea dopaminei scădea, iar euforia dispărea. Studii suplimentare au produs rezultate suplimentare. Rolul dopaminei de *moleculă a plăcerii* a fost stabilit.

Când alți cercetători au încercat să reproducă rezultatele, au început să apară unele lucruri neașteptate. Ei s-au gândit că circuitele dopaminei nu s-au dezvoltat pentru a-i încuraja pe oameni să devină euforici cu ajutorul drogurilor. Drogurile erau doar o formă artificială de stimulare a dopaminei. Părea mult mai probabil ca procesul evolutiv care valorifica dopamina să fi fost generat de nevoia de a motiva supraviețuirea și activitatea reproductivă. Astfel, ei au înlocuit cocaina cu mâncare, așteptându-se să observe același efect. Ceea ce au descoperit a surprins pe toată lumea. A fost începutul sfârșitului pentru dopamină ca *moleculă a plăcerii*.

Dopamina, au constatat ei, nu are nicio legătură cu plăcerea. Ea oferă o senzație mult mai influentă. Înțelegerea dopaminei s-a dovedit a fi cheia pentru explicarea și chiar *anticiparea* comportamentului asociat cu o serie spectaculoasă de activități ale oamenilor: creația artistică, literară și muzicală; căutarea succesului; descoperirea unor lumi noi și a unor legi noi ale naturii; reflecțiile legate de Dumnezeu – și îndrăgostirea.

Shawn știa că este îndrăgostit. Temerile lui se topeau. Fiecare zi îl făcea să se simtă tot mai aproape de un viitor de aur. Cu cât petrecea mai mult timp cu Samantha, încântarea lui sporea, iar exercițiul anticipării devenea constant. Fiecare gând legat de ea îi sugera posibilități nelimitate. Cât despre sex, libidoul lui era mai puternic ca niciodată. Orice altă femeie era inexistentă pentru el. Mai mult decât atât, când a încercat să-i mărturisească

Samanthei cât de fericit este, ea l-a întrerupt spunându-i că simte exact același lucru.

Shawn voia să fie sigur că vor fi împreună pentru totdeauna, așa că, într-o bună zi, a cerut-o în căsătorie. Ea a spus da.

La câteva luni după luna lor de miere, lucrurile au început să se schimbe. La început, ei fuseseră obsedați unul de celălalt, dar, odată cu trecerea timpului, dorința lor arzătoare a început să se domolească. Credința că totul este posibil a devenit mai puțin certă, mai puțin obsesivă, a încetat să mai fie centrul tuturor lucrurilor. Exaltarea lor a început să se stingă. Nu erau nefericiți, dar satisfacția profundă pe care o simțiseră cândva era de neregăsit. Sentimentul unor posibilități nelimitate a început să devină nerealist. Gândurile despre celălalt, care se nășteau constant înainte, au încetat. Alte femei au început să-i atragă atenția lui Shawn, deși nu intenționa să o înșele pe Samantha. La rândul ei, aceasta accepta să flirteze uneori, chiar dacă nu era vorba decât despre un zâmbet împărtășit de studentul angajat să pună cumpărăturile în sacoșă într-un magazin.

Erau fericiți împreună, dar strălucirea noii lor vieți începuse să semene cu aceea de pe vremea când trăiau separați. Magia, sau indiferent ce fusese ea, se destrăma.

Întocmai ca ultima mea relație, *se gândea Samantha.*

Am mai trecut prin așa ceva, *își spunea Shawn.*

Maimuțe și șobolani și de ce iubirea se ofilește

Într-un fel, șobolanii sunt mai ușor de studiat decât ființele umane. Oamenii de știință le pot face mult mai multe lucruri fără să se teamă că se vor trezi la ușa lor cu consiliul de etică a cercetării. Pentru a testa ipoteza că atât mâncarea, cât și drogurile stimulează dopamina, oamenii de știință au implantat electrozi direct în creierul șobolanilor, astfel încât au putut măsura direct activitatea neuronilor individuali de dopamină. Apoi au construit cuști cu tobogane pentru pelete de mâncare. Rezultatele au fost exact așa cum se așteptaseră oamenii de știință. Imediat ce au aruncat prima peletă, sistemele dopaminice ale șobolanilor s-au activat. Succes! Recompensele naturale stimulează activitatea dopaminei la fel ca drogurile, precum cocaina.

Apoi au făcut un lucru pe care experimentatorii inițiali nu-l făcuseră. Ei au continuat experimentul zile la rând, monitorizând creierul șobolanilor în timp ce peletele erau aruncate pe tobogan. Rezultatele au fost complet neașteptate. Șobolanii au devorat mâncarea la fel de entuziaști ca de obicei. Se vedea clar că le plăcea. Însă activitatea lor dopaminică a încetat. De ce dopamina încetează să acționeze în condițiile în care stimularea continuă să se producă? Răspunsul a venit dintr-o sursă neverosimilă: o maimuță și un bec.

Wolfram Schultz se numără printre cei mai influenți pionieri ai experimentelor cu dopamină. Ca profesor de neurofiziologie la Universitatea din Fribourg, Elveția, a devenit interesat de rolul dopaminei în procesul de învățare. El a implantat o serie de electrozi mici în creierul unor maimuțe macac, în zona unde se concentrează celulele care secretă dopamina. Apoi a pus maimuțele într-un aparat dotat cu două becuri și două cutii. Din când în când, unul dintre becuri se aprindea, semnalând că peleta se găsea în cutia din stânga sau din dreapta. Maimuțele au avut nevoie de ceva timp pentru a descoperi regula. La început, ele deschideau cutiile la întâmplare și o nimereau pe cea cu peleta în aproape jumătate din timpul alocat. Când găseau o peletă, celulele de dopamină din creierul lor se activau, la fel ca la șobolani. După o vreme, maimuțele au înțeles semnalele și s-au îndreptat de fiecare dată către cutia corectă, care conținea mâncare –, iar din acel moment, eliberarea dopaminei nu s-a mai produs în momentul descoperirii peletei, ci odată cu apariția luminii. De ce?

Lumina apărea întotdeauna pe neașteptate. Dar, odată ce maimuțele și-au dat seama că lumina însemna că aveau să primească hrană, „surpriza" pe care o simțeau a început să fie generată exclusiv de apariția luminii, nu de mâncare. De aici a apărut o ipoteză nouă: activitatea dopaminei nu este un indicator al plăcerii. Este o reacție la neprevăzut – la posibilitate și anticipare.

Ca ființe umane, ajungem la un aflux de dopamină în urma unor surprize similare, promițătoare: sosirea unui bilețel de la persoana iubită (*Ce scrie în el?*), a unui e-mail de la un prieten pe care nu l-am văzut de ani întregi (*Ce voi afla despre el?*) sau, dacă suntem în căutarea unei aventuri romantice, întâlnirea unui partener nou și fascinant la masa lipicioasă din același bar vechi (*Ce ar putea să se întâmple?*). Dar când aceste lucruri devin evenimente regulate, noutatea lor pălește și la fel se întâmplă și cu afluxul de dopamină –, iar un bilețel sau un e-mail mai lung ori o masă mai curată nu-l va aduce înapoi.

Această idee simplă oferă un răspuns chimic la o întrebare veche de când lumea: de ce se ofilește iubirea? Creierul nostru este programat să tânjească după neprevăzut și, astfel, să se uite spre viitor, acolo unde începe fiecare posibilitate captivantă. Dar când totul, inclusiv iubirea, devine familiar, entuziasmul începe să dispară, iar atenția noastră este atrasă de alte lucruri.

Oamenii de știință care au studiat acest fenomen au numit emoția pe care ne-o provoacă noutatea *eroare de predicție a recompensei* și ea înseamnă exact ceea ce spune numele ei. Noi facem predicții în mod constant despre ceea ce urmează să se întâmple, de la ora la care putem să plecăm de la serviciu, la suma de bani pe care ne așteptăm să o găsim când ne verificăm contul bancar. Când ceea ce se întâmplă este mai bine decât ne așteptam, aceasta reprezintă literalmente o eroare a estimării noastre referitoare la viitor: poate ajungem să plecăm de la serviciu mai devreme sau poate găsim în cont cu o sută de dolari mai mult decât ne așteptam. O asemenea eroare fericită este aceea care lansează dopamina în acțiune. Nu este vorba de timpul câștigat sau de banii suplimentari în sine, ci de plăcerea imensă generată de veștile bune neașteptate.

De fapt, simpla posibilitate a unei erori de predicție a recompensei este suficientă pentru ca dopamina să intre în acțiune. Imaginați-vă că în drumul spre serviciu treceți pe o stradă familiară, una pe care ați parcurs-o de nenumărate ori înainte. Dintr-odată, observați că s-a deschis o brutărie nouă, una pe care nu ați mai văzut-o niciodată. Vreți să vă duceți imediat înăuntru și să vedeți ce produse are. Aici intră în acțiune dopamina, care produce un sentiment diferit de satisfacția dată de gustul, senzația sau priveliștea oferite de un obiect. Este plăcerea anticipării – posibilitatea unui lucru nefamiliar și mai bun. Sunteți încântat de brutărie, cu toate că nu ați mâncat încă niciunul dintre produsele sale de patiserie, nu ați încercat niciun fel de cafea și nici măcar nu ați văzut cum arată înăuntru.

Intrați și comandați o ceașcă de cafea neagră și un croasant. Sorbiți din cafea. Aromele complexe vă invadează papilele gustative. Este cea mai bună cafea pe care ați băut-o vreodată. Apoi mușcați din croasant. Este plin de unt și pufos, exact ca acela pe care l-ați savurat, cu ani în urmă, într-o cafenea din Paris. Cum vă simțiți acum? Poate că viața dumneavoastră este un pic mai bună, acum, că v-ați început ziua în acest mod inedit. De acum încolo veți veni aici în fiecare dimineață pentru mic dejun, și veți savura cea mai bună cafea și cel mai pufos croasant din oraș. Le veți povesti și prietenilor despre acest loc, probabil mai mult decât ar dori ei să audă. Veți cumpăra o cană cu numele cafenelei scris pe ea. Vă veți începe ziua cu mai mult entuziasm, *ei bine, iată de ce: datorită acestei cafenele încântătoare*. Aceasta înseamnă ca dopamina să intre în acțiune.

E ca și cum v-ați fi îndrăgostit de cafenea.

Dar uneori, când obținem lucrurile pe care ni le-am dorit, nu este atât de plăcut pe cât ne-am așteptat. Entuziasmul dopaminergic (adică emoția anticipării) nu durează la nesfârșit, pentru că, în cele din urmă, viitorul devine prezent. Misterul tulburător al necunoscutului devine familiaritatea plictisitoare de zi cu zi, punct în care rolul dopaminei se încheie și se instalează dezamăgirea. Cafeaua și croasantul erau atât de bune, încât acea brutărie a devenit locul obișnuit în care vă luați mic dejunul. Dar, după câteva săptămâni, „cea mai bună cafea și cel mai bun croasant din oraș" au devenit același mic dejun vechi.

Dar nu cafeaua și croasantul s-au schimbat, ci așteptările dumneavoastră.

În același fel, Shawn și Samantha au fost obsedați unul de celălalt până când relația lor a devenit complet familiară. Când lucrurile ajung să facă parte din rutina zilnică, nu mai există o eroare de predicție a recompensei și nu mai este declanșată dopamina pentru a vă oferi acele sentimente de entuziasm. Samantha și Shawn s-au surprins reciproc într-o mare de fețe anonime de la bar, apoi au fost obsedați unul de celălalt până când viitorul imaginar al unei desfătări nesfârșite a început să facă loc experienței concrete a realității. Sarcina dopaminei – și capacitatea acesteia – de a idealiza necunoscutul a luat sfârșit, astfel că eliberarea acestei substanțe chimice încetează.

Pasiunea se aprinde când visăm la o lume a posibilităților și dispare când ne confruntăm cu realitatea. Când zeul sau zeița iubirii care te ademenește în budoar devine un soț somnoros sau o soție somnoroasă care-și suflă nasul într-o batistă mizerabilă, natura iubirii – motivul pentru a rămâne – trebuie să se transforme din visuri dopaminergice în... altceva. Dar în ce?

Un creier, două lumi

John Douglas Pettigrew, profesor emerit de fiziologie la University of Queensland, Australia, s-a născut în orașul cu un nume atât de simpatic, Wagga Wagga. El a avut o carieră strălucită ca neurolog și este cunoscut pentru actualizarea teoriei referitoare la primatele zburătoare, care susține că liliecii sunt verii noștri îndepărtați. Pe când lucra la această idee, Pettigrew a devenit prima persoană care a explicat modul în care creierul construiește o hartă tridimensională a lumii. Acest lucru pare să nu aibă nicio legătură cu relațiile pasionale, însă el se va dovedi un concept-cheie pentru explicarea dopaminei și a iubirii.

Pettigrew a descoperit că creierul administrează lumea externă împărțind-o în regiuni separate, *peripersonală* și *extrapersonală* – pe scurt, apropiate și îndepărtate. Spațiul peripersonal include tot ce se află la îndemână; lucrurile pe care le putem controla chiar acum, folosindu-ne mâinile. Aceasta este lumea realului, chiar în momentul de față. Spațiul extrapersonal se referă la orice altceva – orice lucru pe care nu-l poți atinge dacă nu te miști dincolo de punctul la care poți ajunge întinzându-ți mâna, fie că este vorba despre un metru sau despre trei milioane de kilometri. Acesta este tărâmul posibilității.

Odată formulate aceste definiții, urmează un alt fapt, elementar, dar util: de vreme ce mutarea dintr-un loc în altul ia timp, orice interacțiune în spațiul extrapersonal trebuie să aibă loc în viitor. Cu alte cuvinte, distanța este legată de timp. De exemplu, dacă vă este poftă de piersici, dar cele mai apropiate le găsiți în coș la alimentara de la colțul străzii, nu vă puteți bucura de ele în momentul de față. Le veți putea mânca abia în viitor, după ce veți fi mers să le cumpărați. De asemenea, e posibil ca, pentru a obține ceva care nu vă este la îndemână, să fie nevoie de planificare. Ar putea să fie vorba despre ceva simplu, cum ar fi să vă ridicați în picioare pentru a aprinde lumina, să mergeți la alimentara ca să cumpărați piersici sau să vă gândiți la cum să lansați o rachetă pentru a ajunge pe Lună. Aceasta este caracteristica definitorie a lucrurilor aflate în spațiul extrapersonal: pentru a le obține este nevoie de efort, timp și, în multe cazuri, planificare. Dimpotrivă, orice lucru aflat în spațiul peripersonal poate să fie experimentat aici și acum. Aceste experiențe sunt imediate. Noi atingem, gustăm, apucăm, stoarcem; simțim fericire, tristețe, mânie și bucurie.

Aceste observații ne pun în fața unui fapt clarificator din domeniul neurochimiei: creierul funcționează într-un fel în spațiul peripersonal și în altul în spațiul extrapersonal. Dacă ar fi să proiectăm mintea umană, ar fi firesc să creăm un creier care distinge între lucruri în acest fel, un sistem pentru ce avem și un altul pentru ce nu avem. Pentru primii oameni, expresia familiară: „Fie îl ai, fie nu-l ai" putea fi tradusă ca: „Fie îl ai, fie ești mort".

Din punct de vedere evoluționist, diferența dintre mâncarea pe care nu o ai și cea pe care o ai este uriașă. La fel se poate spune despre apă, adăpost și unelte. Distincția este fundamentală și separă circuitele și substanțele chimice care s-au dezvoltat în creier pentru a administra spațiile peripersonal și extrapersonal. Când ne uităm în jos, ne uităm la spațiul peripersonal și pentru acesta creierul este controlat de o mulțime de substanțe chimice care se ocupă de experiența imediată. Dar când creierul este angajat în spațiul extrapersonal, există o substanță care exercită un control mai mare decât toate celelalte și care este asociată cu anticiparea și posibilitatea: dopamina. Lucrurile care se află la distanță, lucrurile pe care nu le avem încă, nu pot fi folosite sau consumate, ci numai dorite. Dopamina are o sarcină specifică: maximizarea resurselor care ne vor fi accesibile în viitor, căutarea unor lucruri mai bune.

Fiecare parte a vieții noastre este împărțită în acest fel: avem un mod de a aborda ceea ce vrem și un altul pentru a ne raporta la ceea ce avem. Când ne dorim o casă, dorința noastră, care ne motivează să muncim din greu pentru a o obține, folosește un set de circuite ale creierului diferit de cel utilizat când ne bucurăm de casă, odată ce este a noastră. Anticiparea unei măriri de salariu activează dopamina orientată spre viitor și generează o trăire foarte diferită de experiența imediată a primirii unui salariu, mai mare pentru a doua sau a treia oară la rând. Pentru a afla iubirea, folosim un set de abilități diferite de cele la care apelăm când ne străduim să o menținem. Iubirea trebuie să se transforme dintr-o experiență extrapersonală într-una peripersonală – din căutare în posesie; dintr-un lucru pe care-l anticipăm într-unul de care trebuie să avem grijă. Acestea sunt capacități cât se poate de diferite și asta explică de ce natura iubirii trebuie să se schimbe de-a lungul timpului. Și de ce, pentru atât de mulți oameni, iubirea dispare după epuizarea afluxului de dopamină pe care-l numim romantism.

Însă mulți oameni fac această trecere. Cum procedează – cum reușesc să nu se lase păcăliți de seducția dopaminei?

Farmec

Farmecul este o iluzie frumoasă – cuvântul „farmec" a însemnat inițial un descântec magic – care promite să transcendă viața obișnuită și să facă din ideal un fapt real. El depinde de un amestec special de mister și grație. Prea multe informații rup vraja.
VIRGINIA POSTREL

Farmecul este prezent când vedem lucruri care ne stimulează imaginația dopaminergică, înăbușindu-ne capacitatea de a percepe cu exactitate realitatea imediată.

Un exemplu bun este călătoria cu avionul. Priviți în sus. Este vreun avion pe cer? Ce fel de gânduri și sentimente vă provoacă? Cei mai mulți oameni tânjesc să fie în avion, călătorind spre destinații exotice care se află la mare distanță – un fel de evadare care începe cu o plimbare printre nori. Desigur, dacă ați fi în acel avion, simțurile imediate v-ar informa că acest paradis din cer seamănă mai degrabă cu un autobuz care traversează orașul la o oră de vârf: aglomerat, obositor și neplăcut – opusul elegantului.

Tot astfel, ce poate fi mai fermecător decât Hollywoodul? Actori și actrițe frumoase merg la petreceri, stau în jurul piscinei și flirtează. Realitatea este foarte diferită – implicând paisprezece ore pe zi de transpirat sub luminile fierbinți ale reflectoarelor. Actrițele sunt exploatate sexual, iar bărbații sunt obligați să ia steroizi și hormoni de creștere pentru a dobândi corpurile fabuloase pe care le vedem pe ecran. Gwyneth Paltrow, Megan Fox, Charlize Theron și Marilyn Monroe – toate au vorbit despre experiențele legate de „canapeaua pentru distribuție" (cu excepția celei din urmă, toate au declarat că au refuzat să facă sex pentru un rol la care râvneau). Nick Nolte, Charlie Sheen, Mickey Rourke și Arnold Schwarzenegger au recunoscut că au folosit steroizi, care pot provoca afecțiuni ale ficatului, tulburări de dispoziție, izbucniri violente și psihoză. Este o afacere ostentativă și ignobilă.

Munții nu sunt așa. Sunt maiestuoși, profilându-se în depărtare, estompați de ceața care-i înconjoară, asemenea fotografiei cu rezoluție atenuată ce înfățișează o mireasă în ziua nunții sale. Cei cu niveluri ridicate de dopamină vor să se urce pe munte, să-l exploreze, să-l cucerească. Dar nu pot, pentru că nu există. Muntele în sine există. Dar experiența imaginară a cățărării pe el este imposibil de dobândit. Realitatea este că, în cea mai mare parte a timpului, ne aflăm pe un munte despre care nici măcar nu putem vorbi. De regulă, suntem înconjurați de copaci, și asta este tot ce vedem. Ocazional, ni se înfățișează un peisaj pitoresc, de la mii de kilometri deasupra văii. Dar, privind în jos, ne dăm seama că valea îndepărtată este plină de promisiuni și frumusețe, și nu muntele pe care stăm. Farmecul creează dorințe care nu pot fi îndeplinite, deoarece obiectele lor nu există decât în imaginația noastră.

Fie că este vorba de un avion pe cer, de o stea de cinema de la Hollywood sau de un munte îndepărtat, doar lucrurile aflate la distanță exercită un farmec; doar cele care nu sunt reale. Farmecul este o minciună.

Într-o bună zi, pe la ora prânzului, Samantha s-a întâlnit din întâmplare cu Demarco, ultimul ei prieten serios înainte de Shawn. Nu se mai văzuseră de ani buni, nici măcar pe Facebook. Ea l-a găsit simpatic și inteligent ca întotdeauna și în mare formă. După câteva minute, Samantha visa din nou cu ochii deschiși. Era ceva ce nu mai simțise de multă vreme, un val de entuziasm și sentimentul că în fața ei se deschidea o lume a posibilităților alături de un bărbat de care se simțea legată și care părea plin de lucruri noi pe care ea urma să le descopere. El era, de asemenea, entuziasmat și dornic să-și împărtășească sentimentele. Primul lucru pe care i l-a împărtășit a fost cât de încântat era de faptul că se logodise. Logodnica lui era „aleasa inimii sale" și spera că Samantha își va găsi și ea alesul, deoarece el nu ținuse niciodată la cineva atât de special precum această femeie nou-apărută în viața lui.

După ce Demarco a plecat, Samantha s-a gândit că era o zi bună pentru a bea ceva. S-a dus la bar, a comandat un coșuleț cu chipsuri tortilla și o bere Miller Lite și și-a petrecut următoarea jumătate de oră dezlipind bucăți mici de etichetă de pe sticlă. Îl iubea pe Shawn, îl iubea cu adevărat – sau nu? De peste un an erau angrenați într-un fel de rutină. Ce voia ea era acel sentiment pe care i-l trezise Demarco. Cândva, îl trăise cu Shawn, dar situația s-a schimbat.

Partea întunecată

Există o parte întunecată a dopaminei. Dacă introducem o peletă de mâncare în cușca unui șobolan, acesta va resimți un val de dopamină. Cui să-i treacă prin cap că lumea este un loc în care alimentele cad din cer? Dar, în cazul în care continuăm să aruncăm pelete la fiecare cinci minute, creșterea nivelului de dopamină va înceta. Șobolanul va ști când să se aștepte la mâncare, astfel că nu vor mai exista surprize și nici *eroare* în *predicția recompensei* făcută de animal. Dar dacă introducem peleta în momente alese la întâmplare, astfel încât să existe întotdeauna o surpriză? Și dacă înlocuim șobolanii și peletele cu oameni și bani?

Imaginați-vă un cazinou cu o masă aglomerată de blackjack, un joc de poker cu o miză mare și un disc de ruletă care se învârtește. Este întruchiparea extravaganței de la Vegas, însă operatorii de la cazinou știu că cele mai mari profituri nu se obțin din aceste jocuri cu sume mari de bani. Ele provin de la umilele păcănele, atât de iubite de turiști, pensionari și jucători obișnuiți care vin zilnic pentru a petrece câteva ore între lumini intermitente, sonerii și volane de navigare. Standardul modern pentru proiectarea unui cazinou presupune alocarea unui procent uriaș din spațiu (80%) pentru păcănele, dintr-un motiv foarte bun: păcănelele produc majoritatea veniturilor cazinoului.

Una dintre cele mai mari fabrici de păcănele din lume este deținută de o companie numită Scientific Games. Știința joacă un rol esențial în proiectarea acestor aparate ispititoare. Deși păcănelele datează din secolul al XIX-lea, perfecționările moderne se bazează pe munca de pionierat a omului de știință behaviorist B.H. Skinner, care în anii 1960 a schițat principiile manipulării comportamentului.

Într-un experiment, Skinner a pus un porumbel într-o cutie. El a descoperit că poate să-l condiționeze să ciocănească o pârghie pentru a obține o peletă de mâncare. În unele dintre experimente a fost folosită o singură pârghie, iar în altele au fost folosite zece pârghii, dar numărul nu era modificat niciodată în cadrul aceluiași experiment. Rezultatele nu au fost deosebit de interesante. Indiferent de numărul de apăsări de care era nevoie, fiecare porumbel își ciocănea pârghia asemenea unui funcționar care ștampilează un morman nesfârșit de documente.

Apoi, Skinner a încercat ceva diferit. A creat un experiment în care numărul de apăsări de care era nevoie pentru eliberarea unei pelete se schimba la întâmplare. În acest fel, porumbelul nu știa niciodată când avea să vină hrana. Păsările au început să se agite. Au ciocănit pârghia mai repede. Ceva le împingea să facă eforturi tot mai mari. Dopamina, molecula surprizei, fusese pusă la treabă, și astfel s-a născut fundamentul științific al păcănelelor.

Când Samantha l-a văzut pe vechiul său prieten, toate sentimentele trăite cândva au revenit în forță – emoția, întrezărirea unor posibilități, concentrarea, fluturii din stomac. Nu era în căutarea unei aventuri romantice, dar nici nu avea nevoie să fie astfel. Înfățișarea lui Demarco și visul semiconștient al unei alte șanse la o trăire pasională au fost cadouri neașteptate pentru viața sa emoțională, iar această surpriză era sursa entuziasmului său. Samantha, desigur, nu știa asta.

Ea și Demarco decid să se întâlnească din nou pentru a bea ceva și totul merge bine. Se hotărăsc să ia prânzul împreună a doua zi și întâlnirile lor devin, foarte curând, un „rendez-vous" stabil. Sentimentele sunt însuflețite. Se ating atunci când își vorbesc. Se îmbrățișează la plecare. Când sunt împreună, timpul zboară, la fel ca atunci când se întâlneau pe vremuri – și, se gândește Samantha, la fel cum era cu Shawn. *Poate*, își spune ea, *Demarco este alesul*. Dar odată ce înțelegem rolul dopaminei, ne dăm seama că această relație nu este ceva nou. Este doar o altă repetare a emoției generate de dopamină.

Noutatea care declanșează dopamina nu durează la nesfârșit. Când vine vorba despre iubire, romantismul se pierde, în cele din urmă, și ne trezim în fața unei alegeri. Putem să trecem la o iubire care este alimentată de o apreciere zilnică a celeilalte persoane sau putem să punem capăt relației și să mergem să căutăm o altă călătorie cu montagne-russe. A opta pentru stimularea dopaminergică este un lucru care cere puțin efort, dar se termină repede, asemenea plăcerii de a mânca un baton de ciocolată Twinkie. Dragostea care durează mută accentul de pe anticipare pe experiență; de pe fantezia că orice este posibil pe o ancorare în realitate, cu toate imperfecțiunile sale. Tranziția este dificilă, iar când întâlnim o cale de a scăpa ușor de o sarcină complicată, tindem să o urmăm. Din acest motiv, când dopamina care alimentează romantismul ia sfârșit, multe relații se încheie și ele.

Iubirea de la început este asemenea unei călătorii cu un montagne-russe care pornește de la piciorul unui pod. Caruselul poate să ne poarte în circuit într-o călătorie frumoasă de câte ori dorim, dar întotdeauna ne va lăsa acolo de unde am pornit. De fiecare dată muzica se oprește și noi ajungem din nou cu picioarele pe pământ. Trebuie să facem o alegere: mai dăm o tură sau traversăm podul către un alt tip de iubire, mult mai durabilă.

Mick Jagger, George Constanza și „satisfacția"

Când Mick Jagger a cântat pentru prima dată *I can't get no satisfaction!* în 1965, nu aveam cum să știm că prevestea viitorul. În 2013, Jagger i-a spus biografului său că avusese relații cu aproape patru mii de femei – o parteneră diferită la fiecare zece zile ale vieții sale de adult.

Observați că Mick nu a continuat cu „și când am ajuns la patru mii, am obținut, în cele din urmă, satisfacția. M-am oprit." Cel mai probabil, el va continua în acest mod cât va putea. Așadar, de câte iubite/iubiți ar fi nevoie pentru a obține „satisfacție"? Dacă ați avut patru mii, atunci putem spune cu certitudine că dopamina vă controlează viața, cel puțin când vine vorba despre sex. Iar prima directivă a dopaminei este *mai mult*. Dacă Sir Mick va vâna satisfacția preț de încă o jumătate de secol de aici încolo, tot nu va reuși să o prindă. Ideea sa de satisfacție nu are nicio legătură cu satisfacția. Este o căutare generată de dopamină, molecula care cultivă insatisfacția perpetuă. După ce se culcă cu o femeie, scopul său imediat este să găsească o alta.

Din acest punct de vedere, Mick nu este singur. Nu este nici măcar neobișnuit. Mick Jagger este doar o versiune mai convingătoare a vedetei TV George Constanza. În aproape fiecare episod din *Seinfeld*, George se îndrăgostește. El merge până la a sfida ridicolul pentru a obține o întâlnire cu o femeie și este capabil de aproape orice când vine vorba despre sex. În imaginația sa, fiecare femeie pe care o întâlnește este o potențială parteneră de viață, femeia perfectă cu care va trăi fericit până la adânci bătrâneți. Dar orice fan al serialului *Seinfeld* știe cum se termină aceste aventuri. George este nebun după o femeie până când aceasta îi întoarce afecțiunea. Când nu mai e nevoit să lupte, dorința lui dispare. George Louis Constanza este atât de dependent de emoția dopaminergică a vânătorii de aventuri romantice încât își petrece un întreg sezon străduindu-se să rupă logodna cu singura femeie care continuă să-l iubească în ciuda tuturor lucrurilor îngrozitoare pe care le-a făcut. Și când logodnica sa moare din cauză că a lins lipici toxic de pe plicurile invitațiilor la nuntă, George nu este devastat. Din contră, se simte ușurat, chiar bucuros. Este extaziat că poate să-și reia vânătoarea. Mick este asemenea lui George, iar George este asemenea nouă tuturor. Savurăm din plin pasiunea, entuziasmul, emoția descoperirii unei noi iubiri. Diferența este că, la un moment dat, unii dintre noi descoperă că dopamina ne minte. Spre deosebire de fostul vânzător de latex de la Vandelay Industries și de renumitul membru al formației Rolling Stones, noi ajungem să înțelegem că următoarea femeie frumoasă sau următorul bărbat atrăgător nu este cheia „satisfacției".

„Ce face Shawn?" a întrebat mama Samanthei.

„Păi...", a răspuns Samantha în timp ce își plimba degetul pe marginea ceștii sale de cafea. „Nu e cum m-am așteptat."

„Iarăși?"

„Nu începe", a spus Samantha.

„Nu vreau să spun decât că Shawn pare un tip grozav."

„Mamă, nu vreau să mă joc de-a «bucură-te de ce ai»."

„Nu e prima oară. Îți aduci aminte de Lawrence? Și de Demarco?"

Samantha și-a mușcat buza. „De ce nu ești mulțumită cu ce ai?"

Cheile chimice ale iubirii trainice

Din punctul de vedere al dopaminei, a avea lucruri este neinteresant. Ceea ce contează este doar obținerea lor. Dacă locuiești sub un pod, dopamina te va face să vrei un cort. Dacă locuiești într-un cort, dopamina te va face să vrei o casă. Dacă locuiești în cea mai scumpă vilă din lume, dopamina te va face să vrei un castel pe Lună. Dopamina nu are un standard al valorii și nu caută o linie de final. Circuitele dopaminei din creier pot fi stimulate doar de posibilitatea oricărui lucru strălucitor și nou, indiferent de cât de perfectă este situația în momentul de față. Mottoul dopaminei este: „Mai mult."

Dopamina este unul dintre instigatorii iubirii, sursa scânteii care pune în mișcare tot ce urmează. Dar, pentru ca iubirea să continue dincolo de această etapă, natura relației de iubire trebuie să se schimbe, deoarece simfonia chimică din spatele ei se schimbă. La urma urmei, dopamina nu este molecula plăcerii. Este molecula anticipării. Pentru a ne bucura de lucrurile pe care le avem, ca fiind opuse celor care sunt doar posibile, creierul nostru trebuie să facă trecerea de la dopamina orientată spre viitor la substanțele chimice axate pe prezent, o colecție de neurotransmițători pe care-i numim molecule *Aici și Acum*, sau A&A-uri. Majoritatea oamenilor au auzit de A&A-uri. Acestea includ serotonină, oxitocină, endorfină (versiunea de morfină produsă de creierul nostru) și o clasă de substanțe chimice numite endocanabinoide (versiunea de marijuana produsă de creierul nostru). Spre deosebire de plăcerea anticipării obținută cu ajutorul dopaminei, aceste substanțe chimice ne oferă plăcere prin intermediul senzației și emoției. De fapt, numele uneia dintre moleculele endocanabinoide, amida, a fost inspirat de un cuvânt sanscrit care înseamnă „bucurie, extaz și încântare".

Potrivit antropologului Helen Fisher, iubirea de la început sau „pasională" durează între douăsprezece și optsprezece luni. După aceea, pentru ca membrii unui cuplu să rămână atașați unul de celălalt, trebuie să dezvolte un tip diferit de iubire, numit iubirea prietenească. Această iubire este mijlocită de A&A-uri pentru că implică experiențe care au loc chiar în locul și în momentul de față – *ești cu omul pe care-l iubești, așa că bucură-te de prezența lui.*

Iubirea prietenească nu este un fenomen uman unic. O observăm și în lumea animalelor care devin partenere pe viață. Comportamentul lor se caracterizează prin cooperare în vederea apărării teritoriului și construirii cuibului. Cei doi parteneri se hrănesc unul pe celălalt, se îngrijesc reciproc și împart sarcinile părintești. Și, cel mai important, stau unul lângă celălalt și devin anxioși când sunt separați. Este la fel ca la oameni. Aceștia se angajează în activități asemănătoare și au sentimente asemănătoare, în special satisfacția că există o altă persoană a cărei viață este strâns împletită cu a lor.

Când A&A-urile preiau controlul în a doua etapă a iubirii, dopamina este suprimată. Acest lucru este necesar deoarece dopamina creează în mintea noastră imaginea unui viitor roz pentru a ne imboldi să facem munca grea necesară pentru transformarea ei în realitate. Nemulțumirea legată de situația prezentă este un ingredient important în producerea schimbării, care definește orice relație nouă. Iubirea prietenească A&A este însă caracterizată de o mulțumire profundă și de durată față de realitatea prezentă și de o aversiune față de schimbare, cel puțin în ce privește relația cu partenerul nostru. De fapt, deși dopamina și circuitele A&A pot să funcționeze împreună, ele se opun unele altora în majoritatea circumstanțelor. Când circuitele A&A sunt activate, suntem încurajați să trăim în lumea reală, iar dopamina este suprimată; când circuitele dopaminei sunt activate, ne mutăm într-un viitor al posibilităților, iar A&A-urile sunt suprimate.

Testele de laborator sprijină această idee. Când au analizat celulele sângelui recoltat de la oameni care se aflau în faza pasională a iubirii, oamenii de știință au găsit niveluri mai scăzute de receptori de serotonină A&A, comparativ cu acelea ale oamenilor „sănătoși", un indicator că A&A-urile erau în retragere.

Nu este ușor să-ți iei rămas-bun de la emoția dopaminergică oferită de partenerii noi și de așteptările pasionale, dar abilitatea de a face acest lucru este un semn de maturitate și un pas către o fericire de durată. Gândiți-vă la un bărbat care își face planul pentru a merge în vacanță la Roma. Petrece săptămâni întregi plănuind fiecare zi, asigurându-se că va putea să viziteze toate muzeele și locurile importante despre care a auzit vorbindu-se atât de mult. Dar, când se află în fața celor mai frumoase opere de artă create vreodată, el se gândește cum să ajungă la restaurantul la care a făcut rezervare pentru cină. Nu e nerecunoscător că se află în fața capodoperelor lui Michelangelo. E vorba doar despre faptul că personalitatea sa este preponderent dopaminergică: îi place mai degrabă să anticipeze și să plănuiască lucrurile, decât să le facă. Pentru îndrăgostiți, există aceeași separație între anticipare și experiență. Partea de la început, *iubirea pasională*, este dopaminergică – captivantă, idealizată, curioasă, orientată spre viitor. Următoarea parte, *iubirea prietenească*, este concentrată pe A&A – satisfăcătoare, pașnică și trăită prin intermediul emoțiilor și senzațiilor corporale.

O aventură romantică născută din dopamină este aidoma unei călătorii cu montagne-russe-ul, palpitantă, dar de scurtă durată. Însă chimia creierului nostru ne oferă instrumentele pentru a o apuca pe căile care duc către iubirea prietenească. La fel cum dopamina este molecula dorinței arzătoare și obsesive, substanțele chimice care sunt asociate, de regulă, cu relațiile pe termen lung sunt oxitocina și vasopresina. Oxitocina este mai activă la femei, iar vasopresina, la bărbați.

Oamenii de știință au studiat acești neurotransmițători în laborator, la o varietate de animale. De exemplu, când ei au injectat oxitocină în creierul unor femele de șoareci de câmp, animalele au format o legătură pe termen lung cu oricare dintre masculii care s-au nimerit prin preajmă. Tot astfel, când masculilor de șoareci de câmp care erau programați genetic să fie promiscui li s-a dat o genă care sporea vasopresina, ei s-au împerecheat doar cu o femelă, chiar dacă mai erau și alte femele receptive prin preajmă. Vasopresina acționa ca un „hormon de tip soț-bun". Dopamina face opusul acestui lucru. La oamenii dotați cu gene care produc niveluri înalte de dopamină găsim cel mai mare număr de parteneri sexuali și cea mai mică vârstă la care și-au început viața sexuală.[16]

Pe măsură ce iubirea dopaminergică obsesivă se transformă într-o iubire A&A, prietenească, majoritatea cuplurilor fac sex mult mai rar. Este urmarea firească a faptului că oxitocina și vasopresina suprimă eliberarea de testosteron. La rândul său, testosteronul suprimă eliberarea de oxitocină și vasopresină, ceea ce pare să explice de ce bărbații cu niveluri ridicate ale testosteronului sunt mai puțin înclinați să se căsătorească. Astfel, burlacii au mai mult testosteron decât bărbații căsătoriți. Iar dacă mariajul unui bărbat devine instabil, nivelul său de vasopresină scade, iar cel de testosteron crește.

Au nevoie oamenii de o companie pe termen lung? Există o mulțime de dovezi care arată că răspunsul este da. În ciuda unei înclinații superficiale de a avea parteneri multipli, majoritatea oamenilor ajung, în cele din urmă, să se așeze. Un sondaj comandat de ONU a scos la iveală faptul că peste 90% dintre adulți se căsătoresc până la vârsta de 49 de ani. Putem să trăim fără o iubire prietenească, însă cei mai mulți dintre noi își petrec o bună parte din viață încercând să o găsească și să o păstreze. A&A-urile ne oferă capacitatea de a face acest lucru. Ele ne permit să găsim satisfacție în ce ne furnizează simțurile – în lucrurile care se află chiar în fața noastră și cu care putem trăi fără să avem sentimentul sâcâitor că ne trebuie ceva mai mult.

Testosteronul: substanța chimică de tip Aici & Acum care stă la baza atracției sexuale

În noaptea în care l-a cunoscut pe Shawn, Samantha se afla în cea de-a treisprezecea zi a ciclului menstrual. Ce importanță are acest lucru?

Testosteronul controlează dorința sexuală, atât la bărbați, cât și la femei. Bărbații produc cantități mari de testosteron – acesta este responsabil pentru părul facial, creșterea masei musculare și vocea groasă. Femeile produc cantități mai mici în ovarele lor. În medie, femeile au cel mai mare nivel de testosteron în a treisprezecea și a paisprezecea zi a ciclului lor menstrual. Este perioada în care ovarul eliberează un ovul, iar femeile au cele mai multe șanse de a rămâne însărcinate. Există, de asemenea, variații întâmplătoare de la zi la zi și chiar pe parcursul aceleiași zile. Unele femei produc mai mult testosteron dimineața, altele în cursul zilei. Cea mai mare variație este înregistrată între indivizi; unele femei produc în mod natural mai mult testosteron decât altele. Testosteronul poate fi chiar administrat ca un medicament. Când oamenii de știință de la Procter & Gamble (cei care produc colonia Old Spice și scutecele Pampers) au aplicat gel cu testosteron pe pielea unor femei, acestea au făcut sex de mai multe ori. Din nefericire, unora dintre acestea le-a crescut păr pe față, li s-a îngroșat vocea ori s-au trezit cu o chelie asemănătoare cu aceea care apare la bărbați, astfel că „Viagra pentru femei" nu a primit niciodată aprobare de la Food and Drug Administration – FDA.

Helen Fisher, antropolog la Rutgers University și consilier științific principal pentru agenția matrimonială online Match.com, a arătat că tipul de înclinație sexuală pe care-l produce testosteronul este similar cu alte nevoi naturale, cum ar fi foamea.

Când ne este foame, orice fel de mâncare este de natură să ne satisfacă nevoia de a mânca. În mod similar, când o persoană are o nevoie sexuală indusă de testosteron, dorința sa sexuală nu este îndreptată, în general, către o persoană anume. În multe cazuri, în special la cei tineri, aproape oricine este în măsură să o satisfacă. Și nu este o dorință nimicitoare. Oamenii nu mor din cauza foamei sexuale. Testosteronul nu-i împinge spre sinucidere sau crimă – spre deosebire de experiența dopaminergică, în care individul este distrus de iubire.

Shawn a șters un petic din oglinda aburită a băii, și-a trecut degetele prin părul său negru și a zâmbit. „Totul o să meargă strună", a spus el.

„Stai. Nu te mișca", a spus Samantha. I-a aranjat o șuviță de păr de pe frunte. „Așa, acum arăți grozav."

„Păi, atunci..."

„Potolește-te, băiatule", a spus Samantha și l-a sărutat repede pe obraz.

Dopamina te bagă în pat... și apoi îți pune bețe în roate

De la anticiparea plină de nerăbdare până la plăcerile fizice ale intimității, etapele sexului recapitulează etapele iubirii: sexul este iubirea pe repede înainte. Sexul începe cu dorința, un fenomen dopaminergic provocat de hormonul testosteron. Continuă cu excitația, o altă experiență dopaminergică anticipativă. În momentul în care începe contactul fizic, creierul trece controlul în mâinile A&A-urilor pentru a livra plăcerea experienței senzoriale, în principal prin eliberarea de endorfine. Consumarea actului, orgasmul, este aproape în întregime o experiență de tip „Aici și Acum", în care endorfinele și alți neurotransmițători A&A lucrează împreună pentru a suprima dopamina.

Această tranziție a fost surprinsă de camera de filmat în cadrul unui experiment în care bărbați și femei din Olanda au fost puși în scanere cerebrale și apoi stimulați să ajungă la orgasm. Scanerele au arătat că punctul culminant al actului sexual era asociat cu o activitate scăzută la nivelul cortexului prefrontal – o parte dopaminergică a creierului responsabilă cu plasarea de restricții deliberate asupra comportamentului. Relaxarea controlului a permis activarea circuitelor A&A necesare pentru orgasm. Nu a contat dacă persoana supusă testului a fost o femeie sau un bărbat. Cu puține excepții, reacția creierului la orgasm a fost aceeași: dopamina absentă, A&A prezentă.

De fapt, așa și trebuie să se întâmple. Dar, la fel cum unii oameni au dificultăți în a trece de la iubirea pasională la cea prietenească, tot astfel, persoanelor motivate de dopamină le este greu să lase A&A-urile să preia controlul în timpul actului sexual. Cu alte cuvinte, pentru femeile și bărbații foarte motivați, ideea de a întrerupe șirul gândurilor, abandonându-se, pur și simplu, senzațiilor intimității – de a gândi mai puțin și a simți mai mult – reprezintă o adevărată provocare.

În vreme ce neurotransmițătorii A&A ne permit să trăim realitatea – și realitatea din timpul actului sexual este intensă –, dopamina ne ridică deasupra realității. Este întotdeauna în stare să ne pregătească ceva mai bun. Și, pentru a-și spori seducția, ne oferă controlul acelei realități alternative. Faptul că asemenea lumi imaginare ar putea fi imposibile nu contează. Dopamina poate să ne trimită întotdeauna la vânătoare de fantome.

Actele sexuale, în special cele care au loc în cadrul unor relații permanente, cad mereu pradă acestor fantome ale dopaminei. Un sondaj făcut asupra unui eșantion de 141 de femei a arătat că 65% dintre ele își imaginau în timpul actului sexual că erau cu altcineva sau că făceau un lucru complet diferit. Alte studii au avansat un procent de 92%. Bărbații au fantezii în timpul actului sexual aproape la fel de mult ca femeile și, cu cât fac sex mai des – atât bărbații, cât și femeile –, cu atât sunt mai înclinați să se lase în voia fanteziilor.

Este o ironie că circuitele creierului care ne oferă motivația și energia necesare pentru a ne băga în pat cu partenerul dorit ulterior ne împiedică să savurăm plăcerea. O parte din ea se referă la intensitatea experienței. Prima oară, actul sexual este mult mai intens decât a suta oară – în special când e vorba despre a face sex pentru a suta oară cu același partener. Însă punctul culminant al experienței, orgasmul, este aproape întotdeauna suficient de intens pentru a-l propulsa chiar și pe cel mai detașat visător în lumea imediată a lui A&A.

De ce mama vrea ca tu să aștepți până ce vei fi măritată

Cu toate că evoluția culturală a făcut ca această atitudine să fie considerată depășită în unele medii, există încă o mulțime de mame (și tați anxioși) care le încurajează pe fiicele lor „să se păstreze pentru noaptea nunții". Adeseori, ea face parte dintr-un precept religios sau moral mai larg. Există însă vreun avantaj al așteptării care are la bază chimia creierului?

Testosteronul și dopamina au o relație specială. Pe parcursul iubirii pasionale, testosteronul este singurul A&A care nu este suprimat în favoarea dopaminei. De fapt, ele lucrează împreună pentru a forma un circuit de reacție – un *perpetuum mobile* care amplifică sentimentele noastre romantice. Iubirea pasională sporește, de regulă, dorința de a face sex. Testosteronul animă dorința. La rândul ei, dorința crescândă intensifică iubirea pasională. Prin urmare, *refuzul* satisfacției sexuale amplifică, de fapt, pasiunea – nu neapărat pentru totdeauna, evident, și nu fără un sacrificiu important, însă efectul este real. Astfel, descoperim o explicație chimică și aceasta, cu multă vreme în urmă, ar fi putut să fie cel puțin o parte din temeiul comportamentului pe care-l observăm azi. Așteptarea prelungește partea cea mai captivantă a iubirii. Sentimentele dulci-amare ale distanței și refuzului sunt capătul funcțional al unei reacții chimice.

Amânarea pasiunii înseamnă alimentarea pasiunii. Dacă mama vrea ca fata ei să se mărite, amplificarea pasiunii este o modalitate bună de a face ca acest lucru să se întâmple. Dopamina tinde să dispară odată ce fantezia a devenit realitate și tot ea este substanța care controlează iubirea romantică. Prin urmare, ce va ridica nivelul dopaminei: acordul de a face sex acum sau amânarea lui pentru viitor? Mama știe răspunsul, chiar dacă aflăm abia acum de ce.

Shawn s-a îngrășat puțin, dar Samantha îl găsește mai atrăgător ca niciodată. Și Shawn crede că Samantha arată mai bine ca niciodată. Îi place cum se îmbracă soția lui, însă le-a mărturisit prietenilor săi că nimic nu e mai sexy pentru el decât să o vadă când se trezește dimineața cu părul ciufulit și fără machiaj, purtând unul dintre tricourile lui vechi din vremea studenției. În ultima vreme, ei sunt nevoiți să vorbească în șoaptă, pentru a mai fura câteva momente împreună, în timp ce bebe-

lușul lor doarme, deoarece dimineața, singuri și nesupravegheați, este unul dintre rarele momente ale zilei în care se pot bucura unul de celălalt.

Samantha a învățat cum să-l ajute pe Shawn să depășească neîncrederea care-l împiedică să avanseze la locul de muncă, iar el a găsit o modalitate de a-și face timp liber pentru Samantha, astfel încât ea să poată urma cursurile de master. Însă, din ce în ce mai mult, ei se bucură, pur și simplu, de momentele petrecute împreună. Uneori nu vorbesc deloc și, dacă acest lucru li se părea ciudat cândva, acum li se pare foarte normal. Samantha își aduce aminte de noaptea în care Shawn s-a întins spre ea, a lovit-o ușor peste șold și apoi și-a retras mâna. L-a auzit apoi întorcându-se cu spatele și scoțând sunetul pe care-l făcea întotdeauna înainte să adoarmă.

„Ce s-a întâmplat?" a întrebat ea.

„Nimic", a răspuns Shawn. „Am vrut doar să mă asigur că ești aici."

Dopamina a căpătat porecla de „molecula plăcerii" în urma experimentelor cu dependenții de droguri. Drogurile activau circuitele dopaminei și participanții la test intrau într-o stare euforică. Totul a părut simplu până ce studiile făcute cu recompense naturale – mâncare, de exemplu – au arătat că numai recompensele neașteptate declanșau eliberarea de dopamină. Dopamina nu răspundea la recompensă, ci la eroarea de predicție a recompensei: recompensa actuală minus recompensa așteptată. Iată de ce îndrăgostirea nu durează o veșnicie. Când ne îndrăgostim, contemplăm un viitor pe care prezența persoanei iubite îl face perfect. Este un viitor construit de o imaginație înfierbântată și care se sparge în bucăți în momentul în care realitatea se reafirmă pe sine, de la douăsprezece până la optsprezece luni mai târziu. Și apoi? În cele mai multe cazuri, relația se încheie și reîncepe căutarea emoției dopaminergice. Alternativ, iubirea pasională se poate transforma în ceva mai durabil. Ea poate să devină iubire prietenească și aceasta nu ne face să trăim emoția puternică pe care ne-o furnizează dopamina, însă are puterea de a ne oferi fericire – o fericire pe termen lung, întemeiată pe neurotransmițători A&A precum oxitocina, vasopresina și endorfina.

Este asemenea vechilor noastre locuri favorite – restaurante, magazine, chiar orașe. Preferința noastră pentru ele vine din faptul că ne simțim bine în ambianța familiară: natura fizică, reală a locului. Ne bucurăm de lucrurile familiare nu pentru ce ar putea deveni ele, ci pentru ce sunt. Aceasta este singura bază stabilă pentru o relație pe termen lung satisfăcătoare. Dopamina, neurotransmițătorul al cărui scop este să maximizeze recompensele viitoare, ne face să o apucăm pe calea care duce spre iubire. Ne amplifică dorințele, ne aprinde imaginația și ne atrage într-o relație în baza unei promisiuni incandescente. Dar, când vine vorba despre iubire, dopamina este un loc de început, nu de încheiere. Nu poate fi satisfăcută niciodată. Dopamina nu poate decât să spună: „Mai mult."

2

Drogurile

Îl vrei..., dar îți va plăcea?

În care dopamina învinge rațiunea și creează o dorință arzătoare pentru cele mai distrugătoare comportamente imaginabile.

Un individ trece pe lângă un restaurant și simte miros de burgeri prăjiți. Își imaginează cum mușcă dintr-unul; aproape că îi simte gustul. Este la dietă, dar în momentul acesta nu-și dorește nimic mai mult decât un hamburger, așa că intră în restaurant și își comandă unul. Cum era de așteptat, prima mușcătură este minunată, dar a doua, nu chiar la fel. Cu fiecare îmbucătură, plăcerea lui devine din ce în ce mai mică – cam atât despre mult speratul „rai al hamburgerului". Termină de mâncat totuși, fără să știe nici el de ce, după care se simte puțin îngrețoșat și învins, pentru că nu a reușit să se țină de dietă.

În timp ce se îndreaptă spre ieșire, îi trece prin minte gândul că există o mare diferență între a-ți dori un lucru și a-ți plăcea acel lucru.

Cine ne controlează mintea?

La un moment dat, fiecare dintre noi ne punem întrebarea: „De ce?" *De ce fac lucrurile pe care le fac? De ce fac alegerile pe care le fac?*

La prima vedere pare o întrebare simplă: noi facem lucrurile pe care le facem cu un scop. Ne punem pe noi un pulover pentru că ne este frig. Ne sculăm dimineața și mergem la muncă pentru că trebuie să ne plătim facturile. Ne spălăm pe dinți pentru a preveni apariția cariilor. Majoritatea lucrurilor pe care le facem le facem de dragul altor lucruri: să ne simțim protejați de frig, să avem bani pentru facturi și să evităm să fim certați de stomatolog.

Problema este că putem să ne punem această întrebare la nesfârșit. De ce ne dorim să ne simțim protejați de frig? De ce suntem preocupați să ne plătim facturile? De ce vrem să evităm să fim certați de stomatolog? Copiii joacă acest joc tot timpul. „E timpul să mergi la culcare." De ce? „Pentru că trebuie să te scoli dimineață ca să mergi la școală." De ce? „Pentru că ai nevoie de educație." De ce? Și așa mai departe.

Filosoful Aristotel a jucat acest joc, dar cu un scop mult mai serios. El a trecut în revistă toate lucrurile pe care le facem de dragul altora și s-a întrebat dacă ele au un capăt. De ce mergem, de fapt, la muncă? De ce trebuie să câștigăm bani? De ce trebuie să plătim facturi? De ce avem nevoie să meargă curentul electric? Unde se termină toate acestea? Există vreun lucru pe care-l căutăm pentru el însuși, și nu pentru că ne conduce către altceva? Răspunsul lui Aristotel a fost afirmativ. El a susținut că există un singur lucru care se află la capătul fiecărui lanț de *de ce*-uri, iar numele acestuia este Fericirea. Fiecare lucru pe care-l facem este, în cele din urmă, legat de fericire.

Este greu să respingi o asemenea concluzie. La urma urmei, faptul că putem să ne plătim facturile și că avem curent electric ne face fericiți. Suntem fericiți că avem dinți sănătoși și o minte educată. Suntem fericiți chiar și atunci când îndurăm o suferință, dacă este pentru o cauză dreaptă. Fericirea este aceea care ne călăuzește în viață. Când suntem puși în fața unor alegeri, optăm pentru aceea care ne conduce către cea mai mare fericire.

Numai că noi nu facem asta.

Mintea noastră nu este programată în acest fel. Gândiți-vă la câți dintre cunoscuții dumneavoastră au „nimerit" pur și simplu într-o carieră sau au decis să urmeze o anumită facultate doar pentru că au avut sentimentul că li se potrivește. Doar ocazional ne așezăm la masă pentru a analiza rațional opțiunile pe care le avem, cântărindu-le atent pe fiecare. Un asemenea exercițiu este o muncă obositoare, iar rezultatul se dovedește rareori satisfăcător. De foarte puține ori ajungem într-un punct în care putem spune cu certitudine că am luat decizia corectă. Este mult mai ușor să facem ce vrem, așa că asta și facem.

Desigur, următoarea întrebare este: „Ei bine, atunci, ce ne dorim?" Răspunsul depinde de persoana căreia îi adresăm întrebarea: unul vrea să fie bogat, altul vrea să fie un tată bun. Și mai depinde de momentul în care punem întrebarea. Răspunsul de la ora șapte seara poate fi „cina"; cel de la ora șapte dimineața poate fi „încă zece minute de somn". Uneori, oamenii nu știu deloc ce vor; alteori vor imediat o mulțime de lucruri – pe care nu le pot avea în același timp, deoarece se află în contradicție unele cu altele. Majoritatea oamenilor, când văd o gogoașă, vor să o mănânce. Majoritatea oamenilor, când văd o gogoașă, vor să nu o mănânce. Ce se întâmplă?

Cum să rămâi în viață

Andrew era un tânăr de douăzeci și ceva de ani, angajat al unei companii care vindea aplicații software de tip Enterprise. Încrezător în sine, sociabil, el se număra printre cei mai buni oameni ai companiei în domeniul vânzărilor. Era atât de ocupat cu munca sa, încât nu avea timp să se relaxeze sau să se ocupe de alte activități, cu excepția uneia: agățatul femeilor. Estima că se culcase cu mai mult de o sută de femei, dar nu avusese niciodată o relație apropiată cu vreuna dintre ele. Era un lucru după care tânjea, știind că era important pentru fericirea lui pe termen lung. Și își dădea seama că a continua în felul acesta, cu întâlniri de o noapte, nu-l va duce în acea direcție. Cu toate acestea, a continuat în stilul obișnuit.

Dorința vine dintr-o parte a creierului situată adânc în interiorul craniului și numită zona tegmentală ventrală. Această zonă este bogată în dopamină; de fapt, este una dintre cele două regiuni principale producătoare de dopamină. La fel ca majoritatea celulelor creierului, celulele care se dezvoltă acolo au cozi lungi cu care se deplasează prin creier până ajung într-un loc numit *nucleus accumbens*. Când sunt activate, aceste celule cu cozi lungi eliberează dopamină în *nucleus accumbens*, generând sentimentul pe care noi îl numim motivație. Termenul științific pentru acest circuit este calea mezolimbică, deși este mai simplu să-l numim *circuitul dorinței dopaminice* (*Figura 1*).

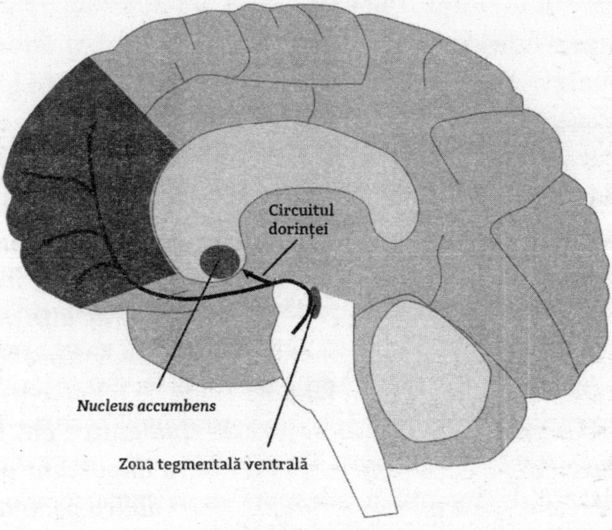

Figura 1

Acest circuit al dopaminei s-a dezvoltat pentru a promova comportamente care conduc la supraviețuire și reproducere sau, mai exact spus, pentru a ne ajuta să facem rost de hrană și sex și să câștigăm competiții. Circuitul dorinței este activat când vedem pe masă un platou cu gogoși, iar activitatea sa nu este declanșată de necesitate, ci de prezența unui lucru atrăgător din punct de vedere evoluționist sau al susținerii vieții. Mai precis, în momentul în care vedem un asemenea lucru, circuitul este activat, fie că ne este foame sau nu. Aceasta este natura dopaminei. Ea este întotdeauna interesată să obțină mai mult din orice, cu scopul de a asigura viitorul. Foamea este un lucru care se întâmplă aici și acum, în prezent. Însă dopamina spune: „Du-te și mănâncă gogoși, chiar dacă nu-ți este foame. Îți va crește șansele de a supraviețui în viitor. Cine știe când vei mai găsi apoi ceva de mâncare?" Acest îndemn avea un sens pentru strămoșii noștri evolutivi care trăiau cea mai mare parte a vieții lor sub amenințarea foamei.

Pentru un organism biologic, cel mai important scop referitor la viitor este să fie viu când acesta va veni. Drept urmare, sistemul dopaminic este mai mult sau mai puțin obsedat de supraviețuirea noastră. El scanează constant mediul pentru surse noi de mâncare, adăpost, oportunități de împerechere și alte resurse care să asigure reproducerea permanentă a ADN-ului nostru. Când găsește ceva potențial valoros, dopamina se activează și trimite mesajul *Trezește-te. Fii atent. Acesta este important*. Ea trimite acest mesaj creând un sentiment de dorință și, adeseori, de entuziasm și nerăbdare. Senzația că vrem ceva nu este o alegere pe care o facem. Este o reacție la lucrurile pe care le întâlnim.

Bărbatul care trecea pe lângă un restaurant cu burgeri a mirosit mâncarea și, cu toate că mintea sa era ocupată, probabil, cu alte priorități, dopamina i-a dat un imbold aproape de nerespins – el a vrut acel burger. Deși obiectul atenției era diferit, acesta este exact același mecanism care funcționa în mintea noastră cu mii de ani în urmă. Să ni-l imaginăm pe unul dintre strămoșii noștri mergând prin savană. Este o dimineață senină. Soarele e sus pe cer, păsărelele cântă și totul este ca de obicei. El merge agale, uitându-se fără să vadă – mintea sa rătăcește – când, deodată, dă peste niște tufișuri acoperite de fructe de pădure. Văzuse aceste tufișuri de zeci de ori înainte, dar nu avuseseră niciodată fructe pe ele. În trecut, privirea lui aluneca pe deasupra lor – gândurile îi erau în altă parte –, dar acum se uită cu atenție. Este tot mai concentrat, scanând dintr-o parte în alta tufișurile, examinând fiecare detaliu. Entuziasmul a început să pună stăpânire pe el. Viitorul tocmai ce a devenit un pic mai sigur, deoarece tufișul cu frunze de un verde-închis face fructe.

Circuitul dorinței, alimentat de dopamină, a trecut la acțiune.

Omul nostru o să-și aducă aminte de acest loc în care cresc tufișuri cu fructe de pădure. De acum încolo, de fiecare dată când le va vedea, organismul său va elibera puțină dopamină pentru a-l face mai atent și a-i imprima o undă de entuziasm – o modalitate cât se poate de bună pentru a-l motiva să dobândească acest lucru care ar putea să-l ajute să supraviețuiască. În felul acesta s-a format o amintire importantă, pentru că este legată de supraviețuire și a fost declanșată de eliberarea dopaminei. Dar ce se întâmplă când dopamina scapă de sub control?

De ce trăim într-o lume a fantomelor?

Când Andrew zărea o femeie atrăgătoare, dintr-odată, nimic nu părea să aibă mai multă importanță în viața lui decât să se culce cu ea. Toate celelalte lucruri păleau. De regulă, întâlnea femeile la bar, iar când nu se afla la serviciu, barul era singurul loc în care își dorea să fie.

Uneori își propunea să se ducă acolo doar pentru a se relaxa și a bea câteva beri. Îi plăcea ambianța și chiar au existat momente în care s-a opus din răsputeri tentației de a agăța pe cineva. Știa că, imediat ce partida de sex se va fi încheiat, își va pierde interesul pentru tânăra femeie, și nu-i plăcea deloc acel sentiment. Dar, cu toate că știa cum se vor desfășura lucrurile, de cele mai multe ori ceda.

După o vreme, lucrurile s-au înrăutățit și mai mult. Își pierdea interesul imediat ce femeia accepta să meargă acasă cu el. În momentul acela, vânătoarea se încheia și totul înceta să mai fie ca înainte. În ochii lui, chiar și ea arăta diferit – o transformare care se petrecea într-o clipită. Odată ajunși la apartamentul lui, nu mai voia să facă sex cu ea.

Într-un sens general, a spune că un lucru este „important" este un alt mod de a afirma că acest lucru este legat de dopamină. De ce? Pentru că, printre multe alte lucruri pe care le face, dopamina este un sistem de avertizare timpurie cu privire la apariția oricărui lucru care ne poate ajuta să funcționăm normal. Când apare ceva util pentru existența noastră curentă, nu trebuie să ne gândim la el. Dopamina ne face să ni-l dorim, chiar acum. Nu contează dacă ne va plăcea și nici măcar dacă avem nevoie de el în acel moment. Dopaminei nu-i pasă. Ea este asemenea unei bătrâne care cumpără mereu hârtie igienică. Nu contează dacă mai are o mie de suluri depozitate în cămară. Atitudinea ei este: *nu poți avea niciodată prea multă hârtie igienică*. La fel este și dopamina, dar în loc de hârtie igienică, ea te impulsionează să dobândești și să acumulezi tot ce ar putea să te susțină în viață.

Așa se explică de ce bărbatul aflat la dietă a vrut acel hamburger, chiar dacă nu-i era foame. Și de ce Andrew nu se putea opri din vânat femei, chiar dacă știa că doar după câteva ore, poate chiar după câteva minute, acest lucru îl va face nefericit. Și, de asemenea, unele lucruri nuanțate: de exemplu, de ce ne amintim unele nume și pe altele nu. Există tot felul de trucuri pe care le putem folosi pentru a ni le aduce aminte mai ușor, cum ar fi să folosim numele persoanei de câteva ori într-o conversație. Dar chiar dacă pare adânc înfipt în memorie, numele se evaporă aproape imediat. Numele importante – cele ale persoanelor care ne pot afecta viața – sunt mai ușor de ținut minte. Numele persoanei care a flirtat cu noi la o petrecere ne va rămâne mai mult timp în memorie decât cel al persoanei care ne-a ignorat. La fel se va întâmpla și cu numele celui care ne-a spus să ne programăm o întâlnire cu el, pentru că vrea să ne ofere un loc de muncă –, iar numele lui ne va rămâne în memorie cu atât mai mult dacă suntem șomeri. În mod similar, masculii de șobolan își aduc aminte mult mai ușor de drumul printr-un labirint dacă la celălalt capăt se află o femelă în călduri. Uneori, intensitatea concentrării este atât de mare, încât atenția ne va fi captată, mai degrabă, de lucruri care nu contează decât de cele importante. Unui bărbat care s-a trezit în timpul unui jaf cu un Beretta de 9 mm îndreptat spre fața lui i s-a cerut să descrie hoțul. El a spus: „Nu-mi aduc aminte de fața lui, dar pot să descriu pistolul."

În circumstanțe mai normale însă, activarea dopaminei din circuitul dorinței provoacă energie, entuziasm și speranță. E un sentiment plăcut. De fapt, unii oameni își petrec cea mai mare parte a vieții lor căutând acest sentiment – un sentiment al anticipării, un sentiment că viața e pe cale să devină mai bună. Urmează să mâncăm o cină delicioasă, să ne întâlnim cu un vechi prieten, să facem o vânzare importantă sau să primim un premiu prestigios. Dopamina aprinde imaginația, creând viziunea unui viitor roz.

Ce se întâmplă când viitorul devine prezent – când cina este în gura noastră sau persoana iubită se află în brațele noastre? Energia, emoția și entuziasmul dispar. Dopamina s-a închis. Circuitele dopaminei nu procesează experiențe din lumea reală, ci numai posibilități viitoare imaginare. Pentru mulți oameni, aceasta este o dezamăgire. Ei sunt atât de atașați de stimularea dopaminergică, încât fug de prezent și se refugiază în lumea confortabilă a propriei lor imaginații. „Ce voi face mâine?" se întreabă ei, în timp ce își mestecă mâncarea, fără să-și dea seama că nici măcar nu observă cina pe care au anticipat-o cu atâta nerăbdare. *A călători plin de speranță este mai bine decât a ajunge la destinație este mottoul amatorului de dopamină.*

Viitorul nu este real. Este făcut dintr-un mănunchi de posibilități care există numai în mintea noastră. Noi tindem să idealizăm aceste posibilități – de obicei, nu ne imaginăm un rezultat mediocru. Tindem să ne gândim la cea mai bună dintre toate lumile posibile, iar aceasta face ca viitorul să pară mult mai atrăgător. Prezentul este însă real. Este concret. Este trăit, nu imaginat, iar pentru aceasta este nevoie de un set diferit de substanțe chimice cerebrale – A&A-urile, neurotransmițătorii „aici și acum". Dopamina ne face să ne dorim lucrurile cu pasiune, însă A&A-urile sunt cele care ne permit să le apreciem: gusturile, culorile, texturile și aromele unui prânz alcătuit din cinci feluri de mâncare sau emoțiile pe care le trăim când ne aflăm în compania celor pe care-i iubim.

A vrea *versus* a plăcea

Tranziția de la entuziasm la plăcere poate fi plină de provocări. Gândiți-vă la remușcarea cumpărătorului, la sentimentul de regret care apare după ce am făcut o cumpărătură mare. De regulă, noi credem că acesta apare când ne temem că nu am făcut cea mai bună alegere, când ne simțim vinovați din cauza extravaganței comise sau când suspectăm că am fost influențați prea mult de vânzător. De fapt, este un exemplu de încălcare a promisiunii de către circuitul dorinței. Acesta din urmă ne spune că, dacă vom cumpăra acea mașină scumpă, vom fi copleșiți de bucurie, iar viața noastră nu va mai fi niciodată la fel. Însă, odată ce devenim proprietarii acelui autoturism, constatăm că aceste sentimente nu sunt nici atât de intense și nici atât de durabile pe cât speraserăm. Circuitul dorinței își încalcă adeseori promisiunile – un lucru care este inevitabil, deoarece acest circuit nu joacă niciun rol în generarea sentimentelor de satisfacție. Nu are puterea de a transforma visurile în realitate. Circuitul dorinței este, ca să spunem așa, doar un vânzător.

În momentul în care anticipăm o cumpărătură dorită, sistemul nostru dopaminic orientat spre viitor este activat și creează un sentiment de entuziasm. Odată ce ajungem în posesia obiectului dorit, acesta trece din spațiul extrapersonal *uită-te în sus* în cel peripersonal *uită-te în jos*; din tărâmul îndepărtat, orientat spre viitor, al dopaminei, în cel al A&A-urilor orientate spre consum și situate la îndemână. Remușcarea cumpărătorului este eșecul experienței A&A de a compensa pierderea excitației dopaminergice. Dacă facem o cumpărătură înțeleaptă, este posibil ca pierderea fiorului dopaminic să fie compensată de o puternică satisfacție A&A. O altă cale de a evita remușcarea cumpărătorului este să cumpărăm un lucru care declanșează, la rândul său, o așteptare dopaminergică mai mare, de exemplu, un instrument, cum ar fi un calculator, care ne va spori productivitatea, sau o jachetă nouă, care ne va face să arătăm minunat data viitoare când vom ieși în oraș.

Așadar, vedem trei soluții posibile la remușcarea cumpărătorului: (1) țintește culmile excitației dopaminergice și cumpără mai mult, (2) evită prăbușirea nivelului dopaminic cumpărând mai puțin sau (3) întărește-ți capacitatea de a trece de la dorința dopaminică la plăcerea A&A. Dar în niciuna dintre situații nu există vreo garanție că lucrurile pe care le dorim cu atâta disperare vor fi cele pe care ne va face plăcere să le avem. Dorința și plăcerea sunt produse de două sisteme diferite din creier, astfel că, adeseori, nu ne plac lucrurile pe care le vrem. Exact acest lucru se întâmplă într-o scenă din comedia de situație *The Office*, în care Will Ferrell, care joacă rolul lui Deangelo Vickers, un șef interimar, taie un tort mare:

Deangelo: Mie, unuia, îmi plac colțurile.
Taie un colț și-l mănâncă cu mâna.
Deangelo: De ce am făcut, oare, asta? Nu e chiar așa de bun. Nici măcar nu-l vreau. Am mâncat tort la prânz.
Aruncă la coș ce i-a mai rămas în mână.
Deangelo *(înfigându-și degetele în tort și rupând o altă bucată):* Nu. Știi ce? Am fost bun. Merit asta.
Se oprește un moment, apoi:
Deangelo: Ce fac? Haide, Deangelo!
Aruncă și bucata asta la coș, apoi se întoarce la tort. Se apleacă deasupra tortului pentru a țipa la el.
Deangelo: Nu! Nu!

A face distincție între ce vrem și ce ne place poate să fie un lucru dificil, însă falia dintre ele devine extrem de dramatică atunci când oamenii ajung dependenți de droguri.

Deturnarea circuitului dorinței

Deoarece era atât de preocupat să agațe femei, Andrew își consuma cea mai mare parte a timpului său liber în baruri. Când era student, mergea des la petreceri, unde bea bere de butoi la pahar până la primele ore ale dimineții, așa că, pentru el, a umbla de colo colo cu o bere în mână era un lucru cât se poate de natural. După terminarea facultății, majoritatea tovarășilor săi de băutură au trecut la alte activități. Alcoolul a încetat să mai joace un rol central în viața lor. Însă Andrew, pentru care barul era a doua casă, și-a păstrat acest obicei. Când găsea pe cineva care-i stârnea interesul, se îmbăta mai repede. Sub influența ochilor strălucitori ai unei femei, lumea devenea un loc mai captivant, iar asta îi alimenta plăcerea de a bea.

Și-a dat seama că băutura devenise o problemă pentru el în momentul în care mahmureala de dimineața l-a împiedicat să dea randament la locul de muncă. Vânzările sale au început să scadă, iar terapeutul său l-a sfătuit să ia o pauză în ce privește băutul. El i-a recomandat lui Andrew să încerce acest lucru vreme de treizeci de zile, pentru a vedea cum este să fii treaz. Terapeutul știa că, dacă reușește să facă acest lucru, alcoolicul se va simți, în general, mai bine: va avea o judecată mai limpede și va fi mai capabil să se bucure de plăcerile simple ale vieții –, iar acest sentiment îi va întări motivația de a rămâne treaz pe termen lung. Dar dacă alcoolicul nu poate să stea fără băutură timp de o lună, înseamnă că nu mai are un control deplin asupra viciului său. Aceasta poate fi o experiență lămuritoare, capabilă să-l convingă pe un băutor inveterat să renunțe la alcool.

Andrew a încercat-o și nu i-a fost greu să se abțină de la băutură – cu excepția momentelor când se afla în bar, încercând să agațe pe cineva cu care să se culce. Era ceva legat de acel loc, ceva legat de experiența familiară a vânătorii de femei, care îi declanșa pofte puternice. Terapeutul său s-a îngrijorat și mai mult, ajungând la concluzia că Andrew prezintă simptomele specifice tulburării legate de consumul de alcool. I-a cerut acestuia să încerce să meargă la câteva întâlniri ale Alcoolicilor Anonimi.

Andrew nu a fost de acord cu diagnosticul. El era concentrat pe eliminarea compulsiei sale pentru relații sexuale anonime. Era convins că, dacă reușea să controleze această nevoie imperioasă, nu ar mai fi avut de ce să meargă prin baruri, iar problema sa cu alcoolul ar fi dispărut de la sine. Terapia a durat foarte mult și, în ciuda discuțiilor sale repetate cu terapeutul, Andrew consuma cantități din ce în ce mai mari de alcool. În cele din urmă, el și-a atins scopul. A întâlnit pe cineva care i-a captat interesul și, spre încântarea sa, acest interes nu s-a ofilit. După câteva încercări a renunțat complet la aventurile de o noapte. Nu mai mergea atât de des prin baruri, dar, spre surpriza sa, a continuat să bea. Alcoolismul i se strecurase în creier, îi modificase circuitele comportamentale, iar acum el nu se mai putea opri.

Asemenea unui proiectil teleghidat, drogurile au lovit circuitul dorinței, generând o reacție chimică intensă. Niciun comportament natural nu poate să facă asta. Nici mâncarea, nici sexul și nici altceva.

Alan Leshner, fostul director al National Institute on Drug Abuse, afirma că drogurile „deturnează" circuitul dorinței. Ele îl stimulează mult mai intens decât recompensele naturale, precum alimentele sau sexul, care afectează același sistem de motivare a creierului. Așa se explică de ce dependența de mâncare și sex se aseamănă foarte mult cu dependența de droguri. Circuitele creierului, care s-au dezvoltat în scopul fundamental al menținerii noastre în viață, sunt acaparate de o substanță care creează dependență și sunt adaptate pentru a fi folosite cu un scop diferit: acela de a-l înrobi pe individul dependent care a căzut pradă acestei substanțe chimice.

Abuzul de droguri este asemenea cancerului: redus la început, el poate să acapareze rapid fiecare aspect al vieții consumatorului. Un alcoolic poate să înceapă ca un băutor moderat. Pe măsură ce înaintează, să zicem, de la câteva beri la sfârșit de săptămână la un litru de vodcă zilnic, alte aspecte ale vieții sale ajung să fie controlate. Mai întâi, nu se mai duce la meciurile de baschet ale fiului său, în felul acesta putând să stea acasă și să bea. După o vreme renunță și la ședințele cu părinții, apoi la toate activitățile cu familia și doar în cele din urmă la muncă, deoarece aceasta îi asigură banii necesari pentru a cumpăra băutură. Dar, într-un final, abandonează și munca. Asemenea unei tumori, dependența se dezvoltă și întreaga viață a alcoolicului ajunge să fie concentrată exclusiv pe băutură. Alegerile sale au fost raționale? Privind din afară, lucrurile nu arată așa.

Însă din interior, unde vedem dopamina în acțiune, totul pare perfect logic.

Sistemul dopaminic s-a dezvoltat pentru a ne motiva să supraviețuim și să ne reproducem. Pentru majoritatea oamenilor, nimic nu este mai important decât să se mențină în viață și să-și crească odraslele în siguranță. Acestea sunt activitățile care produc cele mai mari afluxuri de dopamină. Într-un sens foarte literal, afluxurile mari de dopamină semnalează nevoia de a reacționa în situații de viață și de moarte. *Caută adăpost. Găsește mâncare. Protejează-ți copiii.* Acestea sunt responsabilități care lovesc puternic sistemul dopaminic. Ce ar putea fi mai important?

Pentru un dependent, drogurile sunt mai importante. Cel puțin, așa sunt percepute lucrurile. Acea lovitură a proiectilului dopaminic ghidat nimicește orice altceva. Dacă luarea deciziilor este asemenea cântăririi opțiunilor pe un cântar, un drog care creează dependență este precum un elefant așezat pe o parte a cântarului. Nu există nimic care să-l poată concura.

O persoană dependentă alege drogurile în defavoarea muncii, familiei și a oricărui alt lucru. Noi credem că el face alegeri iraționale, însă creierul său îi spune că alegerile sunt perfect logice. Dacă cineva v-ar da posibilitatea să alegeți între un prânz la un restaurant bun, chiar și la cel mai bun restaurant din oraș, și un cec de un milion de dolari, este ridicol să ne gândim că veți alege mâncarea. Exact așa se simte o persoană dependentă când trebuie să aleagă, să spunem, între a-și plăti chiria la apartament și a-și cumpăra cocaină. El o alege pe aceea care va genera un aflux dopaminic mai mare. Euforia produsă de cocaină este mai mare decât orice altă experiență pe care vi-o puteți imagina. Acest lucru este rațional din punctul de vedere al dopaminei dorinței, care controlează comportamentul persoanelor dependente.

Drogurile sunt fundamental diferite de declanșatorii naturali ai dopaminei. Când suntem flămânzi, nimic nu ne motivează mai mult decât obținerea hranei. Însă, după ce am mâncat, această motivație dispare, deoarece circuitele sațietății devin active și închid circuitul dorinței. Există un echilibru al puterilor, care are rolul de a menține totul stabil. Însă nu există vreun circuit al sațietății pentru cocaină. Dependenții iau droguri până își pierd cunoștința, se îmbolnăvesc sau rămân fără bani. Dacă întrebați o persoană dependentă câtă cocaină vrea, nu există decât un singur răspuns: *mai multă*.

Haideți să privim lucrurile sub un alt unghi. Scopul sistemului dopaminic este să prezică viitorul și, când apare o recompensă neașteptată, să trimită un semnal care spune: „Atenție! Este timpul să înveți ceva nou despre lume." În acest fel, circuitele scăldate în dopamină devin maleabile. Ele se transformă ușor în patternuri noi. Sunt introduse amintiri noi și se fac noi conexiuni. „Amintește-ți ce s-a întâmplat", spune circuitul dopaminic. „Acest lucru ar putea fi util în viitor."

Care este rezultatul final? Data viitoare nu vei mai fi luat prin surprindere când va apărea recompensa. Când am descoperit site-ul care transmitea muzica noastră favorită, am fost entuziasmați. Însă următoarea dată când am vizitat site-ul nu am mai trăit aceeași emoție. Nu a mai existat o eroare de predicție a recompensei. Dopamina nu este menită să fie un rezervor permanent de bucurie. Modelând creierul pentru ca acesta să facă predictibile evenimentele surprinzătoare, dopamina maximizează resursele – așa cum este proiectată să facă –, dar, în acest proces, eliminând surpriza și făcând să dispară eroarea de predicție a recompensei, își suprimă propria activitate.

Însă drogurile care creează dependență sunt atât de puternice, încât ocolesc circuitul complicat al surprizei și predicției și aprind, în mod artificial, sistemul dopaminic. În acest fel, ele lasă în urmă orice altceva. Tot ceea ce rămâne este o dorință chinuitoare de a obține mai mult.

Drogurile distrug echilibrul delicat de care are nevoie creierul pentru a funcționa normal. Ele stimulează procesul de eliberare a dopaminei, indiferent de situația în care se află consumatorul. Acest lucru creează o stare de confuzie la nivelul creierului, care începe să lege consumul de droguri de orice altceva. După o vreme, creierul ajunge să fie convins că drogurile dau răspunsul la toate aspectele vieții. Vrei să dai o petrecere? Ia droguri. Te simți trist? Ia droguri. Vrei să ieși în oraș cu un prieten? Ia droguri. Te simți stresat, plictisit, relaxat, tensionat, furios, puternic, obosit, ofensat sau plin de energie? Ia droguri. Oamenii care sunt implicați în programe în doisprezece pași, precum Alcoolicii Anonimi, spun că persoanele dependente trebuie să fie atente la trei lucruri care ar putea să le declanșeze pofta și să-i facă să devină din nou dependenți: oameni, locuri și lucruri.

Dependentul care nu a mai putut să-și facă hainele albe și strălucitoare

Pentru persoanele dependente, indiciile pot fi lucruri ciudate. Un fost consumator de droguri trebuia să evite să se uite la desene animate, deoarece furnizorul său obișnuia să tipărească personaje din desene animate pe pachetele cu droguri pe care le vindea. Uneori, dependenții nu au nicio idee despre ce le declanșează dorința. Un individ care se lupta cu dependența de heroină a descoperit că era copleșit de dorință de fiecare dată când mergea la băcănie. Nu înțelegea deloc de ce se întâmpla acest lucru, care îi îngreuna tratamentul. Într-o zi, el a mers împreună cu terapeuta sa într-o „expediție" la băcănie, pentru a încerca să afle ce se întâmpla. Terapeuta i-a spus să o anunțe imediat ce simte că este lovit de dorință. Ei s-au plimbat de colo-colo, pe culoarele dintre rafturi, până ce pacientul s-a oprit și i-a spus: „Acum!" Se aflau la raionul de detergenți de rufe, în fața unui raft plin cu înălbitori. Înainte să înceapă tratamentul, individul obișnuia să reutilizeze acele de seringă, scufundându-le în înălbitor, pentru a evita infecția cu HIV.

Motivul pentru care dependenții cred că este mai bine să fumezi cocaină decât să o prizezi

Capacitatea de a introduce dopamina în circuitul dorinței este aceea care face astfel ca drogul să creeze dependență. Alcoolul face acest lucru, la fel și heroina, cocaina, chiar și marijuana. Însă nu toate drogurile activează dopamina în același grad. Cele care lovesc dopamina cel mai tare creează mai multă dependență decât cele mai moderate. Declanșând eliberarea unui flux mai mare de dopamină, „atacanții grei" îl fac, de asemenea, pe consumator să se simtă mai euforic și stimulează cea mai intensă dorință după ce efectul drogului a dispărut. În general, fumătorii de marijuana sunt mai puțin disperați să facă rost de o cantitate mai mare de drog decât dependenții de cocaină. Dar, dincolo de toate diferențele, există un aspect comun: afluxul dopaminergic și dorința intensă care-i urmează.

Mai mulți factori sunt responsabili de diferențele existente. Structura chimică a moleculelor care alcătuiesc fiecare drog joacă un rol important; unele substanțe chimice sunt mai bune decât altele la a împinge dopamina pe calea ei. Dar există și alte considerente. De exemplu, cocaina crack pe care consumatorii o fumează și cocaina pudră pe care consumatorii o prizează au, în esență, aceeași structură moleculară. Însă crackul creează o dependență mult mai mare – într-o asemenea măsură încât, în anii 1980, când a început să se găsească mai peste tot, crackul a luat cu asalt lumea consumului recreativ de droguri.

Ce este atât de „minunat" la acest drog încât i-a permis să acapareze piața de cocaină și să înrobească chimic mii de oameni? Dintr-o perspectivă științifică, răspunsul e simplu: viteza cu care acționează.

Gândiți-vă la un drog precum alcoolul, care declanșează eliberarea dopaminei. Cu cât ajunge mai repede la creier, cu atât consumatorul se va simți mai euforic. În Figura 2, axa orizontală arată cât timp s-a scurs, iar cea verticală ce cantitate de drog a intrat în creierul consumatorului. Dacă cineva soarbe un pahar de Chardonnay, graficul se va ridica ușor spre dreapta. Dar, dacă aceeași persoană ar începe să bea păhărele de vodcă, graficul va arăta o pantă abruptă care începe să se înalțe rapid.

Înclinația liniei arată cât de rapid crește nivelul drogului – în acest caz, al alcoolului – din creier. Și, cu cât crește mai rapid, cu atât eliberează mai multă dopamină, iar euforia este mai mare, la fel ca dorința ce urmează să apară.

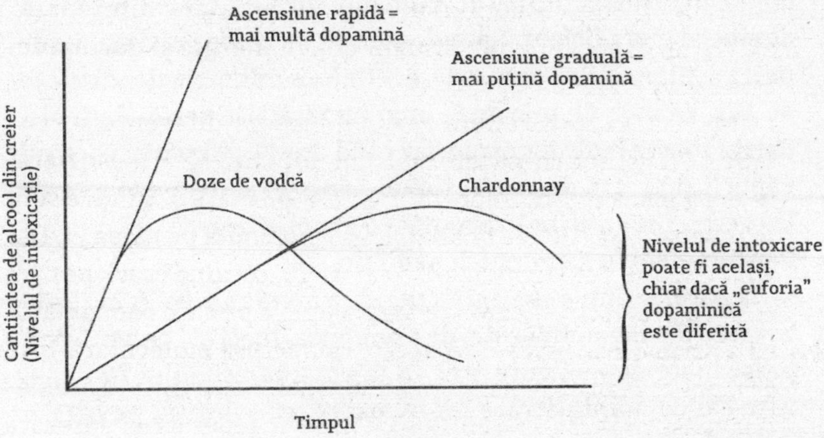

Figura 2

Iată de ce consumatorii preferă să fumeze crack în loc să prizeze cocaină pudră: fumatul produce un aflux mai rapid și mai intens de dopamină. Cocaina obișnuită nu poate fi fumată: căldura o distruge. Doar transformând-o în crack, ea poate fi fumată și, astfel, drogul ajunge în corp prin plămâni, și nu prin nas. Iar acest lucru creează o mare diferență.

Când cocaina pudră este trasă pe nas, ajunge pe mucoasa nazală, membrana roșie din interiorul nasului nostru. Este roșie deoarece vasele de sânge se află la suprafață. Cocaina intră în fluxul sangvin prin aceste vase, însă nu este foarte eficientă; nu există prea mult spațiu disponibil acolo. Uneori, când un consumator prizează o linie de cocaină, o parte din pudră nu ajunge în organismul lui, deoarece nu există suficient spațiu pentru ea pe suprafața mucoasei.

Acesta nu este un mod de a spune că prizarea cocainei nu este periculoasă și nu creează dependență. Există o cale prin care acest drog devine mult mai periculos și creează o dependență mai mare: fumatul. Fumând cocaină crack, procesul devine și mai eficient. Spre deosebire de mucoasa nazală, suprafața plămânilor este uriașă. Plină cu milioane de săculețe de aer, ea este de mărimea unei jumătăți de teren de tenis. Există foarte mult loc acolo, iar când atinge plămânii, cocaina vaporizată intră direct în fluxul sangvin și de acolo ajunge la creier. Este o pantă abruptă – o erupție bruscă – și o mare lovitură pentru sistemul dopaminic.

Legătura dintre creșterea rapidă a nivelului sangvin și eliberarea de dopamină este, de asemenea, motivul pentru care persoanele dependente trec la injectarea drogului în vene. Alte căi de administrare nu le mai oferă senzația pe care o caută. Însă injectarea drogurilor provoacă teamă și este un indiciu clar al dependenței unei persoane, astfel că stigmatul și frica de ac îi împiedică pe mulți să treacă mai departe. Din nefericire, fumatul introduce drogul în creier la fel de rapid ca injecția intravenoasă și este lipsit de stigmatul asociat cu acele. Ca urmare, mulți așa-ziși consumatori ocazionali de cocaină avansează la o dependență care le distruge viața. Același lucru s-a întâmplat cu metamfetamina când a devenit disponibilă într-o formă ce putea fi fumată.

Beat *versus* euforic: care este diferența?

Există o mare diferență între a fi beat și a fi euforic, dar nu toată lumea știe asta. Iar cei care înțeleg de ce sunt așa și mai puțini.

Indivizii care își petrec serile cu paharul în față se simt cel mai bine la început. Nivelul de alcool crește rapid, iar asta dă o senzație plăcută – este *euforia do-*

paminergică, aceea care are legătură directă cu viteza alcoolului spre creier. Pe măsură ce seara înaintează, însă, ritmul creșterii încetinește, iar dopamina dispare. Locul euforiei este luat de starea de ebrietate. Într-o primă etapă a creșterii nivelului de alcool, starea băutorului se caracterizează printr-o energie sporită, entuziasm și plăcere. Ebrietatea însă este o stare în care individul pare sedat, nu reușește să-și coordoneze mișcările, vorbește împleticit și judecă anapoda. Viteza cu care alcoolul ajunge la creier determină gradul de euforie al băutorului. Cantitatea totală de alcool consumat, indiferent dacă este băut încet sau repede, determină nivelul de ebrietate.

Băutorii lipsiți de experiență confundă aceste două situații. Încep să bea, nivelul de alcool din sânge crește, iar ei trăiesc plăcerea asociată eliberării de dopamină. În mod eronat, ei cred că această plăcere se datorează stării de ebrietate. Drept urmare, beau în continuare din ce în ce mai mult, încercând, în van, să declanșeze din nou afluxul de dopamină. Sfârșesc rău, de cele mai multe ori aplecați deasupra unui vas de toaletă.

Unii oameni descoperă singuri aceste lucruri. La un cocktail, o femeie declara că se distrează mai bine când consumă băuturi amestecate, decât atunci când bea bere. La prima vedere, acest lucru pare lipsit de logică, deoarece alcoolul este alcool, fie că provine din bere sau dintr-un daiquiri. Însă știința confirmă spusele femeii. O băutură amestecată este mai concentrată și, de regulă, îndulcită cu zahăr, astfel că oamenii tind să o bea mai repede. În general, băuturile amestecate conțin mai mult alcool decât berea sau vinul. Așadar, o băutură amestecată furnizează mai mult alcool și o stimulare dopaminergică imediată, spre deosebire de o noapte de beție continuă. Această femeie își dorea bună dispoziție, nu amețeală, iar băuturile amestecate i-au oferit, desigur, mai multă distracție. După câteva cocktailuri, ea ajungea la un aflux dopaminic pe care o noapte întreagă de beri una după alta nu i l-ar fi oferit.

Dorința care nu încetează niciodată

Cu toate că dorința nu încetează atâta vreme cât o persoană dependentă continuă să folosească droguri, creierul își pierde, treptat, capacitatea de a furniza euforia – circuitul dorinței pur și simplu reacționează din ce în ce mai puțin, până într-acolo încât individul ar putea, foarte bine, să înlocuiască drogul cu apă sărată.*

Patrick Kennedy, fostul reprezentant american al Primei Circumscripții Electorale din Rhode Island și fiul lui Ted Kennedy, fost senator de Massachusetts, înțelege stimularea din ce în ce mai scăzută oferită de consumul de droguri. Fără îndoială, cel mai renumit apărător al cercetării creierului și al îmbunătățirii serviciilor din domeniul sănătății mintale din Statele Unite, el însuși s-a luptat cu o serie de dependențe și cu o boală mintală. După ce, într-o noapte, a intrat cu mașina

* Când cercetătorii au injectat unor consumatori de cocaină inveterați un stimulent asemănător acestui drog, aceștia din urmă au eliberat cu 80% mai puțină dopamină decât persoanele sănătoase cărora li s-a administrat aceeași substanță. Era vorba despre aceeași cantitate de dopamină pe care cercetătorii au observat-o când au injectat un placebo – o substanță inactivă, cum ar fi apa sărată (n.a.).

într-o baricadă de la Capitoliu, Patrick Kennedy a recunoscut problemele pe care le avea. Într-un interviu oferit lui Lesley Stahl în cadrul emisiunii *60 Minutes*, el a vorbit despre nevoia de a consuma droguri, chiar și în absența plăcerii.

> *Nu există niciun fel de distracție în asta. Niciun fel de plăcere. Este vorba doar despre eliminarea durerii. Oamenii au această idee eronată că devii euforic. Ce obții, de fapt, este alinarea suferinței.*

Iată de ce, dacă o persoană dependentă folosește atât de multă cocaină (sau heroină, alcool ori marijuana) încât aceasta nu-i mai provoacă euforie, ea va continua să o consume.

Vă aduceți aminte de surpriza plăcută oferită de brutăria cu croasanți delicioși și cafea? Trecem pe stradă fără să avem niciun fel de așteptări, ceva bun ne iese în cale, iar sistemul nostru dopaminic intră în acțiune – prin urmare, „predicția" noastră a fost greșită, iar noi trăim o explozie a dopaminei tocmai datorită erorii de predicție a recompensei. Începem să ne ducem la acea brutărie în fiecare zi. Acum să ne imaginăm că stăm la rând pentru cafeaua și croasantul nostru de dimineață, când, deodată, sună telefonul. Este șefa noastră. S-a întâmplat ceva la serviciu. Lasă totul baltă, ne spune ea, și vino imediat la birou. Presupunând că suntem niște persoane conștiincioase, vom părăsi imediat brutăria cu mâinile goale și frustrați.

Să presupunem că este sâmbătă noaptea și un creier dependent își așteaptă „tratația" obișnuită de sâmbătă noaptea, cocaina, dar aceasta nu apare. La fel ca slujbașul privat de croasant, persoana dependentă lipsită de drog se va simți frustrată.

Când o recompensă așteptată nu se materializează, sistemul dopaminic se închide. În termeni științifici, sistemul dopaminic, când este în repaus, se activează lent, de la trei până la cinci ori pe secundă. Când este excitat, el se însuflețește de la douăzeci până la treizeci de ori pe secundă. Când o recompensă așteptată nu se materializează, ritmul de activare a dopaminei se prăbușește la zero, iar acest lucru determină o senzație foarte neplăcută.

Iată de ce închiderea sistemului dopaminic ne face să ne simțim frustrați și ofensați. Și la fel se simte o persoană care se luptă zilnic pentru a scăpa de dependența de droguri. Este nevoie de foarte multă putere, voință și sprijin din partea celorlalți pentru a învinge adicția. Nu vă jucați cu dopamina. Riposta ei este foarte puternică.

Dorința rămâne multă vreme cu noi, dar fericirea ne părăsește repede

Cedând dorinței nu ajungem neapărat la plăcere, deoarece una este să dorim un lucru și alta este să ne placă. Dopamina face promisiuni pe care nu este în măsură să le respecte. „Dacă cumperi această pereche de pantofi, viața ta se va schimba", spune circuitul dorinței, și s-ar putea ca acest lucru să se întâmple, dar nu din cauză că dopamina ne face să simțim acest lucru.

Dr. Kent Berridge, profesor de psihologie și neurologie la University of Michigan, este unul dintre cei care au inițiat procesul de separare a circuitelor dorinței dopaminice de circuitele plăcerii de tip „Aici și Acum". Acesta a descoperit că, atunci când un șobolan gustă o soluție de zahăr, el semnalizează că-i place lingându-și botul. Pentru a arăta că mai vrea, el consumă o cantitate mai mare din lichidul dulce. Când Berridge a injectat în creierul unui șobolan o substanță care amplifica nivelul de dopamină, animalul a consumat o cantitate mai mare din lichidul dulce, dar nu a dat niciun semnal suplimentar că îi plăcea. Însă, când a fost injectat un amplificator de tip A&A, reacția de plăcere ce consta în lingerea botului practic s-a triplat. Dintr-odată, apa cu zahăr devenise delicioasă.

Într-un interviu pentru *The Economist*, dr. Berridge observa că sistemul dorinței dopaminice este puternic și are o influență mare asupra creierului, în vreme ce circuitul plăcerii este mic, fragil și mult mai greu de declanșat. Diferența dintre cele două este motivul pentru care „plăcerile intense ale vieții sunt mai rare și durează mai puțin decât dorința neobosită".

Plăcerea implică diferite circuite ale creierului și folosește substanțe chimice de tip A&A, și nu dopamină, pentru a trimite mesaje. În special, ea se bazează pe aceleași substanțe chimice care promovează satisfacția pe termen lung a iubirii prietenești: endorfine și endocanabinoide. Deoarece drogurile opioide, precum heroina și OxyContin, afectează atât circuitul dorinței, cât și pe cel al plăcerii (unde acționează dopamina și, respectiv, endorfina), ele se numără printre drogurile care creează cea mai mare dependență. Marijuana este asemănătoare. Ea interacționează, de asemenea, cu ambele circuite, stimulând atât sistemul dopaminic, cât și pe cel endocanabinoid. Acest efect dual duce la rezultate neobișnuite.

Creșterea nivelului de dopamină poate să ne lanseze într-o urmărire entuziastă a unor lucruri pe care, altfel, le-am considera neimportante. De exemplu, despre consumatorii de marijuana se știe că stau în fața chiuvetei și urmăresc cum picură apa din țeava robinetului, captivați de spectacolul, de altfel banal, al picăturilor de apă care cad una după alta, la nesfârșit. Efectul de creștere a nivelului de dopamină este, de asemenea, evident când fumătorii de marijuana se pierd în propriile lor gânduri, cutreierând fără niciun scop prin lumile imaginare create de ei înșiși. Dar, în anumite situații, marijuana suprimă dopamina, mimând ceea ce moleculele A&A tind să facă. În acest caz, activitățile care sunt asociate în mod tipic cu voința și motivația, cum ar fi mersul la serviciu, studiul sau spălatul pe mâini par mai puțin importante.

Impulsivitatea și spirala descendentă

Multe dintre deciziile pe care le iau persoanele dependente, în special cele păguboase, sunt impulsive. Comportamentul impulsiv apare când punem o valoare prea mare pe plăcerea imediată și nu ținem cont de consecințele pe termen lung. Dopamina dorinței învinge părțile mai raționale ale creierului. Facem alegeri despre care știm că nu sunt în adevăratul nostru interes, dar nu ne simțim în stare să ne opunem. Este ca și cum voința noastră liberă a fost compromisă de o dorință nestăpânită pentru plăcerea imediată. Poate fi vorba despre o pungă de cartofi prăjiți la care râvnim când suntem la dietă sau despre cumpărături extravagante pe care nu ni le permitem.

Drogurile care măresc nivelul dopaminei pot, de asemenea, să amplifice comportamentul impulsiv. O persoană dependentă de cocaină declara cândva: „Când iau o linie de cocaină, mă simt ca un om nou. Iar primul lucru pe care îl vrea un om nou este încă o linie de cocaină." Când individul dependent își stimulează sistemul dopaminic, acesta reacționează, cerând mai multă stimulare. Așa se explică de ce majoritatea dependenților de cocaină fumează țigări atunci când consumă cocaină. Asemenea cocainei, nicotina stimulează eliberarea de dopamină suplimentară, dar este și ieftină și mai ușor de obținut.

Nicotina, de fapt, este un drog neobișnuit, deoarece nu face mai nimic în afară de a declanșa un consum compulsiv. Potrivit cercetătorului dr. Roland R. Griffiths, profesor de psihiatrie și științe comportamentale la Johns Hopkins University School of Medicine: „Când le dai oamenilor nicotină prima oară, celor mai mulți dintre ei nu le va plăcea. Este diferită de multe alte droguri care creează dependență, despre care majoritatea oamenilor spun că le-a plăcut de prima dată și că ar încerca din nou". Nicotina nu-ți creează o stare euforică, așa cum face marijuana, nu te îmbată, precum alcoolul și nu-ți dă fiori, ca viteza. Unii spun că îi face să se simtă mai relaxați sau mai concentrați, dar, de fapt, principalul lucru pe care-l face este să potolească pofta de ea însăși. Este cercul perfect. Singurul motiv pentru care fumăm țigări este ca să devenim dependenți și, astfel, să putem trăi plăcerea de a alina senzația neplăcută de dorință chinuitoare, asemenea unui om care cară o piatră cu el toată ziua pentru că se simte foarte bine când o pune jos.

Dependența apare din cultivarea chimică a dorinței. Sistemul delicat care ne spune ce ne place sau ce nu ne place nu se poate măsura cu puterea brută a compulsiei dopaminergice. Sentimentul de dorință devine copleșitor și complet detașat de faptul că obiectul acestei dorințe este tot ce am sperat vreodată, este benefic pentru noi sau ar putea să ne ucidă.

Dependența nu este semnul unui caracter slab sau al lipsei de voință. Ea apare când circuitele dorinței sunt aduse într-o stare patologică prin stimulare excesivă.

Impulsionează dopamina prea mult și prea tare, și puterea sa va ieși la suprafață răcnind. Odată ce ne-a luat în stăpânire viața, este dificil de îmblânzit.

Pacientul cu Parkinson care și-a pierdut casa la video poker

Drogurile recreative nu sunt singurele care stimulează dopamina. Există preparate medicale care fac acest lucru și, când ele lovesc circuitul dorinței prea tare, se pot întâmpla lucruri ciudate. Boala Parkinson constă în existența unei deficiențe de dopamină într-un circuit responsabil de controlul mișcărilor musculare. Sau, mai simplu spus, este vorba despre modul în care transpunem în acțiune lumea interioară a ideilor, despre modul în care ne impunem voința asupra lumii. Când nu există suficientă dopamină în acest circuit, oamenii capătă un tremur și o postură rigidă și se mișcă încet. Tratamentul constă în administrarea unor medicamente care măresc nivelul dopaminei.

Majoritatea oamenilor care iau aceste medicamente se simt bine, însă unul din șase pacienți ajunge să dezvolte un comportament axat pe căutarea plăcerii și cu un grad ridicat de risc. Pasiunea patologică pentru jocurile de noroc, hipersexualitatea și cumpărăturile compulsive se numără printre cele mai obișnuite consecințe ale stimulării excesive a dopaminei. Pentru a explora acest risc, cercetătorii britanici au dat câte o pastilă dintr-un medicament numit L-dopa unui număr de cincisprezece voluntari sănătoși. L-dopa este transformat în dopamină în interiorul creierului și poate fi folosit pentru tratarea bolii Parkinson. Alți cincisprezece voluntari au primit placebo. Nimeni nu știa cine a primit medicamentul și cine pastila falsă.

După ce au luat pastilele, voluntarilor li s-a permis accesul la jocurile de noroc. Cercetătorii au descoperit că voluntarii care luaseră medicamentul de creștere a dopaminei puneau mize mai mari și mai riscante decât ale celor cărora li se administrase placebo. Efectul era mult mai pronunțat la bărbați decât la femei. Cercetătorii le cereau, periodic, participanților să aprecieze cât de fericiți erau. Nu exista nicio diferență între cele două grupuri. Circuitul dopaminic sporit augmenta comportamentul impulsiv, dar nu și satisfacția – amplifica dorința, dar nu și plăcerea.

Când oamenii de știință au folosit câmpuri magnetice puternice pentru a scana creierul participanților, au descoperit încă un efect: cu cât celulele lor dopaminice erau mai active, cu atât voluntarii se așteptau să câștige mai mulți bani.

Nu este ceva neobișnuit ca oamenii să se amăgească în acest fel. Există puține lucruri în viața noastră de zi cu zi care sunt mai improbabile decât câștigul la loterie. O persoană are mai multe șanse să se trezească cu cvadrupleți identici sau să moară strivit de un automat de produse alimentare. Este de peste o sută de ori mai probabil ca un om să fie lovit de trăsnet decât să câștige la loterie. Și, cu toate acestea, milioane de oameni cumpără bilete. „Cineva trebuie să câștige", spun ei. Un entuziast dopaminergic a explicat pasiunea sa pentru loterie în acest fel: „Cu un dolar, cumperi speranță".

Speranțele legate de câștigul la loterie pot fi iraționale, dar când oamenii iau zilnic medicamente de creștere a dopaminei, pot să apară deformări ale judecății mult mai serioase.

Pe 10 martie 2012, avocații lui Ian*, un cetățean de 66 de ani din Melbourne, Australia, au depus o cerere introductivă la tribunalul federal. Ian dădea în judecată fabrica de medicamente Pfizer, susținând că medicamentul lor pentru Parkinson, Cabaser, l-a făcut să piardă tot ce avusese.

El a fost diagnosticat cu Parkinson în 2003. Doctorul său i-a prescris Cabaser, iar în 2004 i-a dublat doza. Atunci au început problemele. El s-a apucat să joace intens jocuri de noroc la automatele de video poker. Era pensionar și primea o pensie modestă de 850 de dolari pe lună. În fiecare lună cheltuia întreaga sumă la automatele de poker, dar nu a fost de ajuns. Pentru a-și finanța viciul, și-a vândut mașina cu 829 de dolari, a ipotecat o bună parte din ce deținea pentru suma de 6 135 de dolari și a împrumutat 3 500 de dolari de la familie și prieteni. Apoi s-a împrumutat cu peste 50 000 de dolari de la patru instituții financiare, iar pe 7 iulie 2006 și-a vândut casa.

În total, acest om cu venituri modeste a pierdut la jocuri peste 100 000 de dolari. În 2010, el a reușit să se oprească, în cele din urmă, când a citit un articol despre legătura dintre medicamentele pentru Parkinson și jocurile de noroc. A încetat să mai ia Cabaser, iar problema a dispărut.

---

* Pentru a proteja intimitatea, pe parcursul acestei cărți am atribuit alte identități persoanelor sau am creat personaje și cazuri punând laolaltă trăsături ale mai multor persoane și date ale cazurilor reale (n.a.).

De ce unii dintre cei care urmează un tratament pentru Parkinson dezvoltă un comportament distrugător, în vreme ce cei mai mulți nu au această problemă? E posibil ca ei să se fi născut cu o vulnerabilitate genetică. Oamenii care în trecut au jucat frecvent jocuri de noroc sunt mult mai înclinați decât alții să transforme acest obicei într-un viciu incontrolabil, după ce încep să ia medicamentele pentru Parkinson, iar acest lucru sugerează că există anumite trăsături de personalitate care-i pun în pericol pe oameni.

Un alt risc al medicației pentru Parkinson este hipersexualitatea. Un studiu descriptiv de la Clinica Mayo – care presupunea ținerea sub observație a pacienților cu un anumit tip de boală sau tratament – relata cazul unui bărbat de 57 de ani tratat cu L-dopa, care „întreținea relații sexuale de două ori pe zi și, când era posibil, chiar mai des. Atât el, cât și soția sa lucrau cu normă întreagă și, din cauza programului încărcat, soției îi era greu să-l satisfacă." După ce el s-a pensionat la vârsta de 62 de ani, lucrurile s-au înrăutățit. El a făcut avansuri sexuale la două tinere din familia sa extinsă și unor femei din cartier. În cele din urmă, soția sa a trebuit să-și părăsească locul de muncă pentru a se ocupa de nevoile lui sexuale.*

Un alt pacient își manifesta hipersexualitatea petrecând zilnic ore întregi în camerele de chat pentru adulți de pe internet –, dar chiar și oamenii sănătoși care nu iau niciun fel de pastile sunt vulnerabili la chemarea dopaminică a pornografiei, de care este plin internetul.

Desigur, nu e nevoie să-ți circule prin creier medicamente pentru Parkinson pentru a-ți ruina viața cu obsesii sexuale.

---

* Această problemă afectează, în primul rând, bărbații, dar nici femeile nu sunt imune. Din seria de treisprezece pacienți de la Clinica Mayo, două erau femei, amândouă necăsătorite și abstinente sexual înainte de începerea tratamentului (n.a.).

Gândiți-vă la triada înfricoșătoare a dopaminei, tehnologiei și pornografiei.

Mai mult, mai mult, mai mult: dopamina și puterea pornografiei

Noah era un tânăr de 28 de ani în căutare de ajutor, deoarece nu putea să se oprească din vizionat pornografie. El a crescut într-o familie catolică, iar primul contact cu pornografia l-a avut la vârsta de cincisprezece ani. Căuta ceva pe internet, când a dat de o poză în care apărea o femeie dezbrăcată. Din momentul acela, spunea el, a devenit obsedat.

La început, situația nu a fost atât de rea. Accesa internetul cu ajutorul unui modem dial-up, astfel că „dura o veșnicie până se încărcau pozele". Era norocos. Tehnologia îi limita doza zilnică. El descria pozele cu care a început ca fiind „inofensive". De-a lungul timpului, ambele lucruri aveau să se schimbe. Accesul la internet în bandă largă i-a permis să descarce pozele imediat, iar acum putea să adauge video la rutina sa zilnică.

Locul materialelor inofensive a fost luat de imagini tot mai explicite, în condițiile în care sporea toleranța sa la senzațiile tari furnizate de pornografie.

Considera că postura lui de consumator pasiv de pornografie era un păcat, o decădere morală, și se folosea de relația sa cu biserica pentru a-și ține sub control compulsia. Mergea în mod regulat să se confeseze și primea sprijin emoțional care îl ajuta să-și slăbească viciul. Dar când a fost trimis să lucreze la o filială din străi-

nătate, totul s-a prăbușit. Neputând să vorbească limba locală, a devenit izolat de lume, iar compulsia lui s-a înrăutățit mai mult ca niciodată. Noah spunea: „Partea cea mai grea este lupta care se dă în interiorul tău, conflictul intern. Este un război împotriva ta." Simțindu-se scăpat complet de sub control, el a încetat să mai creadă că situația lui era strict imorală. „Trebuie să apelez la medicamente pentru că aș vrea să mă căsătoresc la un moment dat."

Mulțumită internetului, materialele pornografice sunt mai ușor de accesat ca niciodată. Unii oameni susțin că este posibil să devii dependent de pornografie chiar și când ești, altminteri, sănătos și nu iei niciun fel de medicamente. În 2015, publicația *Daily Mail* a susținut că, în Marea Britanie, la momentul respectiv, unul din douăzeci și cinci de adulți era considerat dependent de sex.

Un reporter de la acest ziar a vorbit cu cercetători de la University of Cambridge, care au descris experimente în care plasaseră tineri bărbați în aparate de scanare a creierului și apoi le puseseră filme pornografice. Așa cum era de așteptat, circuitul lor dopaminic s-a activat. Când li s-au pus imagini obișnuite, circuitul a revenit la normal.

Oamenii de știință au pus voluntari în fața unui calculator și au descoperit că, dintre toate materialele de pe internet, imaginile cu femei dezbrăcate erau cele mai în măsură să-i facă pe tinerii bărbați să le acceseze compulsiv. Și au observat că „imaginile sexuale foarte excitante" le distrăgeau atenția bărbaților când încercau să se concentreze asupra altui lucru. (Oamenii de știință amatori pot să încerce acest experiment acasă.) La sfârșitul studiului au tras concluzia că accesul facil la imaginile sexuale de pe internet a alimentat comportamentul sexual compulsiv.

Puterea accesului facil

Când vine vorba despre dependență, accesul facil contează. Mai mulți oameni devin dependenți de țigări și de alcool decât de heroină, chiar dacă heroina afectează creierul într-un mod care are mai multe șanse să declanșeze dependența. Țigările și alcoolul reprezintă o problemă de sănătate publică mai mare, deoarece sunt foarte de ușor de obținut. De fapt, cea mai ușoară modalitate de a reduce problemele provocate de aceste substanțe este să le facem mai greu de obținut.

Cu toții vedem reclame cu „renunță la fumat" în autobuze și metrouri. Ele nu funcționează. Am auzit de programe școlare care-i învață pe copii să spună nu alcoolului și drogurilor. În multe cazuri, consumul de țigări și alcool crește după aceste programe, deoarece ele stârnesc curiozitatea adolescenților. Singurele lucruri care s-au dovedit eficiente au fost creșterea taxelor la aceste produse și introducerea unor limite cu privire la locurile în care pot fi găsite și la momentele zilei când pot fi vândute. Când sunt luate asemenea măsuri, consumul scade.*

În vreme ce barierele la consumul de tutun au fost lăsate, cele la pornografie au fost ridicate. În trecut, era un adevărat

---

* Creșterea prețului la alcool și țigări este însă o măsură controversată, mai ales cu privire la țigări. Din ce în ce mai puțini oameni fumează. Cei care continuă să fumeze provin, de regulă, din medii sărace și needucate. Drept urmare, mărirea taxelor la țigări îi lovește cel mai tare pe ei. Acesta este opusul unui sistem de taxe care trece o parte mai mare a poverii pe umerii celor care și le pot permite. Apărătorii acestei strategii susțin că suferința provocată celor săraci prin creșterea taxelor este compensată de reducerea riscului la care sunt supuși de a face cancer, emfizem pulmonar sau boli cardiace (n.a.).

calvar să faci rost de imagini sexuale explicite. Oamenii trebuiau să-și facă curaj să intre într-o tutungerie, să ia o revistă și apoi să spere că la casă nu vor găsi pe cineva de sex opus. Astăzi, imaginile sau filmele pornografice pot fi accesate în câteva secunde, în deplină intimitate. Nu mai există bariere precum rușinea sau jena.

Nu știm încă dacă vizionarea compulsivă a pornografiei este exact același lucru ca dependența de droguri, însă ele au lucruri în comun. La fel ca în cazul dependenței de droguri, oamenii care devin prizonierii pornografiei excesive petrec din ce în ce mai mult timp desfășurând această activitate – uneori mai multe ore zilnic. Ei abandonează alte activități pentru a se putea concentra asupra site-urilor pentru adulți. Relațiile sexuale cu partenerii lor devin din ce în ce mai rare și mai lipsite de satisfacție. Un tânăr a încetat să se mai întâlnească cu femei. El afirma că preferă să se uite la pornografie decât să iasă în oraș cu o femeie, deoarece femeile din poze nu-i cer nimic niciodată și nu spun nu niciodată.

La fel ca în cazul drogurilor, obișnuința poate să apară și în cazul pornografiei, astfel că „doza" de început nu mai funcționează la fel de bine. Când dependenților de sex li s-au arătat, în mod repetat, aceleași imagini sexuale, interesul lor a scăzut. Activitatea din circuitele lor dopaminice a scăzut la rândul său, pe măsură ce imaginile continuau să revină. Același lucru li s-a întâmplat bărbaților sănătoși cărora li s-a prezentat, în mod repetat, același film pornografic. Când li s-a pus un film nou, sistemele lor dopaminice s-au reanimat. Această experiență a unui aflux de dopamină urmat de o scădere a nivelului acestei substanțe (imagini repetate) și apoi de un alt aflux (imagini noi) i-a făcut pe dependenți să caute, în permanență, materiale proaspete – și așa se explică, probabil, de ce explorarea site-urilor cu conținut sexual poate să devină compulsivă. Este greu să reziști cerințelor circuitelor dopaminice, mai ales când vine vorba despre ceva atât de important din punct de vedere evoluționist precum sexul. Cercetătorii care au făcut experimentul au identificat, de asemenea, o falie între a plăcea și a dori similară celei observate în cazul dependenței de droguri: „Dependenții de sex prezintă niveluri mai înalte ale dorinței când se uită la pornografie, dar asta nu înseamnă, în mod necesar, că ei pun filmele explicite pe primele locuri în ierarhia dorințelor lor."

Și jocurile video creează dependență?

Nu numai pornografia poate să-i prindă în mreje pe utilizatorii de calculator. Unii oameni de știință susțin că jocurile video pot, de asemenea, să creeze dependență. Din anumite puncte de vedere, aceste jocuri sunt similare cu acelea de la cazinou. La fel ca păcănelele, jocurile video îi surprind pe jucători cu recompense. Însă ele fac mai mult de atât, motiv pentru care pot deveni agenți chiar mai puternici ai eliberării de dopamină. Cercetând această problemă, psihologul Douglas Gentile de la Iowa State University a descoperit că aproximativ unul din zece jucători cu vârste cuprinse între opt și optsprezece ani este dependent, generând probleme de natură familială, socială, școlară sau psihologică din cauza obiceiurilor lor legate de jocurile video – o rată a dependenței de peste cinci ori mai mare decât cea din rândurile amatorilor de jocuri de noroc, potrivit National Research Council on Pathological Gambling. Cum se explică această diferență uriașă în ce privește modul în care mulți utilizatori devin dependenți?

O parte a acestei diferențe este indusă de faptul că amatorii de jocuri video pe care Gentile i-a studiat erau adolescenți. De regulă, adulții nu suferă consecințe negative serioase de pe urma jocurilor video. Însă creierul adolescentului nu s-a dezvoltat complet, astfel că el poate să se comporte asemenea unui adult cu creierul afectat. Cea mai mare diferență se manifestă la nivelul lobilor frontali, care nu se dezvoltă complet până la vârsta de douăzeci și ceva de ani. Aceasta reprezintă o problemă, deoarece lobii frontali sunt cei care asigură judecata sănătoasă a adultului. Ei acționează asemenea unei frâne, care ne atenționează când suntem pe cale să facem ceva care ar putea să nu fie o idee prea bună. Fără lobi frontali complet funcționali, adolescenții se comportă impulsiv și sunt mereu în pericol de a lua decizii lipsite de înțelepciune, chiar și când știu foarte bine acest lucru.

Dar mai este vorba și despre altceva. Jocurile video sunt mai complexe decât păcănelele, astfel că programatorii au mai multe oportunități de a introduce trăsături ce declanșează eliberarea de dopamină cu scopul de a îngreuna încetarea jocului.

Jocurile video sunt legate în întregime de imaginație. Ele ne imersează într-o lume în care fanteziile noastre pot să devină adevărate, în care dopamina, ce ține realitatea la distanță, poate să se bucure de posibilități nesfârșite. Putem să vizităm locuri ce se schimbă în mod constant, pentru ca surpriza să nu se sfârșească niciodată. Putem să începem în deșert, să continuăm cu o pădure tropicală, apoi cu o alee întunecată dintr-un iad urban și după aceea, dintr-odată, suntem într-o rachetă, îndreptându-ne cu toată viteza spre o lume străină.

Dar jucătorii au mai multe opțiuni decât explorarea unor locuri. Jocurile video sunt despre progres. Sunt despre a face viitorul mai bun decât prezentul. Pe măsură ce trec de la un nivel la altul, jucătorii își sporesc puterea și abilitățile. Este un vis dopaminic care se transformă în realitate. Pentru a menține progresul în centrul atenției unui jucător, ecranul afișează constant punctele care se acumulează sau barele de progres care cresc, astfel că jucătorii nu pierd acest lucru din vedere niciodată. Ei trebuie să caute să facă și *mai multe*.

Jocurile video sunt pline de recompense. Jucătorii adună monede, vânează comori sau capturează unicorni pentru a avansa la nivelul următor. Așteptările jucătorilor sunt ținute permanent într-o stare de confuzie, deoarece ei nu știu niciodată unde va fi următoarea recompensă. Unele jocuri te fac să ucizi monștri pentru a câștiga puncte; altele te pun să cauți în cufere.

Când jucătorul deschide un cufăr nou-descoperit, acesta poate să conțină lucrul pe care-l caută, dar nu întotdeauna. Dacă trebuie să aduni, să zicem, șapte pietre prețioase și fiecare cufăr pe care-l deschizi conține o asemenea piatră, ar fi complet previzibil. Nu ar exista surprize, nici erori de predicție a recompensei și nici dopamină. Dar dacă ar trebui să deschizi o mie de cufere pentru a găsi o singură piatră prețioasă, ar fi atât de frustrant că toată lumea ar renunța. Cum stabilește un dezvoltator de jocuri câte cufere trebuie să conțină o piatră prețioasă? Răspunsul este: cu ajutorul informațiilor. Al unei mulțimi de informații.

Jocurile online adună în permanență informații despre jucători. Cât timp joacă? Când părăsesc jocul? Ce tipuri de experiențe îi fac să joace mai mult? Ce tipuri de experiențe îi fac să renunțe? Potrivit specialistului în jocuri Tom Chatfield, cele mai tari jocuri online au acumulat miliarde de informații despre jucătorii lor. Ele știu cu exactitate ce declanșează dopamina și ce o stopează –, deși creatorii jocului nu asociază asemenea evenimente cu afluxul de dopamină, ci doar cu funcționarea eficientă a jocului.

Așadar, ce ne spun informațiile despre proporția ideală de cufere care ar trebui să conțină pietre prețioase? S-a dovedit că 25% reprezintă proporția magică. Aceasta îi face pe oameni să joace cel mai mult timp posibil. Și nu există niciun motiv pentru care restul de 75% ar trebui să fie goale. Dezvoltatorii de jocuri pun recompense cu valoare mică în cuferele fără pietre prețioase, astfel că fiecare cufăr va conține o surpriză. Poate fi vorba despre o monedă mică. Sau despre o lunetă nouă pentru pușca ta. Sau despre o pereche de ochelari de soare care-l va face pe personajul online ales de dumneavoastră să arate interesant. Sau poate este vorba despre ceva atât de puternic încât deschide posibilități complet noi de a interacționa cu jocul. Chatfield afirmă că o asemenea recompensă ar trebui să se găsească doar într-un singur cufăr din o mie. (Apropo, jocul nu te va lăsa, probabil, să treci la următorul nivel doar cu cele șapte pietre prețioase. Miliardele de informații ne arată că cincisprezece este numărul optim pentru a-i face pe oameni să joace cât mai mult timp posibil.)

Trebuie să amintim că jocurile video conțin, de asemenea, plăceri A&A, care contribuie la crearea forței lor de atracție. Multe jocuri te lasă să le rulezi cu prietenii. Plăcerea pe care o derivăm când socializăm doar de dragul companiei altor persoane este o experiență A&A. Dar, când ne strângem laolaltă pentru a acționa în vederea atingerii unui țel comun, ea este dopaminergică pentru că eforturile noastre vizează un viitor mai bun (chiar dacă este vorba doar despre capturarea bazei inamicului). Jocurile video oferă ambele tipuri de plăcere socială.

Multe jocuri video sunt, de asemenea, frumoase – un alt mod de a stimula plăcerea A&A. De fapt, unele dintre ele sunt de-a dreptul uimitoare, deoarece au fost investite resurse uriașe în recrutarea de oameni talentați pentru a le crea. Publicația *Los Angeles Times* relatează că, pentru dezvoltarea jocului online *Star Wars: The Old Republic*, a fost nevoie de peste opt sute de oameni de pe patru continente și de mai mult de 200 de milioane de dolari. Lumea jocurilor este imensă. Pentru a parcurge întreaga acțiune este nevoie de 1 600 de ore de joc. Cheltuirea unei sume atât de mari pentru a crea un joc este un lucru riscant, dar există posibilitatea unui beneficiu uriaș. *Grand Theft Auto*, una dintre cele mai de succes serii de jocuri video, a avut vânzări de un miliard de dolari în doar trei zile de la lansarea celei de-a cincea generații. Americanii cheltuie mai mult de 20 de miliarde de dolari pe an pentru jocuri video, în timp ce pentru bilete la film au cheltuit doar jumătate din această sumă în 2016, anul cu cele mai mari succese de casă din istoria Statelor Unite.

Dopamină versus dopamină

Este firesc să confundăm dorința cu plăcerea. Pare evident că ne dorim lucrurile pe care ne-ar plăcea să le avem. Asta ar fi situația dacă am fi ființe raționale și, în ciuda tuturor dovezilor contrare, noi ne încăpățânăm să credem că *suntem* ființe raționale. Dar nu suntem. Adesea ne dorim lucruri care nu ne plac. Dorințele noastre ne pot împinge către lucruri care ar putea să ne distrugă viața, cum ar fi droguri, jocuri de noroc și alte comportamente scăpate de sub control.

Circuitul dorinței dopaminice este puternic. El atrage atenția asupra sa, ne motivează și ne impresionează. Are o influență profundă asupra alegerilor pe care le facem. Nu este însă atotputernic. Dependenții pot să se elibereze. Cei care țin dietă scapă de kilogramele în plus. Uneori închidem televizorul, ne ridicăm de pe canapea și mergem să alergăm. Care tip de circuit din creier este suficient de puternic pentru a se opune dopaminei? Dopamina este un astfel de circuit. Dopamina care se opune dopaminei. Circuitul care se opune circuitului dorinței ar putea fi numit *circuitul controlului dopaminic.*

Poate vă reamintiți că, în multe situații, dopamina centrată pe viitor se opune activității circuitelor A&A și viceversa. Dacă vă gândiți unde să mergeți să luați cina, probabil că nu vă prea plac gustul, mirosul și textura sandviciului pe care-l mâncați la prânz. Însă există opoziție și în interiorul sistemului dopaminic orientat spre viitor.

De ce ar dezvolta creierul circuite care acționează unele împotriva altora? Nu ar fi fost mai firesc ca toată lumea să muncească cot la cot, ca să zicem așa? Răspunsul este nu. Sistemele care conțin forțe opuse sunt mai ușor de controlat. Așa se explică de ce mașina are accelerator și frână, iar creierul folosește circuite care se opun unul altuia.

Evident, circuitul controlului dopaminic implică lobii frontali, acea parte a creierului care este numită uneori neocortex, pentru că s-a dezvoltat cel mai recent. Ea este aceea care face ființa umană unică. Ne oferă imaginația pentru a ne proiecta în viitor mai departe de punctul în care circuitul dorinței ne poate duce, astfel că putem să ne facem planuri pe termen lung. Și, de asemenea, ne permite să maximizăm resursele din acel viitor, prin crearea de instrumente noi și prin folosirea unor concepte abstracte, care se ridică deasupra experiențelor de tip „Aici și Acum" oferite de simțuri, cum ar fi limbajul, matematica și știința. Neocortexul este intens rațional. Nu poate fi simțit, deoarece emoția este un fenomen A&A. Așa cum vom vedea în capitolul următor, este rece, calculat și lipsit de scrupule, nedându-se înapoi de la nimic pentru a-și atinge scopul.

2

Dorința fără rațiune nu este suficientă,
iar rațiunea fără dorință este o improvizație slabă.

WILLIAM JAMES

O singură judecată sănătoasă merită
o duzină de ședințe urgente.

WOODROW WILSON

3

Dominația

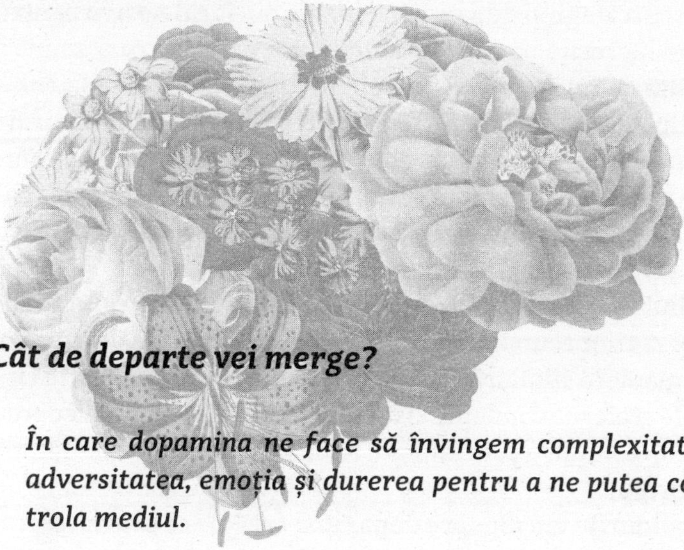

Cât de departe vei merge?

În care dopamina ne face să învingem complexitatea, adversitatea, emoția și durerea pentru a ne putea controla mediul.

Planificare și calcul

Simpla dorință rareori ne pune pe masă ceva. Trebuie să ne gândim cum putem să obținem acel lucru și, înainte de toate, dacă merită cu adevărat să-l avem. De fapt, când facem lucruri fără să ne gândim la *cum* să le obținem și *ce urmează după aceea*, eșecul nu este nici măcar cea mai rea urmare posibilă. Rezultatele pot să varieze de la o alimentație în exces până la practicarea patologică a jocurilor de noroc, abuzul de droguri și lucruri chiar mai rele.

Dopamina dorinței ne face să vrem lucruri. Este sursa dorinței brute: *dă-mi mai mult*. Însă noi nu suntem la mila nestăpânită a dorinței noastre. Avem, de asemenea, un circuit dopaminic complementar, care calculează ce fel de *mai mult* merită să avem. Ne oferă posibilitatea de a construi planuri – de a face strategii și de a domina lumea din jurul nostru pentru a obține lucrurile pe care le vrem. Cum e posibil ca o singură substanță chimică să facă ambele lucruri? Gândiți-vă la combustibilul pentru rachetă care pune în funcțiune motoarele principale ale unei nave spațiale. Același combustibil care împinge racheta înainte poate fi redirecționat către propulsoarele direcționale pentru a conduce nava ca o retrorachetă, cu scopul de a o încetini. Totul depinde de calea pe care o ia combustibilul înainte de a fi aprins – sunt funcții diferite, însă toate lucrează împreună pentru a duce nava spațială la destinație. Într-o manieră similară, dopamina care trece prin diferite circuite ale creierului îndeplinește funcții diferite, dar în vederea unui scop comun: o concentrare neobosită asupra îmbunătățirii viitorului.

Imboldurile vin dinspre dopamina care trece prin circuitul mezolimbic, pe care-l numim *circuitul dorinței dopaminice*. Calculul și planificarea – mijloacele de a domina situația – vin din circuitul mezocortical, pe care-l numim *circuitul controlului dopaminic* (Figura 3). De ce-l numim circuitul controlului? Deoarece scopul său este să administreze impulsurile necontrolate ale dopaminei dorinței, să ia energia brută și să o ghideze către scopuri profitabile. De asemenea, prin folosirea conceptelor abstracte și a strategiilor orientate spre viitor, ne permite să dobândim control asupra lumii din jurul nostru și să dominăm mediul.*

---

* Vom folosi termenul *mediu* într-un mod diferit de cel în care este folosit de obicei. Majoritatea oamenilor înțeleg prin mediu lumea naturală, o lume pe care trebuie să o protejăm, de unde și termenul de ecologism. Neurologii folosesc acest cuvânt pentru a se referi la toate lucrurile din lumea externă care ne influențează comportamentul și sănătatea și care se deosebesc astfel de influențele datorate genelor noastre. Așadar, mediul cuprinde nu numai munți, copaci și iarbă, dar și oameni, relații, alimente și locuințe (n.a.).

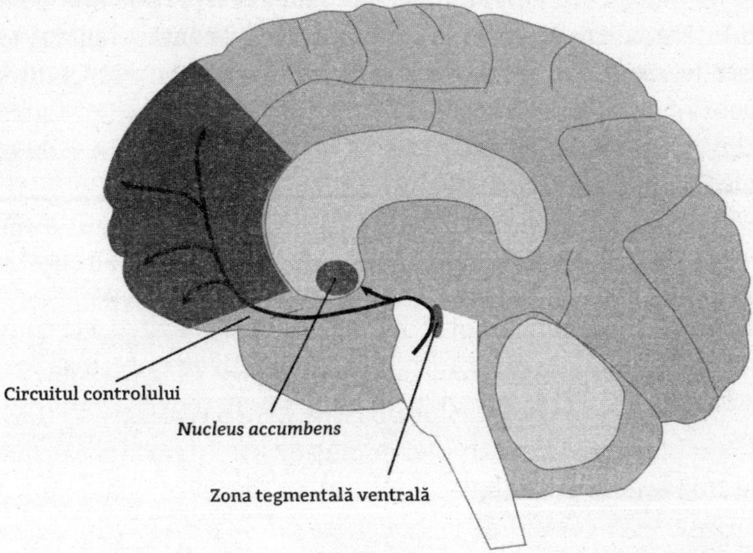

Figura 3

În plus, circuitul controlului dopaminic este sursa imaginației. Ne permite să scrutăm viitorul pentru a vedea consecințele deciziilor pe care am putea să le luăm chiar acum și, astfel, să stabilim ce viitor preferăm. În cele din urmă, ne oferă abilitatea de a plănui cum să transformăm acel viitor imaginar într-o realitate. Asemenea circuitului dorinței, care este preocupat doar de lucrurile pe care nu le avem, dopamina de control acționează în lumea ireală a posibilului. Cele două circuite încep în același loc, însă circuitul dorinței se termină într-o parte a creierului care provoacă emoția și entuziasmul, în vreme ce circuitul controlului merge până la lobii frontali, acea parte a creierului specializată în gândirea logică.

În acest fel, ambele circuite ne oferă capacitatea de a lua în calcul „fantomele" – lucruri care nu există fizic. Pentru dopamina dorinței, aceste „fantome" sunt lucruri pe care vrem să le avem, dar nu le avem în momentul de față – lucruri pe care le vrem din viitor. Pentru dopamina de control, „fantomele" sunt elementele de construcție ale imaginației și gândirii creative: idei, planuri, teorii, concepte abstracte, cum ar fi matematica, frumusețea și lumile posibile.

Dopamina de control ne poartă dincolo de primitivul *vreau* al dopaminei dorinței. Ne oferă instrumente pentru înțelegerea, analizarea și modelarea lumii din jurul nostru, astfel încât să putem extrapola posibilitățile, să le comparăm și să le punem în opoziție una cu cealaltă și apoi să construim căi pentru atingerea scopurilor noastre. Este o realizare extinsă și complexă a imperativului evoluționist: asigură-ți cât mai multe resurse posibile! Spre deosebire de aceasta, dopamina dorinței este copilul de pe bancheta din spate a mașinii, care strigă părinților săi: „Uite! Uite!" de fiecare dată când vede un McDonald's, un magazin de jucării sau un cățeluș pe trotuar. Dopamina de control este părintele de la volan, care aude fiecare solicitare, analizează dacă merită să oprească mașina și decide ce să facă dacă trage pe dreapta. Dopamina de control preia entuziasmul și motivația oferite de dopamina dorinței, evaluează opțiunile, selectează instrumentele și pune la cale o strategie pentru a obține ce dorește.

De exemplu, un tânăr plănuiește să-și cumpere prima sa mașină. Dacă tot ce ar avea ar fi dopamina dorinței, ar cumpăra prima mașină care i-ar face cu ochiul. Dar cum are și dopamină de control, el este capabil să-și domolească acel impuls. Există o mulțime de motive pentru a prefera o mașină alteia; să presupunem că acest bărbat este chibzuit și vrea cea mai bună mașină pe care și-o poate permite la cel mai mic preț. Cuprins de energia dopaminei dorinței, el petrece ore întregi pe internet, citind comentarii despre mașini și dezvoltând strategii de negociere. Vrea să cunoască fiecare detaliu posibil, pentru a-și putea maximiza valoarea cumpărăturii sale. Când se va așeza la discuții cu vânzătorul de mașini, va fi atât de pregătit încât nimic nu-l va lua prin surprindere. Se simte bine, a ținut sub control situația cumpărării mașinii, stăpânind toate informațiile disponibile.

Să ne gândim la o femeie care se duce la serviciu. Ea merge cu mașina până la gară, luând-o pe un drum ocolit, care-i permite să evite traficul aglomerat de la primele ore ale dimineții. Când ajunge la gară, se duce într-un colț neocupat al parcării de care puțini oameni știu și găsește cu ușurință un loc liber. Apoi așteaptă pe peron exact în locul în dreptul căruia știe că se vor deschide ușile trenului – în acest fel va fi înaintea celorlalți care așteaptă să se urce și va putea să ocupe unul dintre locurile rămase libere pentru această călătorie lungă până în oraș. Se simte bine: a ținut sub control naveta ei.

Este distractiv să dai de capăt unor situații, să aplici strategii concepute pentru a te ajuta să „depășești" complexitatea unor acțiuni precum cumpărarea unei mașini sau drumul zilnic până la serviciu. De ce? Ca întotdeauna, funcția dopaminei derivă din imperativele evoluției și supraviețuirii. Dopamina ne încurajează să ne maximizăm resursele, răsplătindu-ne de fiecare dată când facem acest lucru – când facem un lucru bun, când depunem eforturi pentru a ne transforma viitorul într-un loc mai bun și mai sigur, primim un mic „buzz" dopaminic.

Tenacitatea

Nu am eșuat. Tocmai am descoperit 10 000 de feluri în care nu merg lucrurile.

THOMAS A. EDISON

Un tânăr care absolvise de curând facultatea a venit să consulte un psihiatru deoarece nu se simțea capabil să se descurce în noua sa lume. Fusese un student mediocru, însă se strecurase cumva și reușise să termine facultatea în termenul obișnuit de patru ani. El credea că organizarea școlii și faptul că studenții erau presați să facă lucrurile la timp îl ajutaseră să rămână pe linia de plutire. Acum se simțea pierdut.

Nu avea un loc de muncă și nu știa ce vrea să facă. Singurul lucru care-l interesa era să fumeze marijuana. A fost chelner o scurtă perioadă, dar a fost concediat pentru că ajungea târziu sau nu ajungea deloc la muncă. Tatăl lui i-a făcut rost de un loc de muncă la birou, dar l-a pierdut și pe acesta, pentru că toată lumea din birou și-a dat seama, în cele din urmă, că noul lor coleg nu era deloc interesat de sarcinile care-i fuseseră atribuite. Era nepăsător, plictisit și lumea a început să-l evite, în cele din urmă.

La fel s-a întâmplat și cu relațiile lui cu femeile. În facultate a avut o relație de lungă durată cu o tânără, dar, după ce și-a încheiat studiile, aceasta l-a părăsit. Terapeutul lui credea că acesta a fost un lucru bun, pentru că ea îl exploatase, făcându-l să-i cumpere cadouri și cerându-i tot felul de servicii, iar în tot timpul acesta nu-i arătase niciun fel de afecțiune. Tânărul știa că femeii nu-i păsa de el, dar s-a întors la ea, sperând că-și vor relua relația. Ea l-a refuzat, dar a continuat să profite de el cât a putut; de exemplu, cerându-i să conducă ore întregi pentru a-i aduce o veioză din apartamentul ei.

Terapia a fost un eșec. Terapia presupune să faci eforturi serioase, iar acest tânăr nu era dispus la așa ceva. A încercat patru terapeuți diferiți, care au folosit o varietate de tehnici, dar nimic nu s-a schimbat. Trei ani mai târziu, el încă nu știa ce să facă cu viața lui, încă mai fuma marijuana și încă mai încerca să se împace cu vechea sa prietenă.

Lumea nu funcționează întotdeauna conform așteptărilor noastre. Aflăm, chiar de la o vârstă fragedă, că banda adezivă Scotch este foarte bună pentru a prinde laolaltă hârtiile rupte, dar nu poate fi folosită pentru a repara jucăriile stricate sau farfuriile sparte. Antreprenorul care dezvoltă în garajul său ultima tehnologie de vârf este surprins că lumea nu a făcut cărare până la ușa sa. Succesul presupune ani la rând de muncă grea și atât de multe revizuiri ale ideii originale, încât abia mai poate fi recunoscută în momentul în care ajunge pe piață. Nu e suficient doar să-ți imaginezi viitorul. Pentru ca ideea noastră să dea roade, trebuie să ne luptăm cu realitățile implacabile ale lumii fizice. Avem nevoie nu numai de cunoaștere, ci și de tenacitate. Dopamina, substanța succesului viitor, este aici pentru a o furniza.

Cazul șobolanilor hotărâți

O modalitate de a studia tenacitatea într-un laborator este să măsurăm cât de mult se va strădui un șobolan să obțină mâncare, de regulă numărând de câte ori va apăsa o pârghie care face să alunece o peletă de mâncare până în cușcă. Sporind numărul de apăsări ale pârghiei necesare pentru a obține hrana, oamenii de știință pot să afle dacă șobolanii lor sunt hotărâți să-și sporească eforturile corespunzător.

Cercetătorii de la University of Connecticut au vrut să vadă dacă pot să manipuleze tenacitatea unui șobolan, modificând activitatea dopaminei din creierul său. Ei au pus o cușcă plină cu șobolani la o dietă săracă în calorii, până ce animalele au pierdut 15% din greutatea lor – pentru a face o comparație, este ca și cum un adult tipic ar pierde circa douăsprezece kilograme. După ce șobolanii au ajuns să flămânzească, oamenii de știință le-au creat posibilitatea de a munci pentru recompense sub formă de tablete Bioserve, un fel de tratații delicioase (pentru șobolani, cel puțin) care vin cu o varietate de arome, printre care bezele de ciocolată, piña colada și șuncă.

Ei au început prin a-i separa pe șobolani în două grupuri. Au stabilit ca primul să fie grupul de control și membrilor săi nu le-au făcut nimic altceva în afară de a-i ține la dietă. Cât privește al doilea grup de șobolani, oamenii de știință le-au injectat membrilor acestuia o neurotoxină în creier, care le-a distrus o parte a celulelor dopaminice. Apoi au început experimentul.

Primul experiment a fost ușor. Pentru a primi o tratație Bioserve, fiecare șobolan trebuia să apese pârghia doar o dată. De vreme ce nu era nevoie de vreun efort – nici de tenacitate –, acest experiment stabilea o condiție necesară: ele demonstra că șobolanilor cu deficiență de dopamină le plăceau tratațiile la fel de mult ca șobolanilor normali. Acesta era un aspect important, deoarece, dacă șobolanii cu deficiență de dopamină nu ar mai fi vrut bunătăți Bioserve, oamenii de știință nu ar fi avut cum să testeze cât de mult ar fi muncit ei să le obțină.

Când nu era nevoie de niciun efort, șobolanii cu deficiență de dopamină apăsau pârghia de tot atâtea ori ca și șobolanii normali și devorau tratațiile pe care le câștigaseră. Acest rezultat nu a fost surprinzător, deoarece nimeni nu s-a așteptat ca, în urma modificării dopaminei, să se schimbe și dorințele și plăcerile. Dar situația s-a schimbat în momentul în care șobolanii au trebuit să muncească mai mult.

Când numărul necesar de apăsări ale pârghiei a fost crescut de la unu la patru, șobolanii normali au apăsat pârghiile lor de aproape 1 000 de ori în decursul a 30 de minute. Cei cu deficit de dopamină nu au fost la fel de motivați; ei au apăsat pârghia doar de circa 600 de ori.

Când cerința a fost stabilită la șaisprezece apăsări, șobolanii normali au produs aproape 2 000 de apăsări, în vreme ce șobolanii cu deficit de dopamină abia au reușit să-și sporească numărul de apăsări. Ei au reușit să obțină doar un sfert din numărul de tratații, dar nu au vrut să muncească mai mult.

În cele din urmă, cerința a fost ridicată până la 64 de apăsări pentru o singură tabletă de Bioserve. Șobolanii normali au reușit să apese de aproape 2 500 de ori – mai mult de o apăsare pe secundă, pe parcursul unei perioade de 30 de minute. Cei cu deficit de dopamină nu și-au sporit deloc eforturile. De fapt, ei au apăsat de mai puține ori decât o făcuseră înainte. Au renunțat pur și simplu.

Eliminarea dopaminei părea să diminueze voința șobolanilor de a munci. Dar a mai fost făcut încă un experiment pentru a confirma că distrugerea dopaminei afecta tenacitatea, nu plăcerea.

Înghețata este bună, dar dacă tocmai am terminat de mâncat un prânz copios, probabil că nu vom dori la fel de mult desert pe cât am fi vrut dacă n-am fi mâncat deloc. Cantitatea de înghețată pe care o vrem nu are nimic de-a face cu hărnicia sau cu lenea noastră. Doar că mâncarea nu este prea importantă când nu îți este foame. Drept urmare, oamenii de știință au adăugat o nouă dimensiune experimentului: au manipulat foamea.

Ei au adus un grup nou de șobolani, i-au dat o masă bună și l-au inclus în experiment. La toate nivelurile de efort – chiar și o singură apăsare –, numărul de apăsări executat de șobolanii hrăniți anterior a reprezentat jumătate din cel efectuat de șobolanii flămânzi. Când cerința a fost dublată, ei și-au dublat eforturile. Când a fost cvadruplată, și-au cvadruplat eforturile. Dar se opreau întotdeauna când ajungeau cam pe la jumătate din numărul apăsărilor executate de șobolanii bolnavi. Nu au încetinit. Nu au renunțat. Pur și simplu nu voiau să mănânce atât de multe pelete, pentru că nu le era foame.

Rezultatele au scos la iveală o distincție subtilă, dar vitală. Senzația de foame (sau absența foamei) modifica valoarea pe care o aveau peletele pentru șobolani, dar nu le diminua dorința de a munci. Foamea este un fenomen A&A, o experiență imediată, și nu una anticipativă, controlată de dopamină. Dacă manipulăm foamea, sau altă experiență senzorială, vom afecta *valoarea* recompensei câștigate prin muncă. Însă dopamina este aceea care face munca posibilă: în absența dopaminei, efortul se lasă așteptat.

Pornind de aici, ajungem să înțelegem modul în care dopamina ne afectează alegerea pe care o facem între a munci din greu și a o lua pe calea ușoară. Uneori vrem un prânz fastuos și suntem gata să muncim mult pentru a-l prepara. Alteori, tot ce vrem este să „vegetăm” – să deschidem o pungă de Cheetos în fața televizorului, în loc să muncim chiar și preț de cele câteva minute necesare pentru a prepara o masă decentă. În consecință, următorul pas în desfășurarea experimentelor a fost introducerea elementului alegerii.

Oamenii de știință au introdus într-o cușcă un automat Bioserve și un bol cu mâncare destinată animalelor de laborator. Aceasta din urmă era fadă, dar complet accesibilă – nu era nevoie de niciun efort pentru a o obține. Pentru a căpăta tabletele mult mai gustoase de Bioserve, șobolanul trebuia să apese de patru ori pârghia – un efort minimal, totuși un efort. Șobolanii cu un nivel normal de dopamină s-au dus direct la tratațiile Bioserve. Erau dispuși să facă un mic efort pentru a obține ceva mai bun. Însă cei cu deficit de dopamină s-au îndreptat spre bolul cu mâncare ușor accesibil.

Abilitatea de a opta pentru efort este dopaminergică. Calitatea acestui efort poate fi influențată de oricât de mulți alți factori, însă fără dopamină nu ar exista niciun fel de efort.

Autoeficacitatea: dopamina și puterea încrederii în sine

Poate că o peletă Bioserve cu aromă de șuncă este suficientă pentru a motiva un șobolan, însă ființele umane sunt mai complicate. Trebuie să *credem* că putem reuși, înainte de a *fi capabili* să reușim. Aceasta influențează tenacitatea. Perseverența noastră este mai mare când ne întâlnim repede cu succesul. Unele programe de scădere în greutate ne ajută să pierdem trei sau patru kilograme în primele săptămâni. Autorii dietelor le proiectează în acest fel, deoarece știu că, dacă am începe prin a pierde nu mai mult de un kilogram sau două în tot acest timp, am fi înclinați să le abandonăm. Ei sunt conștienți de faptul că vom fi mult mai dispuși să ne ținem de aceste diete, dacă vom constata că suntem capabili să le urmăm. Oamenii de știință numesc această atitudine autoeficacitate.

Drogurile precum amfetamina și cocaina ridică nivelul dopaminei, iar unul dintre rezultate este creșterea autoeficacității, adeseori până la niveluri patologice. Indivizii care abuzează de aceste droguri se pot angaja, uneori, plini de încredere în ei înșiși, în atât de multe proiecte, încât este imposibil să le ducă la bun sfârșit pe toate. Consumatorii înrăiți pot chiar să dezvolte iluzii grandioase. Fără să se bazeze pe nimic concret, ei pot să creadă că vor scrie cel mai strălucitor tratat care a fost produs vreodată sau că vor inventa un aparat care va rezolva toate problemele lumii.

În circumstanțe normale, autoeficacitatea sănătoasă este o calitate valoroasă. Uneori, ea poate să acționeze asemenea unei profeții autoîmplinite. Încrederea deplină în șansele noastre de succes poate să elimine, chiar sub ochii noștri, obstacolele din calea proiectelor noastre.

Dominație într-o pilulă: printre efectele secundare se numără optimismul, scăderea în greutate și decesul

În anii 1960, doctorii prescriau cantități mari de amfetamine cu efect de sporire a nivelului de dopamină, pentru a promova „buna dispoziție, concentrarea și optimismul", așa cum erau ele descrise de o reclamă contemporană. Multe dintre aceste rețete erau destinate femeilor, care aveau de două ori mai multe șanse decât bărbații să li se prescrie amfetamine pentru „îmbunătățirea stării lor mentale". Potrivit descrierii unui doctor, amfetaminele le permiteau „nu numai să fie capabile să-și îndeplinească sarcinile, dar și să le facă plăcere acest lucru". Cu alte cuvinte, dacă nu-ți place să gătești sau să faci curat, poți să apelezi la amfetamine.

Dar asta nu este totul. Amfetaminele nu numai că le făceau pe gospodine fericite și productive, dar le și mențineau suple. Potrivit revistei *Life*, în anii 1960 au fost prescrise anual două miliarde de tablete numai în acest scop. Dar, cu toate că oamenii scădeau, într-adevăr, în greutate, acest lucru era temporar și, adeseori, obținut cu un preț prea mare. Imediat ce încetează să mai ia drogul, consumatorul revine la greutatea inițială. Folosirea lui pe termen lung generează toleranță, astfel că utilizatorul trebuie să ia doze din ce în ce mai mari pentru a obține același efect. Iar acest lucru este periculos. O cantitate prea mare de amfetamine poate să ducă la modificări de personalitate și poate cauza psihoză, infarct, atac cerebral și deces.

„Mă simțeam încântător, spiritual și inteligent, vorbind cu toată lumea", scria un consumator de amfetamine. „Nu mă puteam abține să nu fac remarci subtile, condescendente, când mă aflam în prezența unor clienți mai prostuți [la muncă], având aerul că încercam să fiu deschis cu ei și să-i ajut. Familia mea mi-a spus, de asemenea, că am devenit mult mai arogant și prefăcut, iar fratele meu îmi spune că, în ultima vreme, mă cred «cel mai tare», dar probabil că mă invidiază." Un alt consumator a mărturisit simplu: „Mă simțeam ca un tânăr zeu sub influența amfetaminei." Diferența este că zeii tineri nu suferă de efecte secundare care pot duce la deces.

O studentă trebuia să ajungă la aeroport pentru a lua avionul spre casă, unde avea să petreacă vacanța de primăvară. La fel ca majoritatea studenților, nu prea avea bani, așa că a făcut o rezervare la o companie de transport care urma să o ducă la aeroport pentru doar 15 dolari. Autobuzul avea un traseu fix și ea a cerut să fie luată de la un hotel din apropiere la ora 12:30.

Ea a așteptat liniștită până la ora 1:00. Când ceasul s-a făcut 1:30 și mașina tot nu se zărea, și-a dat seama că s-a întâmplat ceva. Pe la ora 2:00 ea a început să transpire. Sunase la compania de transport în repetate rânduri, dar de fiecare dată i se dăduse asigurări că „șoferul e pe drum". Îl refuzase pe portarul de la hotel, care se oferise să-i cheme un taxi, dar acum era în întârziere.

Treizeci de minute mai târziu și cu prețul a 40 de dolari, ea a coborât dintr-un taxi și s-a dus țintă la biroul de rezervări al companiei de transport. Le-a cerut să-i ramburseze diferența de preț dintre autobuz și taxi. În mod clar, era vina lor. Îi promiseseră că vin să o ia la 12:30 și nu se ținuseră de cuvânt. Nu era corect ca ea să trebuiască să plătească diferența. Era o chestiune de corectitudine. Funcționarul de la birou nu avea autorita-

tea de a-i da banii, însă femeia era atât de sigură că avea dreptate, încât nu putea să conceapă că va fi refuzată. În scurtă vreme, funcționarul a deschis casa de bani și i-a înmânat femeii 25 de dolari.

Cum se explică o asemenea situație? Cum se face că încrederea pe care o avem în succesul acțiunii noastre îi face pe alții să cedeze, chiar și atunci când nu este în interesul lor să procedeze astfel? De regulă, aceasta este din cauza unor lucruri care se întâmplă în afara cunoașterii lor conștiente.

Cercetătorii de la Graduate School of Business, Stanford University, au vrut să afle modul în care comportamentul subtil, nonverbal, afectează percepțiile pe care le avem unii despre ceilalți. Ei au observat că, atunci când își extind corpul în așa fel încât să ocupe un spațiu cât mai mare, oamenii sunt percepuți ca dominatori. Iar când își restrâng corpul, ocupând cât mai puțin spațiu posibil, sunt percepuți ca fiind umili.

Ei au proiectat un studiu pentru a explora efectele manifestărilor nonverbale ale dominanției sau supunerii. Cercetătorii au pus două persoane de același sex într-o cameră și le-au cerut să discute despre fotografiile unor picturi faimoase. Au procedat astfel pentru a ascunde adevărata natură a cercetării. Numai una dintre ele era o participantă la test reală. Cealaltă era o colaboratoare, care lucra în secret pentru cercetători. Aceasta adopta fie o postură dominatoare (cuprindea cu o mână spătarul unui scaun gol de lângă ea, stătea cu picioarele încrucișate, astfel încât glezna dreaptă se odihnea pe coapsa stângă), fie una docilă (ținea picioarele strânse unul lângă celălalt, cu mâinile în poală, aplecată ușor înainte). Întrebarea era: va imita participanta postura colaboratoarei sau va adopta o postură complementară, opusă?

În cea mai mare parte a timpului, noi imităm acțiunile celor cu care vorbim. Dacă o persoană își atinge fața sau gesticulează, la fel face și cealaltă. Dar de data aceasta a fost altfel. Confruntați cu posturi dominante sau supuse, participanții la cercetare înclinau, mai degrabă, să adopte o postură complementară decât să imite aceeași postură. Dominanța provoca supunere și supunerea provoca dominanță.

Însă acest lucru nu s-a întâmplat tot timpul. Câteva participante au imitat-o pe colaboratoare. Avea să influențeze aceasta relația dintre ele? Cercetătorii le-au pus pe participante să completeze un chestionar. Voiau să știe ce părere aveau acestea despre interacțiunea cu colaboratoarea. Le plăcea de ea? Se simțeau confortabil în prezența ei? Nu conta dacă aceasta a adoptat o postură dominantă sau docilă. Participantele care adoptau o postură complementară nu numai că le plăceau mai mult pe colaboratoare, dar se simțeau mai confortabil în prezența lor decât participantele care le imitau pe colaboratoare.

La final, cercetătorii le-au pus participantelor o serie de întrebări pentru a afla dacă erau conștiente de modul în care reacționau în prezența colaboratoarei. Știau că postura lor era influențată de postura celeilalte persoane din cameră? S-a dovedit că nu aveau nicio idee despre acest lucru. Totul s-a întâmplat în afara conștiinței lor.

Noi știm, în mod inconștient, când cineva are mari așteptări în ceea ce privește reușita sa și decidem să nu-i stăm în cale. Ne supunem voinței sale – expresia majoră a autoeficacității sale, alimentată de dopamina de control. Creierul nostru a evoluat în acest fel dintr-un motiv foarte bun: este o idee proastă să te implici într-o luptă pe care nu poți să o câștigi. Dacă primim semnale că adversarul nostru are mari așteptări în ceea ce privește succesul său, cel mai probabil aceasta este o luptă pe care vrem să o evităm. Acest tip de comportament se observă foarte clar la primatele nonumane. Cimpanzeii care se confruntă cu o manifestare a dominației se strâng în ei înșiși, pentru a părea cât mai mici posibil. Dar, când ei reacționează la o manifestare a dominației cu o atitudine, acest lucru marchează, de regulă, începutul unei lungi perioade de conflict care, adeseori, sfârșește în violență.

În orice duminică

În istoria sportului abundă poveștile despre oameni simpli: geniul care-și depășește originile modeste; jucători de rezervă îndrăzneți care au câștigat campionatul; atleții amatori care au trecut linia de sosire înaintea profesioniștilor – pe scurt, victoria neașteptată asupra altui jucător, asupra unei echipe sau asupra vieții înseși. Filmele despre lumea sportului tratează aproape exclusiv asemenea subiecte: *Remember the Titans* („Titanii"), *Rudy*, *The Bad News Bears* („Urșii Veștilor Proaste"), *A League of Their Own* („Liga Feminină de Baseball"), *Rocky*, *Hoop Dreams*, *Karate Kid*. Însă întrebarea rămâne: cum poate un jucător sau o echipă cu abilități în mod evident inferioare să depășească un adversar superior? Acest lucru se întâmplă prea des pentru a-l pune pe seama norocului. Răspunsul este autoeficacitatea. Unul dintre cele mai impresionante cazuri de autoeficacitate în sport s-a consumat pe 3 ianuarie 1993, într-un meci de departajare al

National Football League, pe care fanii l-au numit, pur și simplu, „Revenirea în forță".

În al treilea sfert, echipa Houston Oilers („Petroliștii din Houston") conducea cu 35-3 pe Buffalo Bills. Fanii acestora din urmă se înghesuiau la ieșirile din stadion, în timp ce un comentator de la radio Houston spunea că, deși luminile fuseseră aprinse pe stadion încă de la primele ore ale dimineții, „cei de la Bills par să bâjbâie pe întuneric".

Dar, pe când meciul se apropia de final, lucrurile au început să se schimbe. Norocul a avut și el rolul său: o lovitură proastă, o decizie a arbitrului în favoarea celor de la Bills – însă chiar și așa nu se poate explica avalanșa succesului care s-a abătut asupra acestei echipe. Când a început revenirea lor în forță, cei de la Bills au înscris 21 de goluri în 10 minute. Un jucător își aducea aminte mai târziu: „Dădeam goluri unul după altul." Cum fotbaliștii de la Oilers se dovedeau incapabili să-i oprească, un jucător de la Bills a început să strige: „Nu vor! Nu vor!" Voința membrilor echipei Buffalo Bills – convingerea că soarta era de partea lor, autoeficacitatea lor – a fost mai puternică în acea zi decât talentele și capacitățile adversarilor. Datorită lor, jocul a intrat în prelungiri și au atins, cu un field goal de 32 de yarzi, un scor de 41-38. Această victorie avea să fie revenirea în forță de la cel mai mare deficit de puncte din istoria NFL.

Observație: starul echipei Bills, fundașul Jim Kelly, fusese accidentat cu o săptămână în urmă și înlocuit în jocul cu Oilers de rezerva sa, Frank Reich. La acea vreme, Reich deținea recordul pentru cea mai mare revenire în forță din istoria fotbalului profesionist. Un deceniu mai târziu, el i-a dus pe cei de la Maryland Terrapins („Țestoasele din Maryland") de la un deficit de 31-0 în prima jumătate a jocului la o victorie de 42-40 asupra neînvinșilor de la Miami Hurricanes („Uraganele din Miami"). La patru ani de la victoria asupra celor de la Oilers, echipa Buffalo Bills, condusă de fundașul Todd Collins, avea să revină în forță de la un deficit de 26 de puncte, învingându-i, astfel, pe fotbaliștii de la Indianapolis Colts („Armăsarii din Indianapolis"), stabilind cel de-al doilea record maxim de puncte pentru o revenire din sezonul obișnuit. Se pare că autoeficacitatea celor de la Buffalo Bills continua să se propage. Succesul inspiră încredere; încrederea generează succes.

Ce ar fi dacă ai încerca să fii drăguț?

James a fost trimis la tratament de angajatorul său după ce a dat de pământ cu un capsator, într-un acces de furie. Era un bărbat de vârstă medie care avansase până la funcția de vicepreședinte al unei mari companii. Nu era agreat de nimeni și singurele motive ale succesului său erau hotărârea sa și faptul că muncea din greu. I-a mărturisit terapeutului său că ar fi fost concediat de mult, dacă nu ar fi avut grijă să se facă indispensabil. Problema era că avea mai tot timpul izbucniri de furie.

În copilărie fusese abuzat și nu se împăcase niciodată cu acest lucru. Nu a spus nimănui despre acest lucru și încerca să se convingă că nu mai conta, deoarece trecuse multă vreme de atunci. Divorțase de două ori și mai apoi renunțase la orice relații, dedicându-se în întregime muncii sale.

În timp, furia sa se amplificase. Odată, el a fost dat afară dintr-o băcănie pentru că striga obscenități unei femei care se ciocnise, din neatenție, de căruciorul lui pentru cumpărături, iar altă dată a fost arestat după ce a împins un șofer de taxi, în timp ce se certau din cauza prețului călătoriei. Șoferul a renunțat la acuzații, iar James a susținut că felul în care se purtase fusese pe deplin justificat. Acum însă era îngrijorat. Serviciul său însemna totul pentru el și era gata să facă orice pentru a-l păstra. Chiar și să se confrunte cu trecutul său.

James avea o rezistență emoțională scăzută și terapeuta lui se temea că, dacă va „săpa" mai adânc în trauma lui, va activa emoții puternice, iar comportamentul său se va degrada și mai mult înainte de a se îmbunătăți. Prin urmare, înainte de a începe să exploreze trecutul, ei au vorbit despre modalități de a face ca prezentul să fie mai puțin stresant. Terapeuta voia să găsească o cale de a reduce conflictul permanent pe care James îl avea cu aproape toată lumea cu care se întâlnea. Așadar, ea l-a învățat pe James să fie manipulativ.

Avea să treacă multă vreme până când James a putut să aibă încredere în cineva, dar nu era prost. El a învățat rapid că era mai ușor să obțină ce voia dacă zâmbea oamenilor, în loc să-i privească dușmănos. A început să-și salute colegii dimineața, dar nu pentru că-i păsa de ei, ci pentru că în acest fel îi putea convinge mai ușor să-și termine proiectele la timp. Comanda pizza pentru echipa sa când trebuia să lucreze până târziu și făcea complimente oamenilor pentru felul în care arătau. A devenit un maestru în arta manipulării.

Și era bucuros de acest lucru. Îi plăcea noua sursă de putere pe care o descoperise, dar îi plăceau și zâmbetele pe care le primea înapoi. Un moment de cotitură a fost când una dintre secretare a dat buzna plângând în biroul său și i-a spus că cineva deschisese un cont de credit pe numele său și acum era amenințată de o agenție de recuperări. În căutarea unei persoane care să-i ofere un sfat și alinare, ea îl alesese pe James. Spre sfârșitul săptămânii, el și terapeuta au început să vorbească despre trecutul lui.

Până acum ne-am concentrat asupra dominației ca fiind, înainte de toate, o întreprindere solitară, dar nu putem să ne atingem fiecare obiectiv de unii singuri. Să ne gândim la dominația care presupune să cooperăm cu alți oameni.

Relația creată în acest scop se numește *agentică* și este orchestrată de dopamină. Cealaltă persoană acționează ca o prelungire a noastră, ca un agent care ne ajută să ne atingem scopul. De exemplu, relațiile pe care ni le facem la întâlnirile de afaceri informale sunt, în principal, agentice și, de regulă, conduc la un ajutor reciproc. Relațiile *afiliative* sunt însă motivate de plăcerea interacțiunii sociale. Simpla plăcere de a fi cu o altă persoană, trăită la timpul prezent, este asociată cu neurotransmițători A&A, cum ar fi oxitocina, vasopresina, endorfina și endocanabinoidele.

Majoritatea relațiilor au atât elemente afiliative, cât și agentice. Prietenii care se bucură reciproc de prezența lor (afiliativă) pot, de asemenea, să lucreze împreună la proiecte viitoare, cum ar fi planificarea unei excursii de rafting sau a unei seri petrecute prin cluburi (agentică). Colegii de serviciu care au, înainte de toate, relații agentice se bucură, de regulă, unul de compania celuilalt. Unele persoane se simt mult mai confortabil într-o relație agentică, deoarece este mai structurată, în vreme ce alții preferă relațiile afiliative, pentru că le consideră mult mai plăcute. Unii se simt confortabil în ambele tipuri de relații, alții, în niciuna.

Există tipuri de personalitate pentru fiecare varietate de relație preferată. Persoanele agentice tind să fie reci și distante. Persoanele afiliative sunt pline de afecțiune și calde. Ele sunt, de asemenea, sociale și apelează la alții pentru sprijin. Indivizii care sunt buni atât la relațiile agentice, cât și la cele afiliative sunt prietenoși, lideri accesibili, precum Bill Clinton sau Ronald Reagan. Cei care nu sunt atât de pricepuți la întreținerea unor relații agentice se dovedesc, de cele mai multe ori, suporteri prietenoși și accesibili. Persoanele care au probleme cu relațiile afiliative, dar se pricep la cele agentice sunt considerate, de regulă, reci și nepăsătoare, în vreme ce persoanele care nu au talent pentru niciuna dintre ele se arată rezervate și izolate.

Oamenii stabilesc relații agentice în vederea dominării mediului lor, astfel încât să extragă tot ce se poate din resursele disponibile – sarcină specifică dopaminei controlului. Dominația nu presupune neapărat o activitate intensă sau agresivă. Dopaminei nu-i pasă cum este obținut un lucru. Ea vrea doar să obțină ce-și dorește. Astfel, o relație agentică poate fi în întregime pasivă; de exemplu, când un manager care conduce o întâlnire a angajaților ajunge la rezultatul dorit de el fără să scoată un cuvânt.

Relațiile agentice pot să capete cu ușurință un caracter exploatator, cum este cazul cu oamenii de știință care înscriu participanții la un experiment periculos fără să le aducă la cunoștință riscurile sau cu angajatorii care oferă un loc de muncă unor persoane în baza unor false pretenții, doar pentru a le exploata prin muncă grea. Dar o relație agentică poate să fie, de asemenea, frumoasă, umană. Poetul american Ralph Waldo Emerson scria: „Să vă spun secretul adevăratului învățat? Este acesta: fiecare om pe care-l întâlnesc este maestrul meu într-o anumită privință și despre aceea învăț de la el".

Indiferent de cât de ignorant, depravat sau nesăbuit este un om, el știe ceva, se pricepe la ceva – lucru pe care Emerson îl valorifică. El a căutat să vadă meritul intelectual al fiecărui om, indiferent de poziția socială a acestuia. O asemenea relație este agentică, deoarece vizează un câștig: cunoașterea. Ea nu este întemeiată pe plăcerea de a avea companie – o plăcere A&A. Un aspect deosebit de interesant al acestui citat dopaminergic este că Emerson îl numește pe acest om „maestrul meu".* El vorbește despre dominație prin supunere – autosupunerea în forma reverenței, smereniei și obedienței.

Maimuțe docile, spioni umili

Când cercetătorii de la Illinois State Psychiatric Institute au injectat un medicament de sporire a dopaminei unui macac din specia având coadă scurtă, au observat o înmulțire a gesturilor de supunere, cum ar fi plescăitul buzelor, grimasa (echivalentul zâmbetului la maimuțe) și întinderea membrului superior către o altă maimuță, pentru a primi o mușcătură ușoară. La prima vedere, această reacție nu are niciun sens. De ce dopamina, neurotransmițătorul dominației, ar declanșa un comportament de supunere? Este aici o contradicție?

---

* *Master* înseamnă și „stăpân" (n.t.).

Nici vorbă de așa ceva. În circuitul controlului, dopamina conduce către dominația mediului și nu neapărat a persoanelor din el. Dopamina vrea mai mult și nu-i pasă cum obține acest lucru. Fie că e vorba despre o manieră morală sau imorală, dominatoare sau umilă, dopaminei îi este indiferent, atâta vreme cât ea asigură un viitor mai bun.

Gândiți-vă la un spion care se află într-o țară ostilă, încearcând să obțină acces într-o clădire guvernamentală. În timp ce dă târcoale pe o alee din spatele clădirii, se întâlnește cu omul de serviciu. Spionul îl tratează ca pe egalul său, poate chiar ca pe superiorul său, pentru a-l face să coopereze – un comportament umil, în vederea dominării mediului și atingerii scopului său.

Acest tip de comportament poate să aibă conotații negative – însemnând să-i lași pe oameni „să treacă peste tine", de exemplu –, însă comportamentul umil presupune mai mult de atât. În societatea modernă, acest tip de comportament este, adeseori, semnul unui statut social înalt – dacă ne gândim la respectarea cu strictețe a manierelor, atenția acordată obiceiurilor sociale și, în conversație, considerația manifestată față de ceilalți, care este parte integrantă a comportamentului „elitei". Denumirea obișnuită pentru acest tip de comportament este *curtoazie*, un termen derivat din cuvântul *curte*, deoarece, la origine, a fost comportamentul adoptat de nobilime. Dimpotrivă, comportamentul dominant, reprezentând opusul curtoaziei, poate fi generat de un sentiment de nesiguranță sau de o educație lacunară.

Planificare, tenacitate și forța voinței dobândită prin efort personal sau prin cooperarea cu alții – acestea sunt modalitățile prin care dopamina circuitului controlului ne lasă să dominăm mediul nostru. Dar cum ne comportăm – și simțim – când sistemul se dezechilibrează? În special, ce se întâmplă când avem prea multă sau prea puțină dopamină a controlului?

Provocarea spațiului exterior, lupta din spațiul interior

GQ Magazine: Ce senzație ai când mergi pe Lună?
Buzz Aldrin: Păi, noi nu știam ce simțeam. Nu simțeam.

GQ: Ce sentimente ați avut când ați pășit pe Lună?
B.A.: Piloții de avioane de luptă nu au sentimente.

GQ: Dar sunteți om!
B.A.: Aveam gheață în vene.

GQ: Ei bine, v-ați spus vreodată: „Am să mă urc în asta [modul lunar fragil] și am să aterizez pe Lună?" Ați fost vreodată copleșit de acest lucru?

B.A.: Înțeleg doar cum este construit. Are tren de aterizare. Are picioare care se comprimă. Are sonde care atârnă. Este o minune a ingineriei.

INTERVIU CU BUZZ ALDRIN

În loc să ridice imnuri de slavă pentru că a fost pe Lună, Buzz Aldrin, colonel și doctor inginer, le-a spus admiratorilor săi: „Este un lucru pe care l-am făcut. Acum ar trebui să facem altceva". El avea satisfacția cuiva care tocmai a terminat de vopsit un gard. Nu dorea să se scalde în glorie, ci să găsească „altceva" – următoarea provocare majoră care ar fi putut să-i capteze interesul. Această nevoie perpetuă de a identifica un obiectiv și de a calcula un mod de a-l atinge a fost, probabil, cel mai important factor al succesului său istoric. Dar nu este ușor să ai atât de multă dopamină prin circuitele controlului. Aproape sigur, ea a jucat un rol important în lupta pe care Aldrin a dus-o, după călătoria pe Lună, cu depresia, alcoolismul, trei divorțuri, impulsurile sinucigașe și internarea la spitalul de psihiatrie, pe care le-a descris în autobiografia lui: *Magnificent Desolation: The Long Journey Home from the Moon.*

La fel cum dopamina dorinței facilitează dependența de droguri – căutând senzațiile tari oferite de acestea și extrăgând din ce în ce mai puțină „euforie" dopaminică din ele – unii oameni au atât de multă dopamină a controlului, încât devin dependenți de realizarea obiectivelor lor, însă sunt incapabili să cunoască satisfacția A&A. Gândiți-vă la cei care muncesc în permanență pentru a-și atinge țelurile, dar nu se opresc niciodată pentru a se bucura de roadele muncii lor. Nici măcar nu se laudă cu ele. Realizează un lucru și apoi trec la următorul. O femeie a povestit cum a preluat un post de conducere al unui departament dintr-o companie care era în haos. După ani întregi de muncă asiduă, ea a reușit să facă ordine în departament, dar imediat după aceea a început să se plictisească. Timp de câteva luni a încercat să se bucure de mediul nou și relaxat pe care îl crease, dar nu a reușit, și a cerut să fie transferată la un alt departament care se afla într-o dezordine totală.

Asemenea persoane manifestă efectele unui dezechilibru între dopamina centrată asupra viitorului și neurotransmițătorii A&A centrați asupra prezentului. Ele fug de experiențele emoționale și senzoriale ale prezentului. Pentru ele, viața este despre viitor, despre progres, despre inovație. În ciuda banilor și chiar a faimei născute din eforturile lor asidue, acești oameni sunt, de regulă, nefericiți. Oricât de mult ar face, nu este niciodată suficient. Blazonul familiei lui James Bond, spionul neobosit, ingenios și adeseori fără scrupule, conține mottoul: *Orbit non sufficit* – „Lumea nu este de ajuns".

Colonelul Aldrin s-a confruntat cu această problemă într-un mod mult mai profund decât a făcut-o vreodată, probabil, o ființă umană: *Am pășit pe suprafața Lunii. Ce aș putea să fac peste asta?*

Dopamina explică misterele ADHD-ului

Ce putem spune despre oamenii de la celălalt capăt al spectrului, oameni care au circuitele dopaminei controlului slabe? Lupta lor cu controlul intern se manifestă ca impulsivitate și dificultate în a se concentra asupra sarcinilor complexe. Această problemă poate să genereze o afecțiune devenită banală: *tulburarea de hiperactivitate și deficit de atenție* (ADHD).* Slaba concentrare, lipsa atenției și incapacitatea de a-și controla impulsivitatea pot să le afecteze serios viețile și relațiile cu cei din jur. Uneori, ei nu sunt atenți la detalii sau nu duc până la capăt sarcinile pe care le execută. Încep să plătească facturile, apoi trec la spălatul rufelor, apoi schimbă un bec, apoi se așază jos și se uită la televizor, cu toate lucrurile împrăștiate în jurul lor. În timpul unei conversații, devin foarte ușor neatenți și nu mai ascultă ce le spun ceilalți. Uneori pierd noțiunea timpului, astfel că ajung să întârzie și pot să piardă lucruri, cum ar fi cheile de la mașină, telefoane mobile și chiar pașapoarte.

---

* Boala este numită, de regulă, *tulburare de deficit de atenție* sau ADD, deoarece adulții nu au, în general, hiperactivitatea observată la copii. Cu toate acestea, vom folosi termenul științific, ADHD (*Attention Deficit Hyperactivity Disorder*) (n.a.).

ADHD-ul este observat cel mai adesea la copii, dintr-un motiv întemeiat. Lobii frontali, unde acționează dopamina controlului, sunt cei din urmă care se dezvoltă și se conectează cu restul creierului abia la sfârșitul adolescenței și începutul maturității. Una dintre sarcinile circuitului controlului este să înfrâneze circuitul dorinței; de aici și dificultatea de a controla impulsivitatea asociată cu ADHD. Când dopamina controlului este slabă, oamenii caută să obțină lucrurile pe care le vor, fără să se gândească la consecințele pe termen lung. Copiii cu ADHD șterpelesc jucării și intră înaintea altora la rând. Adulții cu ADHD fac cumpărături impulsive și îi întrerup pe cei cu care poartă o conversație.

Cele mai obișnuite tratamente pentru ADHD sunt Ritalin și amfetamine, stimulente care sporesc nivelul dopaminei din creier. Când sunt folosite pentru a trata persoanele cu ADHD, aceste medicamente nu dezvoltă toleranță în aceeași măsură ca la indivizii care le iau pentru a scădea în greutate, a crește în înălțime sau a-și spori performanțele. Cu toate acestea, stimulentele sunt droguri care creează dependență. Food and Drug Adiminstration (FDA) le pune în aceeași clasă cu opioidele, cum ar fi morfina și OxyContin. Potrivit agenției, acestea prezintă cele mai mari riscuri în termeni de dependență și au cele mai severe restricții cu privire la modul în care medicii le pot prescrie.

Persoanele cu ADHD sunt supuse riscului crescut de a deveni dependente, în special adolescenții, deoarece lobii lor frontali funcționează prost. Cu ani în urmă, când nu se știau prea multe lucruri despre această boală, doctorii și părinții erau reticenți în a administra acestor copii vulnerabili medicamente care creează dependență, precum Ritalin și amfetamine. Părea un lucru de bun simț: nu administra substanțe care creează dependență unor persoane amenințate de riscul dependenței. Însă testele riguroase au arătat cât se poate de clar că adolescenții care erau tratați cu medicamente stimulatoare aveau mai puține șanse să dezvolte dependențe. De fapt, cei care începuseră să ia medicamentele la cea mai fragedă vârstă și în dozele cele mai mari aveau cele mai puține șanse de a ajunge să aibă probleme cu drogurile. Iată de ce: dacă întărim circuitul dopaminei controlului, este mult mai ușor să luăm decizii înțelepte. Dar dacă refuzăm un tratament eficient, neputința circuitului controlului persistă. Circuitul dorinței acționează nestingherit, sporind probabilitatea dezvoltării unui comportament cu risc sporit, înclinat către plăceri.

Un risc surprinzător în rândurile pacienților cu ADHD

Dependența de droguri nu este singurul risc cu care se confruntă acești copii. Unui copil cu ADHD îi este greu să extragă resurse valoroase din mediul său – de regulă, sub forma notelor bune –, când nu poate să se concentreze sau să-și controleze impulsurile. Însă notele mici reprezintă doar începutul. Tinerii cu ADHD au dificultăți în a lega prietenii. Cine vrea să fie în compania unei persoane care te întrerupe când vorbești, șterpelește lucruri și nu-și așteaptă rândul? Adeseori, acești copii trebuie să citească de mai multe ori tema pentru acasă, înainte de a înțelege despre ce este vorba. Acest lucru se întâmplă din cauză că atenția lor se abate în permanență asupra altor lucruri. Faptul că petrec atât de mult timp făcându-și tema pentru acasă îi împiedică, de multe ori, să desfășoare activități extrașcolare, precum sporturile și cluburile. Având puțini prieteni și note slabe și fiind deconectați de la sursele sănătoase de plăcere, copiii cu ADHD netratat devin mult mai înclinați să apeleze la sursele nesănătoase de plăcere. Pe lângă droguri, ei pot, de asemenea, să aibă probleme cu activitatea sexuală precoce și cu alimentația în exces, în special aceea care include „alimentele plăcerii", cu un conținut ridicat de sare, zahăr și grăsimi.

Un studiu masiv, care a implicat 700 000 de copii și adulți, dintre care 48 000 cu ADHD, a scos la iveală faptul că adulții cu ADHD aveau cu 70% mai multe șanse de a deveni obezi, în vreme ce la copii procentul era de 40%. Cu aproape trei sferturi de milion de participanți, procesând date luate din mai toate culturile lumii, studiul a fost cel mai mare de acest fel, permițând oamenilor de știință să compare rezultatele din diferite țări unde se întâlnește o mare varietate de diete și de ritualuri de consum. Însă, în ciuda diferențelor dintre dietele existente în țări precum Qatar, Taiwan și Finlanda, rezultatele au fost aceleași. Țara de rezidență nu afecta relația dintre ADHD și obezitate. De asemenea, nu existau diferențe între bărbați și femei.

Alături de punctele forte ale acestui studiu există și cele slabe. Doar pentru că am descoperit că persoanele cu ADHD au mai multe șanse să devină obeze nu înseamnă neapărat că ADHD-ul este *cauza* obezității. Dacă lucrurile stăteau exact invers? Dacă greutatea în exces a afectat creierul într-un fel care a dus la apariția ADHD-ului? Exprimarea științifică modernă în acest caz este: *asocierea nu implică o relație cauzală*. Doar pentru că două lucruri sunt descoperite împreună nu înseamnă că unul este cauza celuilalt.

Am putea spune cu mai multă certitudine că ADHD duce la obezitate, dacă am reuși să demonstrăm că oamenii prezintă simptomele acestei boli înainte de a deveni obezi. Astfel, cercetătorii de la University of Chicago și University of Pittsburgh au evaluat aproape 2 500 de fete pentru a descoperi dacă există o legătură între greutatea nesănătoasă și problemele legate de impulsivitate. Cercetătorul-șef observa: „Copiii sunt ispitiți în permanență să mănânce de reclamele la alimente, de automatele care livrează asemenea produse etc., astfel că este ușor să ne imaginăm că un copil fără prea multe inhibiții cu greu poate rezista unor asemenea tentații".

Rezultatele au fost cele așteptate. Fetele care, la vârsta de zece ani, aveau probleme cu impulsivitatea și planificarea au luat mai mult în greutate în următorii șase ani. Oamenii de știință au raportat că o parte semnificativă a masei corporale dobândite de aceste fetițe era din cauza exagerărilor alimentare – momentelor de pierdere totală a autocontrolului.

Dintr-un motiv asemănător, copiii supraponderali au mai multe șanse să fie loviți de mașini când trec strada. Acest lucru nu se întâmplă pentru că asemenea copii sunt mai înceți, ci pentru că sunt impulsivi. Cercetătorii de la University of Iowa au strâns 240 de copii de șapte sau opt ani și le-au cerut să traverseze o stradă aglomerată pentru a măsura cât de mult au așteptat și cât de des era lovit de mașină un copil.*

Cu toate că persoanele supraponderale merg, uneori, mai încet, în acest experiment greutatea nu a avut nicio influență asupra vitezei cu care copiii au traversat strada. Însă a existat o relație directă între cât de supraponderal era copilul și cât de rapid se avânta în trafic. Cei mai puțin supraponderali au așteptat mai mult decât cei mai supraponderali. Copiii supraponderali au lăsat, de asemenea, o distanță mai mică între ei și mașini. Cum era de așteptat, ei au fost loviți cel mai frecvent.

* Nimeni nu a fost lovit cu adevărat de mașină. Cercetătorii au folosit realitatea virtuală (n.a.).

Este important să ne amintim că biologia nu este destin. Oamenii la care sistemul controlului dopaminic se află la o extremă sau alta pot să se schimbe. Situația celor care suferă de ADHD poate să se îmbunătățească substanțial cu ajutorul medicației, al psihoterapiei și, uneori, doar al timpului. Colonelul Aldrin, care s-a confruntat cu o problemă diferită, a găsit, în cele din urmă, modalități de a potoli intensitatea impulsului său creator. După ce s-a întors de pe Lună a scris, singur sau împreună cu alții, o duzină de cărți, a creat un joc de strategie pentru calculator și a propus o metodă revoluționară de călătorie în spațiu, care ar putea să facă posibilă o misiune cu echipaj uman pe Marte. De asemenea, el a găsit timp și pentru a apărea în numeroase show-uri de televiziune, printre care: *Dancing with the Stars*, *The Price is Right*, *Top Chef* și *The Big Bang Theory*.

Chimia vicleniei

*Copile, nu-ți stă în fire-a fi viclean – o știu – Dar dulce-i rodul biruinței să-l culegi!**

SOFOCLE, *FILOCTET*

Îmi place să câștig, dar, mai presus de orice, nu suport ideea de a pierde. Deoarece, pentru mine, a pierde înseamnă a muri.

LANCE ARMSTRONG

În 1999, după ce a supraviețuit luptei cu un cancer în stadiu avansat, Lance Armstrong a câștigat primul său

* Sofocle, *Teatru*, trad. de George Fotino, vol. 2, Editura pentru Literatură, București, 1965, p. 198 (n.t.).

Tour de France. Un reporter de la New York Times *l-a descris într-un fel care avea să devină tipic în următorii ani: „Un bărbat cu voință de fier și putere de concentrare maximă" care „a dominat Turul". El avea să câștige șapte ediții consecutive ale Tour de France, dominând nu numai acest concurs faimos, dar și sportul [ciclismul] însuși.*

Armstrong a fost legendar pentru hotărârea sa. El prefera să pedaleze împotriva vântului deoarece, în felul acesta, cursa devenea mai dificilă și avea mai multe șanse de a rezista până la finalul concursului. Pentru a ilustra hotărârea lui Armstrong, autoarea Juliet Macur relata următoarea întâmplare: „Cândva a existat un copac la circa 50 de metri vest de casa lui. Armstrong a vrut să aibă acel copac chiar lângă treptele de la intrare. Transplantarea a costat 200 000 de dolari. Prietenii lui apropiați glumeau, spunând că Armstrong, care era agnostic, a pus la cale acel proiect pentru a dovedi că nu are nevoie de Dumnezeu ca să mute raiul și pământul."

„Cred că aș fi înnebunit dacă ajungeam la vârsta de 35-40 de ani și nu aș fi participat la nicio competiție în viața mea", spunea Armstrong.

În 2012, ciclistului campion mondial i-au fost retrase toate cele șapte titluri de la Tour de France, deoarece a ieșit la iveală că folosise substanțe de sporire a performanțelor. De ce s-ar deda la o asemenea fraudă acest atlet legendar, acest bărbat cu o voință de fier, care nu a dat înapoi niciodată, nici măcar în fața cancerului? În mod bizar, se pare că el a făcut asta tocmai pentru că avea atât de mult succes.

Dopamina nu vine echipată cu o conștiință. Mai degrabă, este o sursă de viclenie alimentată de dorință. Când este activată, ea suprimă sentimentul de vinovăție, care este o emoție A&A. Pentru a obține lucrurile pe care le vrea, este capabilă să îndemne la un efort onorabil, dar și la înșelăciune și violență.

Dopamina aleargă după *mai mult*, nu după *moralitate*; pentru ea, forța și frauda nu sunt nimic altceva decât niște instrumente.

Cercetătorii israelieni au realizat un experiment care să-i ajute să înțeleagă de ce trișează oamenii. Ei au conceput două jocuri care-i puneau pe cei doi jucători să-și măsoare forțele unul cu celălalt. Primul era un joc în care jucătorii concurau pentru a vedea cine putea să ghicească imaginile care aveau să apară pe ecranul unui calculator. În acest joc era imposibil să trișezi. Al doilea joc era diferit: primul jucător arunca o pereche de zaruri și anunța rezultatele celui de-al doilea jucător. Cu cât erau mai mari numerele, cu atât mai mulți bani primea cel dintâi jucător și cu atât mai puțini adversarul său. În acest joc, nu numai că era posibil să trișezi, dar era și ușor. Cel de-al doilea jucător nu putea să vadă zarurile, astfel că primul putea să raporteze ce cifră dorea. Câștigătorul și păgubașul primului joc făceau cu rândul la aruncarea zarurilor și anunțarea rezultatelor.

Din cauza felului în care erau marcate zarurile, dacă toată lumea era onestă, scorul mediu ar fi trebuit să fie în jur de șapte. Cei care au pierdut primul joc au raportat un total mediu cu puțin peste cifra șase pe parcursul celui de-al doilea joc, ceea ce era în acord cu probabilitatea șanselor. Însă câștigătorii primului joc au raportat un scor mediu la al doilea joc de aproape nouă puncte. Analizele statistice au arătat că era improbabil ca acel număr să fi apărut la întâmplare. Probabilitatea ca învingătorii de la primul joc să fi trișat la al doilea joc era mai mare de 99%.

Pentru următoarea fază a experimentului, cercetătorii au schimbat condițiile. În locul unui concurs, primul joc a fost transformat într-o loterie – iar noul aranjament a produs un rezultat foarte diferit. Jucătorii care au câștigat la loterie nu au mai trișat deloc la al doilea joc. De fapt, se pare că au raportat scoruri mai mici, astfel că adversarii lor au împărtășit laurii victoriei.

Oamenii de știință nu prea au știut cum să explice acest rezultat. S-au gândit că oamenii care câștigau pe merit concursuri, spre deosebire de cei care câștigau din pură întâmplare, dezvoltau un sentiment al îndreptățirii care le permitea să-și justifice trișările ulterioare. Dar, luând în calcul că dopamina este aceea care ne îndeamnă să dominăm mediul nostru, putem găsi o explicație mai bună.

A câștiga competiții, a întreține relații sexuale și a mânca sunt acțiuni esențiale pentru succesul evoluționist. De fapt, dobândim acces la mâncare și la parteneri de reproducere în urma câștigării unor competiții. Așadar, nu este surprinzător că această din urmă situație declanșează eliberarea de dopamină. Este valul de plăcere pe care-l simțim când trimitem mingea de tenis pe deasupra fileului, când obținem o notă bună la un test sau primim laude de la șeful nostru. Afluxul de dopamină creează o senzație plăcută, dar diferită de plăcerea A&A, plăcerea satisfacției. Iar această diferență este cheia: afluxul de dopamină declanșat de câștig ne face să ne dorim mai mult.

Când câștigăm pentru a nu pierde

Nu e suficient să câștigi Tour de France. Nu e suficient să-l câștigi de două ori sau chiar de șapte ori. Nu câștigăm niciodată îndeajuns. *Nimic* nu este vreodată îndeajuns pentru dopamină. Căutarea este aceea care contează, dar și victoria, dar nu există o linie de final și nu va exista niciodată. Succesul este asemenea drogurilor: poate să creeze dependență.

Însă emoția plăcută care nu ne satisface niciodată este doar o parte din ecuație. Cealaltă parte este prăbușirea nivelului de dopamină, care este resimțită atât de îngrozitor.

În fiecare an, medicii din Washington, D.C., completează un formular în care votează pentru cei mai buni doctori într-o varietate de specialități medicale. Rezultatele sunt publicate în *Top Doc* – faimoasa ediție a revistei *Washingtonian*. Este ediția cel mai bine vândută. Este o onoare să fii numit *Top Doc* și îți oferă o senzație plăcută. Ești în centrul atenției tuturor: colegi, prieteni, familie etc. Însă, după ce strălucirea satisfacției se destramă, apare o întrebare incomodă: *Voi fi la înălțime și anul viitor? Toți acești oameni care mă felicită acum – ce vor crede când vor vedea că numele meu nu este pe listă? Nimeni nu stă pe această listă la nesfârșit – cum voi suporta umilința de a fi lăsat deoparte?* Nimănui nu-i place să piardă, dar este de zece ori mai rău după ce câștigi. Când deschizi revista, așteptându-te să-ți vezi numele, și constați că nu este acolo, simți un gol în stomac.

Câștigătorii trișează din același motiv pentru care dependenții de droguri iau droguri. Este minunat să te afli pe culmile plăcerii, însă, când aceasta dispare, te simți îngrozitor. Și unii, și ceilalți știu că felul lor de a se comporta poate să le distrugă viața, însă circuitului dorinței nu-i pasă. El doar vrea mai mult. Mai multe droguri, mai multe succese. Însă adevăratul succes nu vine trișând. Dacă faci o greșeală, oamenii te vor ierta, dar dacă acționezi în mod necinstit, acest stigmat te va urmări multă vreme. Iată de ce circuitul controlului este atât de important. Este rațional. Este capabil să ia decizii la rece, calculate, care îți vor spori bunăstarea nu numai astăzi, dar și în viitor. Și totuși, pentru mulți indivizi, frauda reprezintă o tentație puternică, uneori copleșitoare, atunci când ei caută euforia victoriei. Cel puțin pe termen scurt, frauda funcționează.

Sau, pur și simplu, ai putea să tragi un pumn cuiva.

Violența fierbinte și rece

Dr. Jones se afla în lift, gândindu-se cu groază la discuția pe care urma să o aibă cu un pacient. Era ora 1:00 noaptea și fusese chemată la Urgențe pentru a consulta un pacient care amenința că o să omoare pe cineva. Era important să nu dea greș. Când un pacient de la secția de psihiatrie merge până la capăt cu amenințarea că va comite o crimă, victima moare, criminalul trebuie prins – iar doctorul care l-a eliberat pe acesta din urmă poate fi considerat responsabil.

Pacientul, cu haine boțite și mirosind urât, se uita fără să clipească la dr. Jones. Nu era prima oară când ajungea aici. De fiecare dată se dovedise turbulent și necooperant. În timpul unei șederi a fost acuzat că o atinsese într-un mod nepermis pe o femeie care urma tratament pentru schizofrenie. A pretins că este alergic la toate medicamentele pentru afecțiuni psihiatrice, cu excepția Xanaxului.

În afară de consumul de cocaină, nu avea probleme majore din punct de vedere psihiatric. Dar în noaptea aceea ceruse să fie internat în spital. A menționat că a fost arestat de nenumărate ori și că a făcut trei ani de pușcărie. Dacă nu va fi dus în „secție", a pretins el, avea să-și ducă la îndeplinire planul de a asasina pe cineva.

„Să zicem că e vorba despre o persoană care mi-a făcut ceva, bine?" a spus el.

Paranoia este una dintre cele mai tratabile afecțiuni psihiatrice asociate cu indivizii care amenință cu violența. Paranoia îi face să se simtă speriați și, uneori, ei ajung la concluzia că singura cale de a se proteja este să-i omoare pe cei despre care cred că au complotat împotriva lor. Cu ajutorul medicamentelor antipsihotice, halucinațiile, împreună cu riscul de violență, dispar, de regulă, cam într-o săptămână.

Însă pacientul care stătea în fața dr. Jones, sfredelind-o cu privirea, nu era psihotic.

Dr. Jones se confrunta cu o dilemă. Pe de o parte, știa că o internare de o noapte nu-l va ajuta cu nimic pe acest pacient și, în plus, i-ar fi pus în primejdie pe ceilalți pacienți din secție. Pe de altă parte, pacientul avea o istorie a violențelor. Ea l-a internat, temându-se pentru siguranța victimei pe care el refuza să o numească, dar simțindu-se, totodată, vinovată pentru că îi pusese în pericol pe ceilalți pacienți din salon.

Violența este, uneori, rezultatul disfuncției sau patologiei. Dar, de cele mai multe ori, violența este o opțiune – o manieră coercitivă și calculată de a obține ceea ce dorești.

Forța, adeseori exprimată sub forma violenței, este instrumentul fundamental al dominației, dar este ea dopaminergică?

Violența este de două tipuri: violența planificată, pricinuită cu un scop și violența spontană, provocată de o pasiune. Violența planificată, care vizează obținerea unui lucru pe care și-l dorește făptașul, poate fi prozaică, precum atacarea unui trecător, sau colosală, precum declanșarea unei conflagrații mondiale. În fiecare caz, accentul cade pe strategia efectivă, pusă la cale în avans, uneori cu detalii impresionante, și care țintește întotdeauna către dobândirea unor resurse sau a controlului. Aceasta este o agresiune determinată de dopamină și ea tinde să aibă un conținut emoțional scăzut. Este violență rece.

Gândiți-vă la calculul dopaminergic și reacția instinctivă ca la cele două capete ale unui balansoar: când unul este sus, celălalt este jos. Capacitatea de a suprima emoții, precum teama, mânia sau dorința copleșitoare asigură un avantaj în mijlocul conflictului. Emoția este aproape întotdeauna o vulnerabilitate care interferează cu acțiunea calculată. De fapt, o strategie obișnuită de dominație este să stârnești reacții emoționale adversarului tău, care să interfereze cu capacitatea lui de a-și înfăptui planurile. În sport, această strategie ia forma insultelor adresate în sala de baschet sau pe marginea terenului de fotbal.

Agresiunea generată de o pasiune este o reacție dură la o provocare. Aceasta nu este o acțiune calculată, orchestrată de circuitul dopaminei controlului – este chiar opusul acesteia. Când pasiunea generează agresiune ca reacție la o provocare, dopamina este suprimată de circuitele A&A, iar oamenii care manifestă acest tip de agresiune își afectează serios bunăstarea viitoare. Ei pot sfârși prin a ajunge să fie accidentați, arestați sau pur și simplu puși în situații jenante. Gândiți-vă la un părinte care-și pierde cumpătul la un meci de hochei pentru copii. El poate să se înfurie cumplit sau chiar să sară la bătaie cu pumnii - o reacție emoțională, nechibzuită, în niciun caz o mișcare calculată. Din perspectiva dopaminei, aici nu găsim nimic de câștigat și nicio resursă de maximizat. Emoția distruge atenția, precauția și calculul dopaminei controlului.

Romancierul englez Anthony Trollope a comparat cele două abordări într-o descriere a unei dezbateri politice dintre două personaje ale sale, Daubeny și Gresham, liderii unor partide parlamentare aflate în opoziție:

> „În vreme ce dl Daubeny lovește întotdeauna cât de tare se pricepe el, premeditând fiecare lovitură și cântărind rezultatele ei în prealabil, calculându-și puterea, chiar și când e vorba despre o lovitură repetată pe o rană deja existentă, dl Gresham dă în stânga și în dreapta, fără să se uite... și, în furia sa, ar fi în stare să-și omoare adversarul, înainte de a-și da seama că l-a lovit până la sânge."

Violența poate să ne asigure dominația, dar, pentru a avea succes, ea trebuie să vină din partea circuitelor reci ale dopaminei controlului.

Ce este o personalitate dopaminergică?

Unii oameni au circuite dopaminergice mult mai active decât ale altora. Cercetătorii au identificat un număr de gene care contribuie la dezvoltarea acestui tip de personalitate. Este important să observăm că activitatea sporită a dopaminei poate lua diferite forme de exprimare. O persoană care are un circuit al dorinței extrem de activ poate fi impulsivă sau greu de satisfăcut, căutând în permanență să obțină mai mult. Perechea sa va fi cineva care este ușor de satisfăcut. În loc să dea pe gât băutură într-un club de noapte zgomotos, un individ mai puțin dopaminergic ar prefera să-și petreacă ziua grădinărind și apoi să meargă la culcare devreme.

În schimb, cineva cu un circuit al controlului foarte activ poate să fie rece și calculat, fără scrupule și nemilos. Perechea lui va fi o persoană caldă, generoasă, care este interesată, mai degrabă, să cultive prietenii, decât să câștige competiții. Creierul este complicat, iar modul în care activitatea dintr-un circuit este transpusă într-un comportament depinde de activitatea din multe alte circuite care lucrează împreună. Alături de aceste exemple, o personalitate dopaminergică se poate exprima și în alte moduri, pe care le vom descrie mai târziu. Însă toți acești oameni au un lucru în comun. Ei sunt obsedați să-și asigure un viitor tot mai prosper, lipsindu-se, în schimb, de capacitatea de a trăi bucuriile prezentului.

Suprimarea emoției

De poți să nu-ți pierzi capul
Când cei din preajma ta și-l pierd
Și pentru asta ți-aduc o vină grea...
De poți puterea, nervii și inima sili

Să-ți mai slujească mult, încă, după ce-or pieri
Și să le ții piept la toate, deși n-ai sprijin drept nimic
Decât Voința ce te îndeamnă: „Ține piept!"...
*Al tău va fi Pământul cu-a' sale bogății.**

RUDYARD KIPLING, *DACĂ...*

Emoția este o experiență A&A. Este ceea ce simțim aici și acum. Și este foarte importantă pentru capacitatea noastră de a înțelege lumea. Uneori, ajungem, însă, în situația de a fi copleșiți de emoții. Când se întâmplă acest lucru, luăm decizii mai puțin logice. Din fericire, opoziția dopaminei față de circuitele de tip A&A poate să reducă intensitatea emoției. În situații complexe, oamenii capabili să „gândească la rece", mai dopaminergici, pot să suprime această reacție și să facă alegeri deliberate care, adeseori, dau rezultate mai bune. Unii dintre strămoșii noștri, înzestrați cu un circuit al controlului dopaminic deosebit de puternic, puteau să reacționeze față de un leu care e pe cale să atace, surprimându-și impulsul de a intra în panică și, în loc să încerce să o rupă la fugă, luau din foc un lemn aprins cu care să-l sperie. În mijlocul haosului, cel care este capabil de a-și păstra calmul, a evalua resursele disponibile și a dezvolta rapid un plan de acțiune are cele mai multe șanse de a răzbate.

* Joseph Rudyard Kipling, „If", poem publicat în 1910 în volumul *Rewards and Fairies*; traducerea în română îi aparține Liviei Brem, cf. www.pruteanu.ro (n.t.).

Cum să eviți un pumn

Deși aspectele complexe ale societății moderne pot face ca deciziile automate de tipul „luptă sau fugi” să fie împotriva intereselor noastre, în situații de tip primar ele funcționează cât se poate de bine. Un tânăr doctor, care stătea de vorbă la camera de primiri urgențe cu un dependent de droguri irascibil care-i cerea droguri, și-a dat seama că nu poate să-i satisfacă cererea. Când a înțeles că nu va obține ce dorea, pacientul l-a lovit cu pumnul. Din fericire, doctorul s-a ferit și, înainte ca pacientul să încerce să-l lovească din nou, în salon au sosit doi paznici și au reușit să-l calmeze. Când întreaga tevatură s-a încheiat, doctorul a declarat: „Nu am avut nicio idee despre ce se întâmpla. Nu am avut timp de gândire. Pur și simplu s-a întâmplat.” A fost încântat să descopere în acest fel că era norocosul posesor al unor circuite A&A care știau când să se ferească, fără să aibă nevoie de vreun calcul dopaminic.

Am luat barca mea de 12 metri lungime, cu un echipaj alcătuit dintr-un singur membru [în afara mea], și am vâslit spre largul oceanului. Curând, ne-am confruntat cu vânturi de 60 km pe oră și valuri de peste trei metri. Niciunul dintre noi nu s-a îngrijorat. Ne mai întâlniserăm cu o astfel de vreme de multe ori până atunci.

Am luat volanul pentru a pune barca pe direcție. Când am virat, am auzit un trosnet puternic, iar volanul a început să se rotească singur. Nu mai aveam control asupra cârmei și eram mai speriat ca niciodată.

Barca a nimerit în interiorul unui recif în forma literei L. Coralul era vizibil doar deasupra apei, iar valurile ne împingeau înspre el. Primul meu gând a fost să sar în apă. Am vrut să-mi pun o vestă de salvare și să încerc să înot până dincolo de zona de pericol. Mi-am dat seama imediat că acest lucru era imposibil. Fie m-ar fi zdrobit valurile de recif, fie aș fi fost împins în sus de curenții de la fund. Simțeam cum se apropie o panică teribilă și știam că, dacă o las să pună stăpânire pe mine, îmi voi pierde capacitatea de a gândi. Toate acestea s-au întâmplat în decurs de zece secunde.

Pentru a mă salva, trebuia să încep să gândesc. Am trimis prin radio un apel de ajutor, apoi eu și omul meu de pe vas am început să lucrăm la vele pentru a le folosi ca să ieșim din recif. Am găsit o modalitate de a controla cârma cu picioarele și am reușit să îndreptăm barca în direcția țărmului. Imediat ce am început să fac un plan și să acționez, panica a dat înapoi și am putut să gândesc rațional.

După ce am ajuns la mal, în timp ce mă îndreptam spre camera mea, am început să plâng și să tremur din tot corpul fără să mă pot stăpâni.

Această întâmplare din viața reală este un exemplu excelent al efectului combinat al dopaminei și al substanței chimice A&A responsabile pentru atitudinea „luptă sau fugi", norepinefrina. Când mecanismul de navigare s-a rupt, a intrat în acțiune norepinefrina. Teama – emoție A&A – l-a copleșit pe marinar. El nu voia decât să găsească o cale de ieșire din acea situație. La început, afluxul neurochimic A&A a luat locul capacității sale dopaminergice de a acționa strategic. Cu toate acestea, faptul că și-a dat seama că era pândit de panică, dar a fost în stare să-i țină piept, ne arată că sistemul său dopaminic nu fusese închis complet.

După numai câteva secunde, dopamina de control a fost activată în întregime și el a început să facă planuri raționale. Norepinefrina A&A a fost închisă și frica a dat înapoi, făcând loc unei abordări calme, cerebrale, a problemei supraviețuirii. După ce criza a luat sfârșit și el a ajuns în siguranță pe țărm, nivelul dopaminei a scăzut, permițând substanțelor A&A să se întoarcă în forță, provocând plânsul și tremuratul.

Înțelepciunea convențională ar pune supraviețuirea marinarului pe seama „funcționării pe adrenalină". De fapt, lucrurile au stat exact invers. El nu a funcționat cu adrenalină, ci cu dopamină. În momentele intense în care a salvat barca, dopamina s-a aflat la cârmă, în vreme ce adrenalina (numită norepinefrină atunci când se află în creier) a fost suprimată.

În secolul al XVIII-lea, Samuel Johnson a rezumat această situație în felul următor: „Când un individ știe că urmează să fie spânzurat în două săptămâni, puterea lui de concentrare este nemaipomenită". Un doctor din vremuri mai recente, David Caldicott, medic de urgențe la Calvary Hospital din Canberra, Australia, a exprimat acest lucru astfel: „Medicina de urgență este asemenea pilotării unui avion. Ore întregi de rutină întrerupte de momente de teroare pură. Dacă îți cunoști meseria, nu te sperii. Te concentrezi mai mult".

Este ușor să omori de la distanță

În romanul științifico-fantastic clasic *Dune*, al lui Frank Herbert, eroul, pentru a dovedi că este om, trebuie să-și suprime instinctul animalic de a reacționa imediat. Mâna lui este introdusă într-un fel de șmecherie diabolică, o cutie neagră care produce o durere inimaginabilă. Dacă își va scoate mâna din cutie, femeia în vârstă care administrează testul îi va străpunge gâtul cu un ac otrăvit, iar el va muri. Ea îi spune: „Ai auzit de animale care-și rod un picior pentru a scăpa din capcană? Acesta este un truc caracteristic animalelor. Un om ar rămâne prins în capcană, ar îndura durerea și s-ar preface că este mort pentru a-l omorî pe vânător și a elimina în acest fel o amenințare la adresa speciei sale".

Unii oameni sunt, în mod natural, mai buni decât alții, când vine vorba despre suprimarea emoțiilor. De fapt, ei se nasc astfel, în parte din cauza numărului și naturii receptorilor lor de dopamină – molecule din creier care reacționează când este eliberată dopamina. Ei sunt diferiți datorită geneticii. Cercetătorii au măsurat densitatea receptorilor de dopamină (câți sunt și cât de aproape se adună laolaltă) din creierul diferitelor persoane și au comparat rezultatele cu teste care determinau „detașarea emoțională" a persoanei.

Acest din urmă test măsura trăsături precum tendința de a evita împărtășirea unor informații personale și atașamentul față de alte persoane. Oamenii de știință au descoperit o relație directă între densitatea receptorilor și implicarea într-o relație cu o altă persoană. Densitatea ridicată a fost asociată cu un nivel înalt al detașării emoționale. În cadrul unui studiu separat, oamenii care aveau cele mai mari punctaje la detașare se descriau ca fiind „reci, singuratici și revendicativi în relațiile lor". Dimpotrivă, cei cu punctajele cele mai mici se prezentau ca fiind „excesiv de grijulii și ușor de exploatat".

Majoritatea oamenilor au personalități care, pe o asemenea scară a detașării, se situează undeva între extreme. Nu suntem nici lupi singuratici, nici excesiv de grijulii. Modul în care reacționăm depinde de circumstanțe. Dacă suntem angajați în spațiul peripersonal – cât mai aproape, în contact direct, concentrați asupra momentului prezent –, circuitele A&A sunt activate și ies la iveală trăsăturile calde, emoționale ale personalității noastre. Când ne orientăm către spațiul extrapersonal – la distanță, gândind abstract, concentrați asupra viitorului – părțile raționale, impasibile ale personalității noastre sunt mult mai vizibile. Aceste două moduri de gândire diferite sunt ilustrate de dilema etică numită „Problema tramvaiului".

Un tramvai scăpat de sub control se îndreaptă cu viteză către un grup de cinci muncitori. Dacă nimeni nu face nimic, aceștia vor muri. Este posibil totuși să oprim tramvaiul, dacă îl aruncăm pe șine pe unul dintre spectatori. Moartea lui va încetini tramvaiul suficient de mult pentru ca acei cinci muncitori să se salveze. L-ați împinge pe șine pe spectator?

În acest scenariu, majoritatea oamenilor ar fi incapabili să-l împingă pe spectator pe șine – incapabili să omoare un om cu propriile lor mâini, chiar și pentru a salva viața altor cinci. Neurotransmițătorii A&A activi sunt responsabili de generarea sentimentelor de empatie față de ceilalți și vor elimina, la majoritatea oamenilor, calculul rațional al dopaminei. Reacția A&A este atât de puternică în această situație pentru că noi ne aflăm foarte aproape, chiar în zona peripersonală. Practic, ar trebui să punem mâinile pe victimă pentru a o trimite la moarte. Este un lucru imposibil pentru noi toți, cu excepția celei mai detașate persoane.

Dar, pentru că A&A-urile au cea mai puternică influență în zona peripersonală – în spațiul imediat creat de ceea ce ne spun cele cinci simțuri ale noastre –, ce s-ar întâmpla dacă ne-am retrage pas cu pas, diminuând treptat influența A&A-urilor asupra deciziilor noastre? E posibil ca disponibilitatea – sau capacitatea noastră – de a da o viață în schimbul a cinci să crească pe măsură ce ne îndepărtăm de victimă, odată ce ieșim din spațiul peripersonal A&A și intrăm în spațiul extrapersonal dopaminergic?

Începeți prin a elimina senzația A&A de contact fizic. Imaginați-vă că stați la o oarecare distanță, urmărind scena. Există un macaz pe care-l puteți trage și care va devia tramvaiul de pe linia cu cinci oameni, punându-l pe cea pe care va omorî doar unul. Dacă nu veți face nimic, cei cinci vor muri. Veți trage macazul?

Îndepărtați-vă mai mult. Imaginați-vă că stați la birou într-un alt oraș, aflat în cealaltă parte a țării. Telefonul sună și un muncitor de la transporturi, cu vocea gâtuită de spaimă, vă prezintă situația. De la biroul la care vă aflați, controlați traseul tramvaiului. Puteți să activați macazul, dirijând astfel tramvaiul către linia pe care se află doar o persoană sau să nu faceți nimic, permițând tramvaiului să-i lovească pe cei cinci oameni. Veți trage macazul?

În final, faceți situația cât mai abstractă posibil: eliminați toate A&A-urile, dându-i un caracter pur dopaminergic. Imaginați-vă că sunteți un inginer de transporturi care proiectează sistemele de securitate a liniei tramvaiului. De o parte și de alta a liniilor au fost instalate camere de luat vederi pentru a oferi informații despre persoanele care se află acolo. Aveți oportunitatea de a scrie un program de calculator care va controla macazul. Programul va folosi informațiile furnizate de cameră pentru a alege linia care va ucide cei mai puțini oameni. Veți scrie softul care, în *viitor*, va putea salva cinci oameni, omorând unul?

Scenariile se schimbă, însă rezultatele vor fi aceleași: este sacrificată o viață pentru ca alte cinci să poată fi salvate sau sunt pierdute cinci vieți pentru a fi evitată uciderea directă a unei persoane. Foarte puține persoane și-ar pune mâinile pe spatele unui om inocent și l-ar împinge spre moarte. Însă foarte puține persoane ar ezita să scrie un soft care ar administra macazurile liniilor într-un mod ce minimizează pierderile de vieți. Este aproape ca și cum ar exista două minți separate care evaluează situația. Una este rațională, luând decizii întemeiate doar pe un calcul rațional. Cealaltă este empatică, incapabilă de a omorî un om, indiferent de rezultatul pe ansamblu. Una caută să domine situația, impunând controlul pentru a maximiza numărul de vieți salvate; cealaltă nu face acest lucru. Dacă o persoană alege un rezultat sau altul depinde, parțial, de activitatea din circuitele controlului.

Decizii grele din lumea reală

Această problemă este mai mult decât pur teoretică; cu ea se confruntă dezvoltatorii de mașini care se conduc singure. Dacă o ciocnire fatală între două automobile este inevitabilă, ce ar trebui să facă mașina care se conduce singură? Cum ar trebui ea să fie programată să reacționeze într-o asemenea situație? Ar trebui să vireze într-o direcție pentru a proteja viața proprietarului ei sau să vireze în direcția opusă, omorându-și proprietarul, dacă în felul acesta vor muri mai puțini oameni în cealaltă mașină? Sfat pentru cumpărători: dacă vă duceți la magazin să cumpărați o mașină care se conduce singură, întrebați vânzătorul cum a fost programată.

Un alt exemplu de o asemenea problemă este descris în filmul *Eye in the Sky* din 2016. Niște teroriști din Kenya pregătesc două bombardiere sinucigașe, care vor omorî nu mai puțin de 200 000 de oameni. Nu mai e prea mult timp pentru a-i opri. De partea cealaltă a lumii, pilotul de la distanță al unei drone este pe punctul de a lansa o rachetă, pentru a-i ucide pe teroriști. Chiar înainte de a o lansa, o fetiță care vinde pâine își instalează masa chiar lângă casa teroriștilor. Dacă pilotul dronei nu face nimic, vor muri sute de mii de oameni. Dar pentru a salva aceste vieți, el trebuie să o omoare pe fetiță împreună cu teroriștii. Filmul prezintă dezbaterea intensă cu privire la alegerea pe care trebuie să o facă în această ilustrare realistă a „Problemei tramvaiului".

Uneori acționăm într-un fel: la rece, calculând, căutând să dominăm mediul în vederea unui câștig viitor. Alteori acționăm altfel: cu blândețe și empatie, împărtășind ceea ce avem pentru bucuria prezentă de a-i face pe alții fericiți. Circuitele controlului dopaminic și circuitele A&A lucrează în opoziție, creând un echilibru care ne permite să fim omenoși cu ceilalți și, în același timp, să avem grijă de propria noastră supraviețuire. Pentru că echilibrul este esențial, creierul activează, adeseori, circuite în opoziție. Funcționează atât de bine încât, uneori, există o opoziție activată chiar în interiorul aceluiași sistem neurotransmițător. Având în vedere că sistemul dopaminic acționează în acest fel, ce se întâmplă când dopamina se opune dopaminei?

Provocarea ridichilor și a prăjiturilor

Neurotransmițătorul dopamină este sursa dorinței (via circuitul dorinței) și a tenacității (via circuitul controlului); ea este pasiunea care arată calea și voința care ne duce într-acolo. De regulă, cele două lucrează împreună, dar când dorința se fixează asupra unor lucruri care ne vor provoca daune, în cele din urmă – o a treia felie de tort, o aventură extraconjugală sau a patra injecție cu heroină –, voința dopaminergică se întoarce și se războiește cu circuitul care o acompaniază.

Voința nu este singurul instrument pe care dopamina de control îl are în arsenal când trebuie să se opună dorinței. Ea poate să folosească, de asemenea, planificarea, strategia și abstracția, cum ar fi capacitatea de a imagina consecințele pe termen lung ale alegerilor alternative. Dar când trebuie să ne opunem impulsurilor dăunătoare, voința este primul instrument la care apelăm. După cum se dovedește, aceasta poate să nu fie cea mai bună idee. Voința poate să-l ajute pe un alcoolic să spună nu băuturii o dată, dar probabil că această metodă nu va funcționa dacă el va trebui să spună nu luni sau ani la rând. Voința este asemenea unui mușchi. Ea obosește pe măsură ce este folosită și, după o perioadă relativ scurtă, se epuizează. Unul dintre cele mai bune experimente care au demonstrat limitele voinței a fost faimosul studiu al ridichilor și prăjiturilor. El s-a bazat pe înșelarea voluntarilor. Acestora li s-a spus că vor participa la un studiu care presupunea degustarea unor alimente. Iată cum l-a descris un om de știință.

> *Laboratorul a fost aranjat cu atenție înainte ca participanții la degustare să sosească. A fost adus un mic cuptor în care s-au copt prăjituri cu ciocolată, astfel că*

în întreaga încăpere plutea un miros plăcut de ciocolată proaspătă și aluat copt. Pe masa la care au fost așezați participanții se aflau expuse două alimente. Într-o parte era o piramidă de prăjituri cu ciocolată, având în vârf câteva bomboane de ciocolată. În cealaltă parte era un castron cu ridichi albe și roșii.

Când au sosit, participanții erau flămânzi. Li se spusese să sară peste prânz înainte de a veni la laborator. Ca urmare, aspectul și mirosul prăjiturilor cu ciocolată au fost deosebit de ispititoare. Unul câte unul, participanții erau introduși în laborator chiar în momentul în care erau scoase prăjiturile din cuptor și li se spunea să guste fie două sau trei prăjituri, fie două sau trei ridichi, în funcție de grupul în care fuseseră repartizați. Înainte ca participantul să înceapă să mănânce, cercetătorul părăsea camera, nu înainte de a-i reaminti participantului că trebuie să mănânce doar alimentul care-i fusese indicat.

Niciunul dintre participanții repartizați la castronul cu ridichi nu a încălcat regulile, mâncând prăjituri, dar au fost, evident, tentați. Cercetătorii au privit pe furiș, din spatele unei perdele, la ce făceau participanții. „Câțiva dintre ei s-au uitat cu jind la expoziția de ciocolată și, în câteva cazuri, chiar au luat câteva prăjituri, doar pentru a le privi cu dispreț."

După cinci minute, oamenii de știință s-au întors și le-au spus participanților că următoarea etapă a studiului era ceva care nu avea nicio legătură cu prima etapă: un test pentru abilitatea de a rezolva probleme. Ce nu li s-a spus participanților a fost că problema nu putea fi rezolvată. Întrebarea era cât va persevera fiecare participant în această sarcină imposibilă?

Participanții cărora li se permisese să mănânce prăjituri au lucrat la problemă în jur de nouăsprezece minute. Cei care nu avuseseră acces decât la ridichi, și fuseseră nevoiți să-și exercite autocontrolul pentru a-și reprima dorința de a mânca prăjituri, au insistat să rezolve problema doar opt minute – mai puțin de jumătate din timp – înainte de a renunța. Cercetătorii au ajuns la concluzia că: „Rezistența în fața tentației pare să fi generat un cost psihic, în sensul că, după aceea, participanții au fost mai înclinați să renunțe ușor în fața frustrării." Dacă ești la regim, cu cât te opui de mai multe ori tentației, cu atât ai mai multe șanse să eșuezi data următoare. Voința este o resursă limitată.

Mașina de exersat voința

Dacă voința este asemenea unui mușchi, poate fi întărită prin exercițiu? Da, dar este nevoie de „echipament de exersat" de înaltă tehnologie, tipul de echipament pe care oamenii de știință de la Center for Cognitive Neuroscience, Duke University, îl foloseau pentru a vedea dacă pot să mărească acea parte a creierului pe care oamenii o folosesc pentru voință.

În primul rând, ei au făcut ca lucrurile să fie mai ușoare. Le dădeau bani participanților, dacă aceștia îndeplineau cu succes o sarcină. Este ușor să devii motivat când există o răsplată imediată. Cu ajutorul unui tomograf, au putut să observe activarea regiunii tegmentale ventrale a creierului, locul din care provin circuitele dorinței și controlului. Apoi ei le-au cerut participanților să găsească modalități de a se motiva. Le-au sugerat o serie de strategii, cum ar fi să-și spună în sinea lor: „Poți să o faci!" Și i-au încurajat să fie creativi și să facă uz de orice cred ei că ar fi cel mai motivant. Unii și-au imaginat antrenori care-i încurajau. Alții și-au imaginat situații în care eforturile lor erau răsplătite. În tot acest timp, ei se aflau în scanerele cerebrale, iar oamenii de știință se uitau la ce se întâmpla în regiunile creierului lor responsabile pentru motivație. Au fost surprinși de ce au văzut: nu se întâmpla nimic. Deși acordarea unei sume de bani a funcționat, când au încercat să se motiveze singuri, participanții au eșuat.

În continuare, oamenii de știință le-au oferit puțin ajutor sub forma biofeedbackului – care constă în faptul că unei persoane i se oferă informații despre cum funcționează creierul și corpul ei. Aceste informații o ajută să-și găsească modalități eficiente de a căpăta control asupra lucrurilor care sunt, de regulă, inconștiente. Cea mai cunoscută formă de biofeedback este cea pentru relaxare. Un mecanism care poate să măsoare cantități mici de transpirație este atașat de degetul unei persoane. Cu cât aceasta transpiră mai puțin, cu atât se relaxează mai mult. Semnalul este sub forma unui ton, iar utilizatorul încearcă să manipuleze tonul în direcția relaxării. Funcționează.

În experimentul referitor la motivare, participanților li s-a prezentat un termometru cu două linii. Una indica nivelul curent al activității din zona motivării, cealaltă reprezenta o țintă mai înaltă pe care ei trebuiau să încerce să o atingă. Acum ei puteau să vadă care strategii funcționau și care nu funcționau. După un timp, ei au alcătuit o colecție de scene imaginare care le-au sporit efectiv activitatea motivațională. Aceste strategii au continuat să funcționeze chiar și când termometrul a fost îndepărtat. Întărirea voinței a fost posibilă, dar pentru aceasta a fost nevoie de o fereastră de înaltă tehnologie, care să le permită participanților la test să se uite adânc în creierul lor.

Dopamină versus dopamină

Chiar dacă putem să ne întărim voința, aceasta nu este garanția pentru o schimbare de durată. Așadar, ce ar funcționa în acest scop? Întrebarea este de mare interes pentru clinicienii care-i ajută pe cei care se luptă să scape de dependențe. Nu poți să învingi drogurile doar cu puterea voinței. E nevoie de mai mult de atât. Există câteva medicamente care ajută în cazul unor dependențe, dar nu sunt eficiente când sunt administrate singure. Ele trebuie să fie însoțite de o anumită formă de psihoterapie.

Scopul psihoterapiei pentru dependență este să mobilizeze o parte a creierului împotriva alteia. În dependența de droguri, o parte din circuitul dorinței dopaminice devine perfidă, împingând persoana dependentă către un consum compulsiv, incontrolabil. Acesteia trebuie să-i fie opusă o forță la fel de puternică. Știm că voința nu poate să facă acest lucru. Ce alte resurse pot fi mobilizate pentru a câștiga această luptă?

Această problemă a fost studiată îndelung, iar cunoașterea dobândită și-a găsit expresia într-o varietate de psihoterapii. Printre cele mai studiate se numără *terapia de creștere motivațională*, *terapia cognitiv-comportamentală* și *terapia de facilitare în doisprezece pași*. Fiecare are o abordare unică în ceea ce privește folosirea resurselor descoperite în creierul uman pentru a neutraliza impulsurile distructive ale circuitului defect al dopaminei dorinței.

Terapia de creștere motivațională: dopamina dorinței versus dopamina dorinței

Persoanele dependente au o dorință nestăpânită de a consuma droguri. Ele folosesc droguri chiar și când acestea le distrug viața, iar cele mai multe sunt conștiente de acest lucru. Totuși indivizii dependenți nu sunt păcăliți complet de substanțele chimice. Atitudinea lor este ambivalentă: o parte din ei nu-și dorește nimic mai mult decât să consume droguri, însă ei au și alte dorințe, mai slabe. Acestea din urmă pot fi întărite. Poate fi vorba despre dorința de a fi o soție mai bună, un părinte mai bun sau despre a fi mai eficienți în munca noastră. O persoană dependentă de droguri care vede cum se golește contul său bancar va râvni, uneori, la acea liniște sufletească oferită de siguranța financiară. Sau, tot simțindu-se rău în fiecare dimineață, își va dori, probabil, să se întoarcă la acele vremuri când era puternică și sănătoasă.

Niciuna dintre aceste dorințe nu este capabilă să elibereze dopamină în felul în care o fac drogurile, însă dorința nu ne oferă numai motivația de a acționa, ci și răbdarea necesară pentru a rezista. În terapia de creștere motivațională (TCM), pacienții suportă să fie frustrați și privați de ceea ce își doresc – pedeapsa dopaminei dezamăgite –, deoarece știu că acest lucru le va fi benefic în viitor. Scopul terapiei este să aprindă flăcările dorinței pentru o viață mai bună.

Terapeuții TCM construiesc motivații încurajându-i pe pacienții lor să vorbească despre dorințele lor sănătoase. Există un vechi proverb care spune: „Nu credem ce ne aud urechile, ci doar ce spunem cu gura noastră." De exemplu, dacă țineți un discurs despre importanța onestității, iar apoi îi inițiați pe cei din public într-un joc în care trișorii sunt răsplătiți, veți constata, probabil, că discursul nu prea a avut efect. Dar dacă le cereți unor persoane să vă țină *dumneavoastră* un discurs despre importanța onestității, cei în cauză vor fi mai puțin înclinați să trișeze când se vor așeza la masa de joc.

TCM este întru câtva manipulatoare. Când pacientul face o afirmație care este pe placul terapeutului, numită *afirmație pro-schimbare*, cum ar fi: „După o noapte de beție nu reușesc, uneori, să ajung la timp la serviciu", terapeutul răspunde întărind afirmația sau cu un îndemn de genul: „Spune-mi mai multe despre asta". Însă, dacă pacientul face *o afirmație antischimbare*, cum ar fi: „Muncesc din greu toată ziua, așa că merit să mă relaxez seara cu câteva pahare de martini", terapeutul nu-l contrazice, pentru că asta ar provoca mai multe afirmații antischimbare în mijlocul unei dezbateri aprinse. În loc să facă asta, el schimbă, pur și simplu, subiectul. Pacienții nu observă, de regulă, ce se întâmplă, astfel că tehnica trece de mecanismele lor conștiente de apărare, și ei își petrec cea mai mare parte a orei de terapie făcând afirmații proschimbare.

Terapia cognitiv-comportamentală: dopamina de control versus dopamina dorinței

E mai bine să fii deștept decât puternic. În loc să încerce să atace frontal o dependență, folosindu-se de voință, terapia cognitiv-comportamentală (TCC) apelează la capacitatea de planificare a dopaminei controlului pentru a învinge puterea brută a dopaminei dorinței. Persoanele dependente care se luptă să stea departe de droguri sunt, cel mai adesea, învinse în momentul în care se dovedesc incapabile de a rezista dorinței. Terapeuții TCC îi învață pe pacienți că dorința este declanșată de indicii: droguri, alcool și elemente care îi aduc aminte celui în cauză de acestea (oameni, locuri și lucruri). Indiciile care, dintr-odată și în mod neașteptat, îi aduc aminte de droguri produc o eroare de predicție a recompensei; asemenea persoanei dependente care a simțit o dorință copleșitoare de a consuma heroină când a văzut o sticlă de înălbitor de rufe. Dopamina dorinței se activează, motivând persoana dependentă să consume și amenințând că va dispărea complet, dacă nu obține ce dorește.

Alcoolicii care urmează TCC învață să se înarmeze în mai multe feluri împotriva dorinței declanșate de indicii. De exemplu, ei pot să recruteze un amic cumpătat cu care să meargă la evenimentele la care se servește alcool. De asemenea, se străduiesc să elimine cât mai multe indicii posibile. Pacientul și un prieten de-al său sunt trimiși într-o misiune de tip „caută și distruge" în care sunt scoase din casa lui toate lucrurile care-i amintesc pacientului de băutură: pahare de cocktail, shakere, sticle de buzunar, măsline pentru martini ș.a.m.d. Orice lucru pe care băutorul îl asociază cu consumul de alcool este un declanșator și trebuie să dispară pentru că, altfel, ar putea să devină agentul dorinței ce pune capăt unei perioade de abstinență câștigate cu mari eforturi. Un pacient alcoolic fabrica bere în subsolul casei lui. El nu a vrut să renunțe la instalația sa prețioasă deoarece, susținea el, era un hobby, și nu avea nimic de-a face cu băutura. Dopamina dorinței a câștigat acea bătălie până ce, într-un final, el s-a lăsat înduplecat și a aruncat totul la gunoi. Acum el nu mai are probleme cu băutura.

Dependența: este mai rea decât credeți

Dependența este greu de tratat, mai greu decât multe alte boli psihiatrice. În cazul altor boli, cum ar fi depresia, pacienții vor să se facă bine – nu există niciun fel de îndoială aici. Dar dacă o persoană este dependentă de droguri – nu este atât de sigură de acest lucru. Ea poate să împărtășească sentimentul exprimat de Sfântul Augustin pe când era îndrăgostit de o femeie. El se ruga: „O, Doamne, dă-mi castitate, dar nu chiar acum!"

Pentru că sunt atât de dificil de învins, doctorii și pacienții caracterizează adeseori substanțele care creează dependență, precum alcoolul, ca fiind *dușmanul*. Este un dușman pe care-l respectăm, pentru că este nu doar puternic, ci și deștept.

Un „truc" este utilizarea unor declanșatori neașteptați care conduc la dorință: poze de la un chef cu prieteni, un pahar preferat, un tirbușon, chiar și un cuțit de bucătărie folosit la tăierea lămâilor. Acești declanșatori pot să fie atât de subtili, încât e posibil ca persoana să nu-i recunoască decât după ce sucombă în fața tentației.

Dar eliminarea declanșatorilor nu este suficientă. Oamenii de știință au aflat recent despre o tactică neașteptată și oarecum înspăimântătoare pe care o aplică inamicul. Imaginați-vă un alcoolic care, aparent fără niciun motiv, se decide într-o bună zi să-și schimbe rutina și să se întoarcă acasă de la serviciu pe un alt drum. La un moment dat, trece prin dreptul unui bar pe care-l frecventa cândva și cade pradă dorinței. La următoarea ședință de terapie, când vorbește despre această recădere a sa, nu are nicio idee despre cum s-a întâmplat. El nu face legătura dintre decizia sa, aparent inocentă de a-și schimba rutina, și recidivă.

Însă recăderea nu a fost o coincidență. Oamenii de știință au descoperit, recent, că dependența de alcool schimbă felul în care acționează anumite segmente ale ADN-ului, segmente care sunt esențiale pentru funcționarea normală a circuitelor controlului dopaminic din lobii frontali. O enzimă importantă este suprimată, interferând cu capacitatea neuronilor de a transmite semnale. Este ca și cum un hacker ar întrerupe canalele de comunicare ale inamicului, chiar în toiul unei bătălii. Astfel, poate că alcoolicul nu vrea să treacă cu mașina pe lângă vechea sa cârciumă, însă inamicul i-a deteriorat capacitatea de a aprecia consecințele deciziei sale de a o lua pe un drum nou către casă.

Cercetarea care a descoperit modificările periculoase de la nivelul ADN-ului a fost efectuată asupra șobolanilor, astfel că nu suntem absolut siguri dacă același lucru se întâmplă și la oameni. Șobolanii cu un ADN modificat de dependență au băut mai mult alcool și au băut chiar și atunci când alcoolul a fost amestecat cu chinină, căpătând, astfel, un gust amar pe care șobolanii îl evită, de regulă. Această descoperire a arătat că schimbările care au loc la nivelul ADN-ului îi face pe băutori să consume alcool, în ciuda consecințelor neplăcute.

Chiar și așa, alcoolicii pot să-și învingă dependența, însă deteriorarea capacității dopaminei controlului de a se opune dopaminei dorinței îngreunează lucrurile.

Alcoolul nu numai că creează o dorință permanentă, dar și subminează acea concentrare asupra viitorului, de care este nevoie pentru a rămâne pe drumul către recuperare. Vestea bună este că noi știm de existența acestei arme și, dacă găsim o cale de a anula modificările ADN-ului, am putea să o neutralizăm.

Terapia de facilitare în doisprezece pași: A&A versus dopamina dorinței

Alcoolici anonimi este cea mai de succes asociație de întrajutorare din lume, însă nu este pentru toată lumea. Pentru a deveni membri ai acesteia, oamenii trebuie să accepte eticheta de *alcoolic*, ceea ce multora nu le place. Ea se bazează pe credința într-o putere superioară, pe care unii oameni nu o au. Și, de asemenea, fiecare membru trebuie să-și spună povestea personală în fața celorlalți, un lucru care-i face pe mulți dintre ei să se simtă inconfortabil. Dar cei care se adaptează fără probleme pot să beneficieze de pe urma accesului la o resursă valoroasă.

Învingerea dependenței este o bătălie lungă, care durează uneori întreaga viață. Având în vedere acest lucru, AA are o serie de avantaje importante față de programele care presupun tratament cu medicamente. Asociația nu are limite în ce privește durata participării. Este gratuită și disponibilă în toată lumea, iar în marile capitale există câteva grupuri, răspândite pe întreg cuprinsul orașului, care se întrunesc zi și noapte.

AA este, mai degrabă, o comunitate decât un tratament. O persoană se face bine cu ajutorul relațiilor cu ceilalți membri ai grupului și al legăturii lor cu o putere superioară. Partea socială a creierului nostru stabilește legături cu alți oameni, folosind neurotransmițătorii A&A. Există puține lucruri în lumea asta la fel de puternice ca relațiile. Potrivit Alexa, o companie specializată în analiza site-urilor și a traficului pe internet, Facebook este al doilea cel mai vizitat site. (Google este primul, iar Pornhub, cel mai vizitat site de pornografie, ocupă abia locul 67, ceea ce ne face să privim cu optimism capacitatea oamenilor de a se opune părților mai puțin sănătoase ale dopaminei dorinței.)

Participanții la AA își fac cunoscut numărul de telefon, astfel că alcoolicii care se luptă cu dependența au pe cine să sune pentru sprijin și încurajare. Dacă un membru AA face un pas greșit și are o recădere, nimeni nu-l va condamna, dar el va simți, inevitabil, că i-a dezamăgit. Experiența vinovăției – experiență A&A – este un motivant puternic (după cum bine știe mama ta). Combinația dintre sprijinul emoțional și amenințarea vinovăției le ajută pe multe dintre persoanele dependente să se abțină o perioadă îndelungată.

Un exemplu mult mai pregnant de activitate A&A care suprimă dependența declanșată de dopamină este cel al femeilor fumătoare care, când rămân însărcinate, renunță mult mai ușor la fumat. Dr. Suena Massey de la Women's Health Research Institute, Northwestern University, care a făcut un studiu minuțios al acestei schimbări rapide, observă că femeile sar peste etapele obișnuite prin care trece un fumător aflat în procesul renunțării la fumat. Empatia A&A față de fetusul aflat în proces de dezvoltare este atât de intensă, încât multe fumătoare sar direct pe linia de final și încetează să mai fumeze fără să facă vreun efort conștient. Odată ce judecata de tipul: „Nu fac rău nimănui altcuiva în afară de mine" se prăbușește, se deschide ușa pentru o reajustare rapidă a echilibrului A&A – dopamină.

Sistemul dopaminic a evoluat pentru maximizarea resurselor viitoare. Alături de dorință și motivație, care pun lucrurile în mișcare, noi posedăm, de asemenea, un circuit mult mai sofisticat care ne oferă capacitatea de a gândi pe termen lung, de a face planuri și de a folosi abstracții precum matematica, rațiunea și logica. Concentrarea pe viitorul mai îndepărtat ne oferă tenacitatea de care avem nevoie pentru a învinge provocările și a realiza lucruri care necesită un timp mai îndelungat, precum educația sau zborul spre Lună. Ne oferă, de asemenea, capacitatea de a îmblânzi pornirile hedoniste ale circuitului dorinței, eliminând satisfacerea imediată, în vederea obținerii unui lucru mai bun. Circuitul controlului suprimă emoția A&A, permițându-ne să gândim la rece, rațional, așa cum este nevoie adeseori când luăm decizii grele, cum ar fi sacrificarea bunăstării unei persoane în beneficiul altora.

Circuitul controlului poate să fie viclean. Uneori acționează rapid și domină o situație prin puterea încrederii. Alteori duce la un comportament docil, care-i face pe alții să coopereze cu noi, sporindu-ne capacitatea de a realiza anumite lucruri și de a ne atinge țelurile.

Dopamina nu produce doar dorință, ci și dominație. Ne oferă capacitatea de a supune mediul înconjurător, și chiar și pe alți oameni, voinței noastre. Însă dopamina poate să facă mai mult decât să ne ofere dominația asupra lumii: poate să creeze lumi în întregime noi, lumi care sunt atât de uimitoare încât nu ar putea fi decât opera unui geniu – sau a unui nebun.

Creativitatea este puterea de a stabili o legătură între lucruri care, aparent, nu pot fi legate unele de altele.

WILLIAM PLOMER, SCRIITOR

4

Creativitatea și nebunia

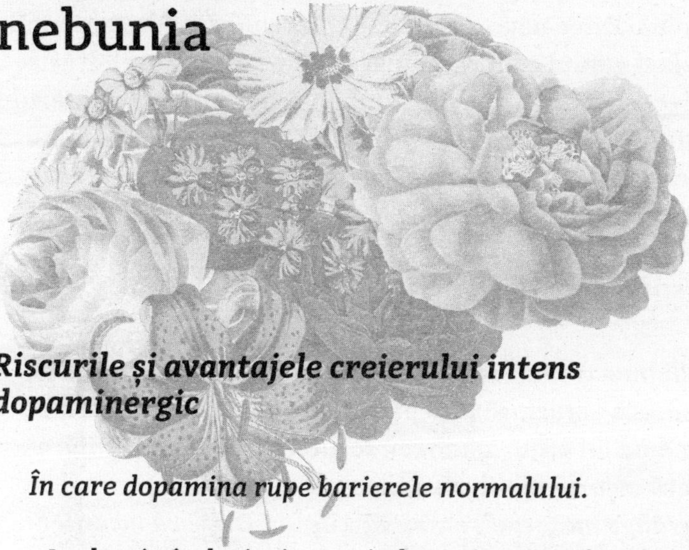

Riscurile și avantajele creierului intens dopaminergic

În care dopamina rupe barierele normalului.

> *„Aceleași gânduri mi se perindau prin minte fără încetare. Nu voiam decât să se oprească... Apoi mi-am spus: pe cine să sun? I-am sunat la Ghostbusters. Nu, nu asta am vrut să spun. I-am sunat pe Ghostbusters, i-am sunat pe cei de la Urgențe... Pot să mă întorc înăuntru acum? Mă gândesc că s-ar putea să încerce să mă împuște cineva."*
>
> EXTRAS DINTR-UN INTERVIU CU UN BOLNAV DE SCHIZOFRENIE

Mintea creatoare este cea mai puternică forță de pe pământ. Niciun puț de petrol, mină de aur sau întindere de pământ nu se compară cu capacitatea de a produce bogăție pe care o are ideea creatoare. Creativitatea reflectă creierul în forma sa cea mai elevată. Boala mintală este opusul. Ea este imaginea unui creier care se luptă să facă față până și celor mai obișnuite provocări ale vieții de zi cu zi. Însă atât geniul, cât și nebunia, cele două extreme ale activității creierului, depind de dopamină. Din cauza acestei legături chimice fundamentale, nebunia și geniul sunt mult mai aproape una de cealaltă decât este fiecare dintre ele de modul de funcționare al creierului obișnuit. De unde apare această legătură și ce ne spune ea despre natura esențială a celor două? Să începem cu nebunia.

Despărțirea de realitate

William a trebuit să fie adus la psihiatru de părinții săi, deoarece refuza să accepte că era bolnav mintal. Tatăl și mama lui erau, amândoi, scriitori de succes și călătoriseră în jurul lumii, vizitând zone de război cu scopul de a strânge material pentru cărțile lor. Deși era inconsecvent, William dăduse semne că poseda o inteligență superioară. În ultimul său an de liceu, părinții îi promiseseră că-i vor cumpăra o mașină dacă va avea note bune, și el a reușit să aibă o medie de 3,7.[*]

Situația s-a schimbat dramatic după ce el a absolvit liceul. În mintea lui au început să se perinde idei stranii. S-a împrietenit cu o tânără și a ajuns la concluzia, complet eronată, că aceasta era îndrăgostită de el. Când ea a negat că ar avea asemenea sentimente, William a crezut că fata era infectată cu HIV și că încerca să-l protejeze de această boală. Curând, a ajuns să fie convins că peste zece oameni din anturajul său erau infectați cu HIV și că

* Este vorba despre sistemul american de stabilire a mediei școlare GPA (Grade Point Average), unde media maximă este 4,00 (n.t.).

toți se bazau pe el pentru a merge în Africa și a găsi un tratament. El întreținea asemenea idei deoarece vocile bunicii lui moarte și a lui Dumnezeu îi explicau cum stau lucrurile.

Când prietenii i-au sugerat să consulte un psihiatru, William s-a gândit că ei fuseseră mituiți de părinții lui pentru a-i spune așa ceva. Era o parte a unei conspirații, își spunea el, menite să-l facă să creadă că era bolnav. A decis că părinții lui erau niște impostori și a plecat din țară pentru a-și căuta părinții adevărați.

Nu a stat prea mult departe de casă, dar când s-a întors și-a acuzat părinții că l-au urmărit cu ajutorul unor aparate de ascultare ascunse. A plecat la New York pentru a scăpa de stresul persecuției sale imaginare, pe care a numit-o „abuz ambiental". Totul devenea prea intens pentru el, astfel că avea nevoie de o pauză. Voia să se ducă într-un loc în care să nu-l poată găsi nimeni.

În momentul în care a ajuns acasă, plătind unui șofer de taxi 600 de dolari pentru cursă, părinții lui au decis că nu se mai putea continua așa. I-au spus că nu mai are ce căuta în casa lor dacă nu se duce să consulte un specialist în boli mintale. Confruntat cu perspectiva de a rămâne pe drumuri, William a acceptat. Sub supravegherea unui psihiatru, a început să ia medicamente antipsihotice. Starea lui s-a îmbunătățit și a decis să se înscrie la un colegiu din localitate, unde a studiat designul grafic. Se afla abia la începutul perioadei sale de recuperare, iar planul era prea ambițios. După câteva luni a abandonat școala.

Cu timpul, medicamentele i-au alinat simptomele, însă părinții lui nu prea reușeau să-l convingă să urme-

ze tratamentul în mod regulat. William a continuat să se îndoiască de faptul că era bolnav psihic. Medicul său l-a trecut pe un medicament pe care nu trebuia să-l ia zilnic. Nu trebuia decât să se ducă la clinică o dată pe lună pentru o injecție – fapt care-i permitea să aibă parte de un tratament neîntrerupt. Ca urmare a acestei scheme noi de tratament, starea lui s-a îmbunătățit până într-acolo încât a fost în stare să se angajeze ca bucătar cu normă întreagă și să aibă propriul său apartament.

Schizofrenia* este o formă de psihoză caracterizată prin prezența halucinațiilor și a delirului. Halucinațiile pot să facă o persoană să vadă lucruri care nu se află în realitate acolo, să le simtă atingerea și chiar să le miroasă. Cel mai obișnuit tip de halucinație este cea auditivă – când individul aude voci. Vocile pot să comenteze comportamentul acestuia („Acum mănânci prânzul."). Pot exista mai multe voci purtând o conversație despre individul în cauză („Ai observat că toată lumea îl urăște?" „Asta se întâmplă pentru că nu-și face duș."). Uneori, halucinațiile sunt sub forma unor comenzi („Sinucide-te!"). Ocazional, vocile sunt prietenoase și încurajatoare („Ești un tip de ispravă. Ține-o tot așa."). Halucinațiile prietenoase dispar cel mai greu, ceea ce poate fi un lucru bun. La urma urmei, au o influență pozitivă.

O altă componentă a psihozei este reprezentată de ideile delirante. Acestea sunt convingeri fixe, care se află în contradicție cu perspectiva general acceptată asupra realității, cum

* „Nebunia" nu este un diagnostic psihiatric. Noi îl folosim aici la fel cum este folosit în conversație, însemnând boală mintală severă, constând în halucinații și o gândire haotică sau deranjată. Diagnosticul la care face referire, de cele mai multe ori, termenul de „nebunie" este schizofrenia (n.a.).

ar fi: „Extratereștrii mi-au implantat un cip în creier." Ideile delirante sunt susținute cu o certitudine absolută – un nivel al certitudinii care nu se regăsește la ideile non-delirante. De exemplu, majoritatea oamenilor au convingerea că părinții lor sunt cu adevărat părinții lor, dar dacă îi întrebi dacă sunt absolut siguri de acest lucru, îți vor spune că nu. Dar atunci când un pacient schizofrenic a fost întrebat dacă era sigur că FBI folosea unde radio pentru a-i implanta mesaje în cap, el a răspuns că nu poate fi nicio îndoială. Nicio dovadă nu a putut să-l convingă de contrariu.

Un exemplu bun al acestui din urmă fenomen este cazul lui John Nash, un matematician laureat al Premiului Nobel, care a avut schizofrenie. Silvia Nasar, care a scris despre Nash în cartea sa *A Beautiful Mind* („O minte sclipitoare"), redă următorul schimb de replici dintre Nash și George Mackey, profesor la Harvard University:

> „Cum ai putut tu – a început Mackey – cum ai putut tu, un matematician, un om devotat rațiunii și demonstrației logice... cum ai putut să crezi că extratereștrii îți trimit mesaje? Cum ai putut să crezi că ești recrutat de ființe din alte galaxii pentru a salva lumea? Cum ai putut...?"
>
> În cele din urmă, Nash a ridicat capul și l-a fixat pe Mackey cu o privire la fel de rece și de imperturbabilă precum cea a unei păsări sau a unui șarpe. „Pentru că", a răspuns Nash cu vocea tărăgănată, calculată, a celor din Sud, de parcă s-ar fi adresat lui însuși, „am ajuns la ideile despre ființele supranaturale în același fel în care am ajuns la ideile matematice."

De unde vin, de fapt, aceste idei? Un indiciu ne este oferit de ceea ce știm despre tratamentul schizofreniei. Psihiatrii prescriu medicamente numite antipsihotice pentru a reduce activitatea din interiorul circuitului dorinței dopaminice. La prima vedere, pare un lucru ciudat. Stimularea circuitului dorinței duce, de regulă, la nerăbdare, entuziasm și motivare. Cum poate stimularea în exces să provoace psihoză? Răspunsul este dat de conceptul de *salientă*, care va juca un rol crucial în înțelegerea rădăcinilor creativității.

Salienta și legătura dopaminică

Salienta se referă la măsura în care lucrurile sunt importante, evidente sau proeminente. Un tip de salientă este calitatea de a fi neobișnuit. De exemplu, un clovn care trece pe stradă iese mai mult în evidență decât un bărbat în costum. Un alt tip de salientă este valoarea. O valiză cu 10 000 de dolari sare mai mult în ochi decât un portofel cu 20 de dolari. Lucrurile diferite sunt saliente pentru oameni diferiți. Un borcan cu unt de arahide va atrage mult mai rapid atenția unui băiețel cu alergie la arahide, decât a unuia care nu suferă de așa ceva. De asemenea, el va fi mai salient pentru o fetiță căreia îi plac sandviciurile cu unt de arahide, decât pentru una care preferă salata cu ton.

Gândiți-vă cât de saliente sunt următoarele lucruri: o alimentara pe care ați văzut-o de o sută de ori până acum versus o alimentara care s-a deschis abia ieri; chipul unui străin versus chipul unei persoane pe care o iubiți în secret; un polițist pe care-l zăriți când vă plimbați pe stradă versus un polițist pe care-l vedeți după ce ați făcut un viraj la stânga interzis.

Lucrurile sunt saliente când sunt importante pentru noi, dacă au potențialul de a ne afecta bunăstarea, în bine sau în rău. Lucrurile sunt saliente dacă au potențialul de a ne influența viitorul. Și sunt saliente dacă declanșează dopamina dorinței. Ele transmit mesajul: *Trezește-te. Fii atent. Animă-te. Acesta este un lucru important.* Imaginați-vă că, în timp ce așteptați autobuzul, aruncați o privire asupra unui articol de ziar despre un acord comercial canadian. Dacă nenumăratele detalii ale negocierii nu vă atrag atenția în vreun fel, circuitul dorinței dopaminice rămâne inactiv. Apoi, dintr-odată, dați peste numele unei foste colege de liceu. Ea a fost implicată în negocierea acordului. *Bang! Salientă. Dopamină.* În vreme ce continuați să citiți, din ce în ce mai interesați, dați de propriul dumneavoastră nume. Vă puteți imagina ce impact va avea acest lucru asupra dopaminei dumneavoastră.

Un circuit psihotic scurt

Ce se întâmplă însă dacă funcția de salientă a creierului este defectă – dacă se activează chiar și atunci când nu se întâmplă vreun lucru important pentru noi? Imaginați-vă că vă uitați la știri. Reporterul vorbește despre un program guvernamental de spionaj și, dintr-odată, circuitul salienței se aprinde fără niciun motiv. Ați putea crede că această știre are ceva de-a face cu dumneavoastră. Prea multă salientă sau nicio salientă la momentul nepotrivit poate să genereze idei delirante. Din obscur, evenimentul declanșator ajunge să fie important.

O idee delirantă obișnuită în rândurile schizofrenicilor este că oamenii de la televizor li se adresează direct. O alta este că sunt ținta investigațiilor făcute de NSA, FBI, KGB sau Secret Service al Statelor Unite. Un pacient a afirmat că a văzut un semn de stop și a crezut că era un mesaj de la mama lui care-i spunea să nu se mai uite după femei. O altă pacientă a văzut o mașină roșie parcată în fața casei ei de Ziua Îndrăgostiților și a crezut că era un mesaj de dragoste de la psihiatrul ei. Chiar și oamenii care nu au fost niciodată psihotici ar putea să învețe să atașeze salientă lucrurilor ce par neimportante altora, cum ar fi pisici negre sau numărul 13.*

Există o largă variație în gradul de salientă pe care oameni diferiți îl atribuie unor lucruri diferite. Însă toată lumea are o limită inferioară. Trebuie să încadrăm unele lucruri la categoria salientă scăzută, să le considerăm neimportante și, astfel, să le putem ignora pentru simplul motiv că a observa fiecare detaliu din lumea asta ar fi un lucru copleșitor.

Blocarea dopaminei în vederea tratării psihozei

Schizofrenicii își controlează activitatea dopaminică luând medicamente care blochează receptorii dopaminici (Figura 4).

Receptorii sunt molecule care stau în afara celulelor creierului și capturează molecule neurotransmițătoare (cum ar fi dopamina, serotonina și endorfina). Celulele creierului au receptori diferiți pentru neurotransmițători diferiți și fiecare afectează celula într-un mod di-

* Este superstiția o formă foarte ușoară de halucinație sau o alegere? Cercetările arată că oamenii superstițioși au mai multe trăsături dopaminergice; așadar, există, probabil, la unii oameni o tendință genetică de a fi superstițioși (n.a.).

ferit. Unii receptori stimulează celulele creierului, alții le încetinesc activitatea. Modificarea comportamentului celulei reprezintă modul în care creierul procesează informația. Este asemenea închiderii și deschiderii tranzistorilor dintr-un cip de calculator.

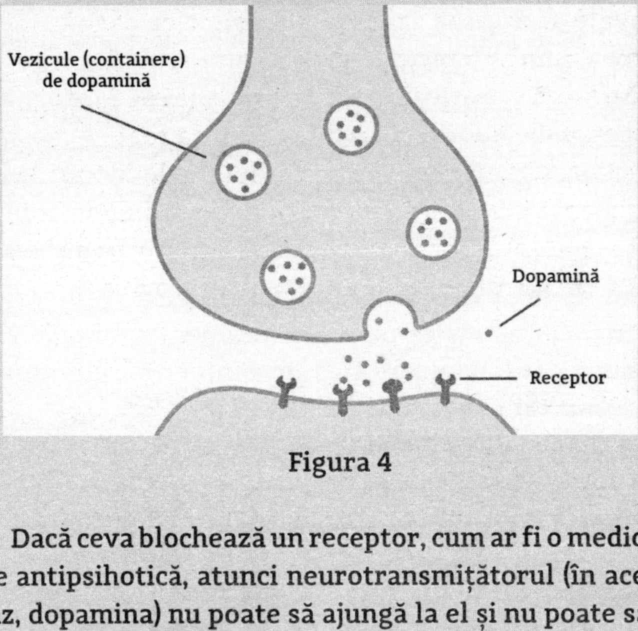

Figura 4

Dacă ceva blochează un receptor, cum ar fi o medicație antipsihotică, atunci neurotransmițătorul (în acest caz, dopamina) nu poate să ajungă la el și nu poate să-i comunice semnalul său. E ca și cum am acoperi gaura cheii cu bandă adezivă. Blocarea dopaminei nu duce, de regulă, la dispariția tuturor simptomelor schizofreniei, dar poate să elimine delirul și halucinațiile. Din nefericire, tratamentul antipsihotic blochează dopamina din întreg creierul, iar blocarea circuitului de control din lobii frontali poate să agraveze anumite aspecte ale bolii, cum ar fi dificultatea pacientului de a se concentra și de a utiliza concepte.

Doctorii încearcă să maximizeze beneficiile și să minimalizeze daunele, căutând doza potrivită. Ei vor să suprime excesul de activitate dopaminică din circuitul salienței, fără a suprima prea mult circuitul de control, care este responsabil de planificarea pe termen lung. Scopul este administrarea unei doze de medicament suficiente pentru a bloca de la 60% până la 80% din receptorii dopaminei. În plus, când se produce un aflux de dopamină, semnalizând prezența unui lucru important în mediul înconjurător, ar fi minunat dacă moleculele antipsihotice s-ar da la o parte, doar pentru un moment, pentru a permite pătrunderea semnalului. Când jucăm un joc video, încercând să-l învingem pe șeful nostru, sau ne înscriem la concurs pentru un nou loc de muncă, ar fi minunat dacă am simți un pic de entuziasm, doar cât să ne motiveze să perseverăm.

Vechile tratamente antipsihotice nu prea reușesc să facă acest lucru. Ele nu se dezlipesc de receptor. Dacă se întâmplă ceva foarte interesant și nivelul dopaminei o ia în sus, ghinion! Medicația s-a prins atât de strâns, că niciun fel de dopamină nu poate să pătrundă, iar acest lucru nu creează un sentiment plăcut. Pentru cei care sunt deconectați de la afluxul natural de dopamină, lumea este un loc neprietenos, astfel că le este greu să găsească motive să se dea jos din pat dimineața. Noile medicamente nu se atașează atât de strâns. Afluxul de dopamină îndepărtează medicamentul de pe receptori, și sentimentul *Acesta este un lucru interesant* poate să pătrundă.

În schizofrenie, creierul scurtcircuitează, atașând salientă unor lucruri banale, care ar trebui să fie familiare și, prin urmare, ignorate. Un alt nume pentru aceasta este *inhibiție latentă scăzută*. De regulă, termenul *latent* este folosit pentru a descrie lucruri ascunse, cum ar fi „o vocație latentă pentru muzică" sau „o cerere latentă de mașini zburătoare". Modul în care este folosit în sintagma *inhibiție latentă* este oarecum diferit. Nu este vorba de faptul că un lucru ascuns există. Noi îl *facem* să fie ascuns pentru că nu este important pentru noi.

Noi ne inhibăm capacitatea de a observa lucrurile care sunt neimportante, astfel încât să nu trebuiască să ne consumăm atenția cu ele. Dacă, în timp ce mergem pe stradă, atenția noastră este atrasă de cât de curate sunt geamurile, s-ar putea să nu observăm culoarea roșie a semaforului de la intersecție. Dacă atribuim aceeași importanță culorii cravatei unui individ și expresiei feței sale, e posibil să ratăm un lucru foarte important pentru bunăstarea noastră viitoare. Dacă locuim lângă o stație de pompieri, chiar și sunetele sirenelor vor fi blocate după ce circuitele noastre dopaminice își vor da seama că nu se întâmplă nimic când acestea încep să urle. Cineva aflat în vizită la noi ne-ar spune: „Ce e cu sunetul ăsta?" Iar noi am răspunde: „Care sunet?"

Uneori, mediul nostru înconjurător ajunge să se îmbogățească cu atât de multe lucruri noi, încât inhibiția latentă este incapabilă să aleagă cu grijă ce este mai important. Această experiență poate să fie stimulativă sau terifiantă, în funcție de situație și de persoana care o trăiește. Dacă te afli într-o țară străină exotică, nu prea sunt multe lucruri de inhibat, iar impactul poate să genereze o mare plăcere, dar și confuzie și dezorientare – șoc cultural. Autorul și jurnalistul Adam

Hochschild a descris fenomenul astfel: „Când mă aflu într-o țară total diferită de a mea, observ mult mai multe lucruri. Este ca și cum aș fi luat un drog psihoactiv, care mă face să văd lucruri pe care le ratez de obicei. Mă simt mult mai însuflețit." Pe măsură ce mediul devine familiar, noi ne adaptăm și, în cele din urmă, ajungem să-l stăpânim. Separăm lucrurile care ne afectează de cele care nu ne afectează și inhibiția latentă se întoarce, făcându-ne să ne simțim confortabil și increzători în noul nostru ambient. Putem, din nou, să separăm lucrurile esențiale de cele neesențiale.

Dar dacă creierul este incapabil să facă această adaptare? Dacă în cele mai familiare locuri ne simțim ca într-un mediu străin? Această problemă nu este specifică doar schizofreniei. Un grup de indivizi care au o asemenea afecțiune a creat un site numit Low Latent Inhibition Resource and Discovery Centre. Ei descriu sentimentul în acest fel:

> Cu inhibiția latentă scăzută, un individ poate să trateze stimulii familiari aproape în aceeași manieră în care îi tratează pe cei noi. Gândiți-vă la detaliile pe care le observați când vedeți un lucru nou pentru prima oară și la modul în care vă captează atenția. Pornind de aici, pot să se nască tot felul de întrebări în mintea dumneavoastră: „Ce este asta, ce face, de ce se află aici, ce înseamnă, cum poate fi folosită?" și așa mai departe.

Un vizitator al site-ului a descris experiența sa în felul următor:

> „Îmi pierd mințile! Sunt prea multe informații în mintea mea și nu apuc să dorm decât câteva ore. Nu mai suport să mă uit la nimic altceva! Am obosit să fiu un

observator! Am obosit să văd totul!... Vreau să mă duc în inima pădurii și să nu mai văd nimic, să nu mai citesc nimic, să renunț la toată tehnologia, să nu mă uit la nimic, să nu aud nimic. Vreau să nu mai fie dezordine, să nu mai fie mutat nimic, să nu se mai schimbe nimic. Vreau să dorm fără să visez răspunsuri la probleme care mă fac să mă întorc la lucru imediat după ce m-am trezit. Sunt obosit și nu vreau să mai gândesc!"

În artele creatoare întâlnim forme mai ușoare ale inhibiției latente scăzute. Iată un exemplu simplu dintr-o carte clasică pentru copii, *The House at Pooh Corner* („Căsuța din strada Pooh"). Winnie-the-Pooh, care este un poet, recită micului său prieten, Purceluș, câteva versuri despre Tigrișor, o nouă apariție gălăgioasă în Pădurea de o Sută de Acri. Purceluș, un animal timid, vorbește despre cât de mare este Tigrișor. Pooh se gândește la ce a spus Purceluș și apoi adaugă un ultim vers poeziei sale.

*Dar indiferent de cât cântărește el în pfunzi,**
Șilingi sau uncii
Pare întotdeauna mai mare
Din cauza salturilor sale.

„Și asta e toată poezia", a spus el. „Îți place, Purceluș?"

„Îmi place, cu excepția șilingilor", a spus Purceluș. „Nu cred că ar trebui să fie acolo."

„Au vrut să vină după uncii – a explicat Pooh –, așa că i-am lăsat. Este cel mai bun mod de a scrie poezie, să lași cuvintele să curgă."

* În engleză, *pound* este unitate de măsură a greutății (*pound-mass*) = 0,45359237 kg, dar și monedă (lira sterlină) (n.t.).

Poate să fie haos în capul nostru, care trebuie domolit de părțile mai logice ale creierului, dar tot acolo există și comori. Indiferent dacă suntem de părere sau nu că termenul „șilingi" îmbunătățește poezia lui Pooh, una dintre regulile majore ale creației literare este să oprim cenzura interioară când scriem prima versiune. Dacă suntem norocoși, cuvintele se vor rostogoli din inconștientul nostru, cuvinte ce vor rezona în inconștientul cititorilor noștri, iar povestirea noastră va avea succes.

Iată un citat din cele relatate de un pacient schizofrenic, care ilustrează o tendință mult mai patologică de a „lăsa lucrurile să vină":

> „Am un Dinte TV, așa îi spun ei. Dinte TV este atunci când ei te iau prin surprindere și îți introduc ace în craniu și apoi te ascultă ani la rând, cu sau fără știința ta. Eu nu am știut. Ei au acest echipament scump, de-a dreptul fantastic. Mi-au spus: „Hei, putem să-ți facem un control la cap pentru, și dacă, uh, îți iese un cucui după o lovitură, și electricitatea este un pic diferită deasupra scalpului tău, îți vom garanta asigurări sociale pentru această vătămare sau ceva similar. Este asemenea paraliziei cerebrale".

În această situație, vorbitorul este incapabil să se abțină. Pe măsură ce-i vin în cap, gândurile sunt traduse imediat în cuvinte aproape fără a fi procesate. În mod normal, noi ne alegem cu grijă ideile pe care le exprimăm. Facem acest lucru pentru a cenzura vorbirea inacceptabilă sau ilogică, dar și pentru a finaliza un gând înainte de a-l începe pe următorul. Lecturând atent citatul putem înțelege, în linii mari, ce spune pacientul, dar este foarte dificil.

Când gândurile se succed extrem de rapid, iar capacitatea de a le cenzura este limitată, modul de exprimare devine foarte dezordonat. O formă mai puțin severă a acestui mod de a sări de la un lucru la altul poartă numele de *tangențialitate*, când vorbitorul sare de la un gând la altul, dar într-un fel care are sens. De exemplu: „Abia aștept să mă duc la Ocean City. Au cele mai bune cocktailuri Margarita. Trebuie să găsesc un loc unde să-mi repar mașina în după-amiaza asta. Unde te duci să iei prânzul?" Vorbim, adeseori, în felul acesta când suntem agitați. Dopamina dorinței se animă puternic și împiedică abordarea mult mai logică a comunicării, determinată de dopamina controlului.

La capătul celălalt al spectrului este *salata de cuvinte*, cea mai severă manifestare a vorbirii necontrolate. În acest caz, există atât de multă dezorganizare, încât enunțul pare să nu aibă niciun sens; de exemplu: „Cum te simți în dimineața aceasta?" „Spital creioane și cerneală ziar îngrijire critică mama aproape acolo."

Ei vând cărți poștale cu execuția
Vopsesc pașapoartele în maro
Salonul de înfrumusețare este plin de marinari
A venit circul în oraș.

DESOLATION ROW („DRUMUL DEZOLĂRII"), BOB DYLAN

Asemenea bolnavilor psihic, persoanele creative precum artiștii, poeții, oamenii de știință și matematicienii se vor trezi, uneori, că gândurile lor curg liber. Gândirea creativă presupune ca oamenii să abandoneze interpretările convenționale ale lumii pentru a vedea lucrurile într-o manieră complet nouă. Cu alte cuvinte, ei trebuie să spargă tiparele preconcepute ale realității. Dar ce este un tipar și de ce îl construim?

Lumea de dincolo de simțuri

Obiectele materiale, lucrurile din spațiul peripersonal A&A, pot fi percepute cu toate cele cinci simțuri. Când un obiect se îndepărtează de noi, de la dopamina peripersonală A&A la dopamina extrapersonală, capacitatea noastră de a-l percepe pierde, pe rând, câte o modalitate senzorială. Mai întâi dispare gustul, apoi simțul tactil. Pe măsură ce obiectul se îndepărtează, pierdem capacitatea de a-l mirosi, de a-l auzi și, în cele din urmă, de a-l vedea. În momentul acela, lucrurile încep să devină interesante. Cum putem să percepem un obiect care este atât de departe, încât nici măcar nu putem să-l vedem? Ne folosim imaginația.

Modelele sunt reprezentări imaginare ale lumii, pe care le creăm pentru a o înțelege mai bine. Într-un anume fel, construirea de modele este asemenea inhibiției latente. Modelele conțin doar acele elemente ale mediului pe care creatorul lor le consideră esențiale. Alte detalii sunt eliminate. În acest fel, ne este mai ușor să înțelegem lumea și, mai târziu, să imaginăm o varietate de moduri în care ar putea fi manipulată în beneficiul nostru maxim. Construirea de modele nu este un lucru de care suntem conștienți. Creierul construiește modele automat, în timp ce ne vedem de treburile noastre zilnice, și le actualizează pe măsură ce aflăm lucruri noi.

Modelele nu numai că simplifică concepția noastră despre lume, dar ne permit să și *abstractizăm*, să luăm anumite experiențe și să le folosim pentru a alcătui reguli generale. În acest fel, putem să anticipăm și să abordăm situații pe care nu le-am mai întâlnit niciodată până atunci. Poate că nu am mai văzut niciodată un Ferrari, dar imediat ce-l văd, știu că este pentru șofat. Nu e nevoie să-l examinez și să încerc toate lucrurile pe care aș putea să le fac cu el. Ar fi îngrozitor dacă ar trebui să fac asta cu fiecare mașină pe care o întâlnesc. Pornind de la experiența pe care o am cu mașini reale, am construit un model al unei mașini abstracte. Dacă o mașină pe care nu am mai văzut-o niciodată se potrivește cu trăsăturile generale ale concepției mele abstracte, pot să o clasific rapid și să știu că este făcută pentru șofat.

Recunoașterea unei mașini poate părea un lucru banal, însă construirea de modele ne ajută, de asemenea, la cele mai cosmice abstracții. Pornind de la observarea mișcării obiectelor reale, Newton a ajuns să formuleze legea sa abstractă a gravitației universale, care prezice nu numai modul în care merele cad din pomi, dar și mișcările planetelor, stelelor și galaxiilor.

Călătoria mentală în timp

Modelele pot fi de folos când trebuie să alegem între diferite opțiuni. Ele ne permit să parcurgem diferite scenarii, în imaginația noastră, pentru a-l selecta pe cel mai bun. De exemplu, dacă trebuie să merg de la Washington, DC, la New York, pot să iau trenul, autobuzul sau avionul. Pentru a decide care mijloc este cel mai rapid, cel mai confortabil sau cel mai convenabil, experimentez fiecare opțiune în imaginația mea și apoi, pornind de la această experiență interioară, fac o alegere în lumea reală. Acest proces este numit *călătorie mentală în timp*. Folosind imaginația, ne proiectăm în diferite momente viitoare, le experimentăm mental, apoi ne decidem cum vom obține cât mai mult din ceea ce vizualizăm – cum ne vom maximiza resursele, fie că este vorba de un scaun confortabil, de un bilet ieftin sau de o călătorie rapidă.

Călătoria mentală în timp este un instrument puternic al sistemului dopaminic. Ea ne permite să experimentăm un viitor posibil – deși, în prezent, ireal – ca și cum am fi acolo. Călătoria mentală în timp depinde de modele, deoarece noi facem predicții referitoare la situații pe care nu le-am experimentat încă. Cum se va schimba viața mea dacă voi cumpăra această mașină de spălat vase? Cu ce fel de probleme se va confrunta un astronaut, dacă ajunge pe Marte? Ce s-ar întâmpla dacă aș trece pe roșu?

Călătoria mentală în timp este efectuată în mod constant, deoarece reprezintă mecanismul prin care facem fiecare alegere conștientă în viață. Pentru creier, fiecare alegere deliberată referitoare la viitor este o chestiune ce ține de sistemul dopaminic și de modelele pe care le-a creat, fie că decidem ce să comandăm la Burger King sau că președintele hotărăște dacă va începe un război. Călătoria mentală în timp este responsabilă pentru fiecare pas „următor" din viața noastră.

Cum m-am pricopsit cu un asemenea model fără valoare? Pot să-l modific?

Înainte ca psihiatrul să-și întâlnească pacienta, o studentă de 20 de ani pe care o chema May, tatăl acesteia a intrat în cabinet ca să-l pregătească pe doctor pentru prima sa ședință cu ea. „Nu ne-a făcut niciun fel de probleme înainte", a spus el. „Este o fată bună." May fusese eleva perfectă. La liceu ajunsese șefă de promoție, iar apoi fusese admisă la un program prestigios de cercetare de la o universitate locală. Fusese, de asemenea, o fată cuminte: se ținuse departe de droguri și alcool și nu venise niciodată acasă noaptea târziu. Își respectase întotdeauna părinții imigranți și se ridicase la înălțimea tuturor așteptărilor lor. Acum tocmai ieșise din spital, după o săptămână petrecută la terapie intensivă, în urma unei tentative de sinucidere.

Când May a venit pentru prima ei consultație, a ajuns cu 30 de minute mai devreme și a așteptat liniștită la recepție ca să-i vină rândul. Era subțirică și îmbrăcată de parcă urma să dea un interviu pentru un loc de muncă. Avea o voce foarte scăzută, astfel că, uneori, era greu să auzi ce spunea. Era ca și cum ar fi crezut că lucrurile pe care le spunea erau lipsite de importanță și, prin urmare, nu trebuiau rostite cu voce tare.

May i-a spus doctorului că nu se putea concentra, nu putea dormi și, uneori, plângea ore întregi fără oprire. Încetase să se mai ducă la cursuri și își petrecea toată ziua în camera ei, cu obloanele trase. Neputând face față cerințelor stresante ale cursurilor intensive la care se înscrisese, a decis, în cele din urmă, să le întrerupă. Mai mult decât orice altceva, se simțea vinovată. Fusese întotdeauna fiica perfectă, iar acum credea că era o rușine pentru familia ei.

Când familia lui May venise pentru prima oară în Statele Unite, ea era doar o copiliță, dar a învățat foarte repede limba engleză și a început să aibă grijă de întreaga familie. Se asigura că facturile pentru utilități erau plătite la timp. Chema instalatorul când se înfunda chiuveta. Iar când părinții ei se certau, ea făcea pace între ei. Credea că fericirea și succesul familiei sale stăteau pe umerii săi. Trebuia să fie o elevă de nota zece. Trebuia să fie zveltă și bine îmbrăcată. Nu avea voie să se revolte ca alți adolescenți. Trebuia să facă întotdeauna ce i se spunea și nu i s-a dat voie niciodată să aibă o altă părere.

Doctorul ei se aștepta ca ea să răspundă bine la tratament. Era cooperantă și deșteaptă. Dar, indiferent de ce făcea el, lucrurile nu se schimbau. Depresia fetei nu dispărea. Când perioada de întrerupere a studiilor s-a încheiat, May s-a retras de la facultate.

A trecut multă vreme până când May a dezvăluit secretul său. Lua cantități mari de amfetamine. Era singurul mod în care putea să facă față studiilor, să-și mențină o greutate care era acceptabilă în ochii mamei sale și să se achite de obligația îngrijirii familiei sale pe care și-o asumase. A mers o vreme, însă acesta era un mecanism de susținere menit să eșueze. Existau, de asemenea, și probleme emoționale. Pentru că ratase revoltele adolescentine normale, în sufletul ei clocotea un amestec de furie și resentimente și nu știa ce să facă cu aceste sentimente teribile. În cele din urmă, singurul tratament posibil pentru ea a fost mutarea într-un alt oraș. Trebuia să stea la sute de kilometri distanță de familia ei, înainte să poată începe să-și dea seama cine era.

Măsura în care modelele se potrivesc cu lumea reală este extrem de importantă. Dacă modelele noastre sunt slabe, vom face predicții eronate cu privire la viitor și, prin urmare, alegeri nepotrivite. Modelele slabe ale realității au multe cauze:

informații insuficiente, dificultăți legate de gândirea abstractă, persistența îndârjită a unor convingeri greșite. Astfel de convingeri eronate pot fi atât de dăunătoare, încât generează boli psihice, precum anxietatea și depresia. De exemplu, dacă un copil crește cu părinți care-l critică în permanență, el poate să ajungă la convingerea că este o persoană incompetentă, iar această convingere va influența modelele lumii pe care el le creează toată viața sa. Terapeuții pot aborda aceste convingeri greșite, adeseori inconștiente, cu ajutorul psihoterapiei introspective, în care pacientul și terapeutul lucrează împreună pentru a scoate la suprafață amintiri reprimate, în care sunt închise convingerile negative. O altă tehnică utilă este TCC (terapia cognitiv-comportamentală) care abordează direct aceste convingeri și-l învață pe pacient strategii practice pentru modificarea lor.

Pe măsură ce dobândim experiență legată de lume, construim modele tot mai bune, iar aceasta este temelia înțelepciunii. Îmbrățișăm modelele care funcționează bine și le abandonăm pe cele care nu pot să ne ducă unde vrem noi. Cunoașterea transmisă de generațiile anterioare poate să ne ajute să ne îmbunătățim modelele într-un mod diferit de experiența directă. Avem înțelepciunea populară care ne spune că: „cine se scoală de dimineață departe ajunge", dar și o cunoaștere moștenită de la marii filosofi și oamenii de știință.

Despărțirea de modele: cum să o apuci pe calea creativității

Dacă tot ce ai este un ciocan,
tot ce e în jur arată ca un cui.

PROVERB

Modelele sunt instrumente puternice, însă au dezavantaje. Ele pot să ne facă prizonierii unui anumit mod de gândire, ajungând, astfel, să ratăm oportunitatea de a ne îmbunătăți lumea. De exemplu, majoritatea oamenilor știu că PC-urile au nevoie de instrucțiuni pentru a funcționa. Programatorii scriu aceste instrucțiuni cu ajutorul tastaturii. Aceasta sugerează un model simplu: *scrierea instrucțiunilor la tastatură este modul de operare al calculatorului.* Oamenii de știință de la Xerox PARC au trebuit să se elibereze de acest model înainte de a putea inventa mouse-ul și interfața grafică pentru utilizatori. Dopamina construiește modelele și tot dopamina le destramă. Pentru ambele trebuie să ne gândim la lucruri care nu există în prezent, dar ar putea să existe în viitor.

Despărțirea de modele poate fi observată la anumite tipuri de ghicitori, numite probleme de perspicacitate. Modelele anterioare trebuie date la o parte pentru a putea vedea problema într-o manieră nouă. Iată un exemplu:

> I'm in years but not in months. I'm in weeks but not in days. What am I?*

Această ghicitoare este dificilă și, dacă nu ați mai auzit-o până acum sau dacă aveți inhibiție latentă scăzută, e foarte puțin probabil să ghiciți că răspunsul este litera *e*. Ghicitoarea te duce cu gândul la un model bazat pe calendar, iar acest lucru inhibă informația, aparent irelevantă, cum ar fi literele care alcătuiesc cuvintele.

Iată un alt exemplu. Ce cuvânt reprezintă succesiunea literelor HIJKLMNO? Un om care a încercat să rezolve această problemă a avut o serie de vise care erau toate despre apă.

---

* Sunt în ani, dar nu în luni; în săptămâni, dar nu în zile. Ce sunt?

Nu a putut să facă legătura, dar aceasta a devenit evidentă când a văzut răspunsul: H_2O. Vom analiza mai atent puterea dopaminergică a viselor spre sfârșitul acestui capitol.

Iată o ghicitoare pentru care, cu câteva decenii în urmă, a fost nevoie de o separare radicală de modele, în vederea găsirii soluției sale. Astăzi, este mult mai ușor.

> Un tată și fiul său suferă un accident de mașină. Tatăl moare pe loc și fiul este dus la cel mai apropiat spital. Chirurgul intră în sala de operație și exclamă: „Nu-l pot opera pe acest băiat. Este fiul meu!” Cum este posibil acest lucru?

Să descoperim sursa creativității...

Oshin Vartanian, cercetător la York University din Toronto, a vrut să afle care parte a creierului este cea mai activă când oamenii descoperă soluțiile noi ale unor probleme. Ca urmare, el a scanat creierul oamenilor în timp ce aceștia rezolvau o problemă care necesita creativitate. A observat că în momentul în care ei au descoperit soluția problemei, lobul frontal drept al creierului lor s-a activat. Și-a pus apoi întrebarea dacă această parte a creierului era, în egală măsură, responsabilă de eliminarea modelelor.

Într-un al doilea experiment, cercetătorul nu le-a mai cerut participanților să rezolve o problemă, ci pur și simplu să-și folosească imaginația. La început, i-a pus să-și imagineze lucruri reale, cum ar fi „o floare care este un trandafir”. Apoi să-și imagineze lucruri care nu există, care nu se potrivesc cu modelul convențional al realității, cum ar fi „un lucru viu care este un elicopter". Cum voluntarii se aflau în scaner, el a constatat că s-a activat aceeași parte a creierului ca mai înainte, dar numai când participanții s-au gândit la obiecte care nu există în viața de zi cu zi. Când și-au imaginat realitatea însăși, regiunea a rămas inactivă.

Tomografia persoanelor care suferă de schizofrenie arată modificări în aceeași regiune, numită cortex prefrontal ventrolateral drept. Poate din cauză că, atunci când suntem creativi, comportamentul nostru seamănă puțin cu acela al schizofrenicilor. Încetăm să mai inhibăm acele aspecte ale realității pe care anterior le-am respins ca fiind neimportante și atașăm salientă lucrurilor pe care, cândva, le consideram irelevante.

... Și să o reanimăm

Descoperirea bazei neuronale a creativității are un potențial enorm, deoarece creativitatea este cea mai valoroasă resursă din lume. Noile metode de dezvoltare a culturilor agricole au asigurat hrana a milioane de oameni. De la lumânări la becuri, invențiile care au transformat combustibilul în curent electric au redus costul acestuia de o mie de ori. Este posibil să sporim această comoară neprețuită? Este posibil ca o persoană să devină mai creativă dacă un om de știință îi stimulează acele părți ale creierului care sunt active pe parcursul gândirii creative?

O serie de cercetători, finanțați de National Science Foundation, au decis să încerce. Ei au folosit o tehnică numită stimulare transcraniană cu curent continuu (*transcranial Direct Current Stimulation* – tDCS). Așa cum sugerează numele, anumite regiuni ale creierului sunt stimulate folosind curent continuu (DC) – acesta este tipul de curent pe care-l obținem dintr-o baterie, spre deosebire de curentul alternativ (AC), care vine de la rețea, dintr-o priză de perete. DC este mai puțin periculos decât AC, iar cantitatea de electricitate folosită este mică. Unele aparate merg cu o baterie simplă de 9 volți – de tipul celor pătrate care se pun în detectorii de fum. Aparatele tDCS pot fi foarte simple. Deși cele comerciale utilizate în cercetare costă peste 1 000 de dolari, câțiva oameni curajoși au meșterit unele simple, folosind piese cumpărate cu vreo 15 dolari de la magazinul local de produse electronice. (Sfat pentru consumatori: Nu faceți așa!)

În cadrul unor studii restrânse s-a demonstrat că aceste aparate accelerează procesul de învățare, sporesc concentrarea și chiar tratează depresia. Pentru a încerca să le intensifice creativitatea, oamenii de știință au pus electrozi pe fruntea a 31 de voluntari, iar acea parte a creierului care se află chiar sub ochi a fost stimulată. Creativitatea a fost măsurată prin testarea abilității participanților de a face analogii.

Analogiile reprezintă o manieră foarte dopaminergică de a gândi despre lume. Iată un exemplu: lumina poate să se comporte, uneori, asemenea unor gloanțe, trase unul câte unul dintr-o armă și, alteori, asemenea unor valuri mici traversând un iaz. O analogie extrage esența abstractă, nevăzută, a unui concept și o potrivește cu o esență similară a unui concept aparent fără legătură cu primul. Simțurile percep două lucruri diferite, însă rațiunea înțelege că este vorba despre același lucru. A asocia o idee nouă cu una veche, familiară, permite ca prima să fie mai ușor de înțeles.

Capacitatea de a stabili o legătură între două lucruri care anterior păreau să fie total diferite este o parte importantă a creativității și, după câte se pare, poate fi sporită prin stimulare electrică. Spre deosebire de participanții cărora le-au fost administrate tDCS false, cei care au primit curent electric au creat analogii mai neobișnuite – adică analogii între lucruri care păreau foarte diferite unul față de celălalt. Însă aceste analogii foarte creative erau la fel de exacte ca analogiile mai evidente realizate de participanții ale căror aparate fuseseră închise în secret.

Medicamentele dopaminergice pot să facă același lucru. Deși unii pacienți care iau asemenea medicamente pentru a se trata de Parkinson dezvoltă un comportament compulsiv devastator, alții dobândesc o creativitate sporită. Un pacient care provenea dintr-o familie de poeți nu scrisese niciodată ceva creativ. După ce a început să facă tratament pentru Parkinson cu medicamente de stimulare a dopaminei, el a scris un poem care a câștigat concursul anual al International Association of Poets. Pictorii care iau o asemenea medicație pentru Parkinson folosesc mai des culorile vii. Un pacient care și-a creat un stil nou, după ce s-a tratat, declara: „Noul meu stil nu este la fel de precis, dar este mai vibrant. Simt nevoia să mă exprim mai mult. Pur și simplu mă abandonez creației". La fel ca Winnie-the-Pooh: „Este cel mai bun mod de a scrie poezie, să lași cuvintele să curgă".

Visele: acolo unde creativitatea se combină cu nebunia

Puțini dintre noi sunt genii sau nebuni, însă cu toții am trecut prin punctul de mijloc al acestui continuum: visele. Ele sunt asemănătoare gândirii abstracte, în sensul că funcționează cu material luat din lumea externă, însă îl aranjează în feluri care nu sunt constrânse de realitatea fizică. În visele noastre este prezentă, adeseori, tema înălțimii: visăm că zburăm sau că ne prăbușim de la mare înălțime. Visele conțin și teme legate de viitor, ca atunci când visăm că ne străduim să obținem un lucru pe care ni-l dorim cu ardoare, dar care ne scapă mereu. Abstracte, detașate de lumea reală a simțurilor, visele sunt dopaminergice.

Freud a numit activitatea mentală care are loc în vise *proces primar*, care este dezorganizat, ilogic, creat fără a lua în considerare limitările realității și condus de dorințe primitive. Procesul primar a fost folosit, de asemenea, pentru a descrie procesul de gândire observat la persoanele cu schizofrenie. După cum se exprima filosoful german Arthur Schopenhauer: „Visul este o scurtă nebunie, iar nebunia este un vis lung."

În timpul visării este eliberată dopamina, care iese de sub influența constrângătoare a neurotransmițătorilor A&A concentrați pe realitate. Activitatea din circuitele A&A este suprimată, deoarece circulația informațiilor senzoriale din lumea externă spre creier este blocată. Această libertate permite circuitelor dopaminice să genereze acele legături bizare care sunt specifice visului. Lucruri banale, neobservate sau stranii, pot să capete proeminență și să ne furnizeze idei noi, pe care, altfel, ar fi imposibil să le descoperim.

Asemănarea dintre visare și psihoză i-a fascinat pe mulți cercetători și a dat naștere unei bogate literaturi științifice. Un grup de cercetători de la Università degli Studi di Milano, Italia, a observat prezența unor gânduri bizare în visele oamenilor sănătoși și le-a comparat cu fanteziile din starea de trezie, atât ale participanților sănătoși, cât și ale celor cu schizofrenie.

Oamenii de știință au stimulat fantezii* în stare de trezie folosind Testul de Apercepție Tematică (TAT), o serie de planșe care conțin imagini ambigue, uneori încărcate emoțional, ale unor oameni aflați în diverse situații. Temele includ succesul și eșecul, rivalitatea și gelozia, agresiunea și sexualitatea. Participantului i se cere să studieze imaginea și apoi să conceapă o povestire care explică scena.

Cercetătorii italieni au comparat povestirile TAT și descrierile viselor făcute de pacienți cu schizofrenie cu acelea ale participanților sănătoși, folosind o scară numită Indexul Densității Bizareriei. Rezultatele testelor au confirmat că visele seamănă foarte mult cu psihozele. Indexul Densității Bizareriei a fost aproape identic pentru trei categorii de activitate mentală: (1) descrierile viselor schizofrenicilor; (2) povestiri TAT din starea de trezie a schizofrenicilor și (3) descrierile viselor persoanelor sănătoase. Cea de-a patra categorie însă, povestiri TAT din starea de trezie a persoanelor sănătoase, a obținut un scor mult mai scăzut pe scara Indexului. Acest studiu susține concepția lui Schopenhauer potrivit căreia schizofrenia este asemenea unui vis.

Cum să extragi creativitatea dintr-un vis

Dacă visarea este asemănătoare psihozei, cum ne întoarcem la sinele nostru normal? Se întâmplă imediat sau e nevoie de ceva timp pentru refacerea tiparelor gândirii logice? Dacă e nevoie de timp, suntem un pic nebuni pe parcursul acestei

* În acest context, termenul *fantezie* se referă, mai degrabă, la produsele imaginației decât la ceea ce numim, îndeobște, „a visa cu ochii deschiși" diverse situații și lucruri, precum bogății nesfârșite etc. (n.a.)

tranziției? Iată un alt lucru la care aș vrea să ne gândim: uneori visăm în timp ce dormim, alteori nu. Când trecem de la somn la starea de trezie, procesul nostru de gândire este diferit dacă ne trezim dintr-un vis sau dintr-un somn fără vise?

Cercetătorii de la New York University au folosit TAT pentru a evalua tipul de povestiri pe care oamenii le spuneau după ce erau treziți dintr-un somn cu vise și le-au comparat cu povestirile TAT produse după ce erau treziți dintr-un somn fără vise. Ei au descoperit că fanteziile produse imediat după visare erau mai elaborate. Erau mai lungi și conțineau mai multe idei. Reprezentările erau mai vii, iar conținutul, mai bizar. Iată ce a povestit un voluntar sănătos după ce a fost trezit din vis. Voluntarului i s-a arătat un desen cu un băiat care se uita la o vioară:

> El se gândește la vioara sa. Are o figură tristă. Stați așa! Îi curge sânge din gură! Și ochii lui... pare că e orb!

Unui alt voluntar care a fost trezit din vis i s-a arătat imaginea unui bărbat tânăr, întins pe podea, cu capul sprijinit de o bancă. Lângă el se afla un pistol. Iată răspunsul:

> E un băiat care stă în pat. Pare că are niște probleme emoționale. Stă să plângă sau poate că râde, poate că pune la cale ceva. Poate să fie și o fată. Ambii sunt morți. Sau poate că e o pisică? E ceva pe podea... chei, o floare sau poate o jucărie sau o barcă.

După ce a fost trezit dintr-un somn fără vise, aceluiași participant i s-a arătat o altă planșă, iar el a făcut o descriere mai puțin bizară, spunând, pur și simplu, că era vorba de „un băiat îmbrăcat într-o cămașă, care nu are șosete. Nu văd altceva."

Mulți dintre noi ne trezim, uneori, dintr-un vis, simțindu-ne ca și cum suntem prinși între două lumi. Gândirea este mai fluidă, sărind frecvent de la un subiect la altul, neconstrânsă de legile logicii. De fapt, unii oameni au declarat că au avut cele mai creative gânduri în acest interval dintre două lumi. Filtrul A&A care concentrează atenția noastră asupra lumii externe, a simțurilor, nu a fost încă reactivat; circuitele dopaminei continuă să acționeze fără să întâlnească rezistență, iar ideile curg libere.

Friedrich August Kekulé a ajuns faimos când a descoperit structura moleculei de benzen, o substanță chimică industrială importantă la acea vreme. Chimiștii stabiliseră că molecula era compusă din șase atomi de carbon și șase atomi de hidrogen, un lucru surprinzător. De obicei, moleculele de acest tip au mai mulți atomi de hidrogen decât de carbon. Era clar că orice structură ar fi luat, această moleculă nu era una obișnuită.

Chimiștii au încercat să aranjeze atomii de carbon și pe cei de hidrogen în toate felurile care nu încălcau regulile legăturii chimice. Știau că atomii de carbon puteau fi legați laolaltă asemenea mărgelelor pe o ață și că puteau exista, de asemenea, ramuri laterale care se desfac în unghiuri drepte, însă niciuna dintre structurile pe care le-au încercat nu se potrivea cu proprietățile cunoscute ale moleculei de benzen. Natura formei sale reale era un mister. Kekulé a descris momentul de intuiție profundă când și-a dat seama care era aceasta:

„Stăteam acolo și scriam la cursul meu de chimie, dar nu înaintam deloc, mintea mea era în altă parte. Mi-am

întors scaunul către șemineu și aproape că am adormit. Și, din nou, atomii au început să joace înaintea ochilor mei. De această dată, grupurile mai mici se țineau modeste mai în spate. Cu ochii minții, antrenați de viziuni similare, distingeam acum formațiuni mai mari de forme diferite. Șiruri lungi, mult mai strânse laolaltă; totul în mișcare, unduindu-se și încolăcindu-se asemenea șerpilor. Și ce să vezi? Un șarpe și-a apucat coada și, parcă în batjocură, a trecut valvârtej pe dinaintea ochilor mei. M-am trezit brusc, ca și cum aș fi fost lovit de un trăsnet."

Viziunea șarpelui care-și înghite propria coadă, ouroborosul antic, l-a condus la intuiția că acei șase atomi de carbon ai moleculei de benzen formau un inel. Asemenea șarpelui cu propria sa coadă vârâtă în gură – o reprezentare completă în sine și pentru sine –, visele sunt reprezentări interne ale unor idei interne. Deconectate de la simțuri, visele permit dopaminei să circule liberă, neconstrânsă de faptele concrete ale realității externe.

Potrivit dr. Deirdre Barrett, psiholog și cercetător al viselor la Harvard Medical School, nu este surprinzător că răspunsul la problema lui Kekulé a luat o formă vizuală. Cea mai mare parte a creierului este la fel de activă în timpul visului ca atunci când este treaz, însă există diferențe majore. În mod nesurprinzător, părțile creierului care filtrează detaliile aparent irelevante, lobii frontali, sunt deconectate. Însă există o activitate sporită într-o regiune numită cortexul vizual secundar. Această parte a creierului nu primește semnale direct de la ochi, care, la rândul lor, nu primesc nicio informație pe parcursul visării. În schimb, este responsabilă de procesarea stimulilor vizuali. Ea ajută creierul să înțeleagă ce văd ochii.

Visele sunt foarte vizuale. În cartea sa *The Committee of Sleep: How Artists, Scientists, and Athletes Use Dreams for Creative Problem Solving – and How You Can Too*, dr. Barrett arată că exact așa cum Kekulé a descoperit structura benzenului într-o stare vecină cu visul, tot astfel oamenii obișnuiți pot să folosească visele pentru a-și rezolva problemele practice. Dr. Barrett a testat puterea de rezolvare a problemelor pe care o au visele cu ajutorul unui grup de studenți de la Harvard University.

Le-a cerut să aleagă o problemă pe care o considerau importantă pentru ei. Putea fi personală, academică sau mai generală. Apoi i-a învățat tehnici de incubație a viselor. Acestea sunt strategii pe care oamenii le pot folosi pentru a-și spori șansele de a avea un vis care să-i ajute să găsească rezolvarea unora dintre problemele lor. Studenții și-au povestit în scris visele în fiecare noapte timp de o săptămână sau până ce au crezut că își rezolvaseră problemele. Problemele și visele au fost apoi supuse analizei unui grup de supervizori, care urma să decidă dacă visul a oferit, într-adevăr, o soluție.

Rezultatele au fost uluitoare. Aproape jumătate dintre studenți au avut un vis legat de problema lor, iar 70% dintre cei care au avut un asemenea vis credeau că el conținea o soluție la problema lor. Supervizorii independenți au fost de acord cu majoritatea declarațiilor lor. Ei au considerat că jumătate din visele legate de problemele studenților conțineau o soluție.

Unul dintre studenții participanți la studiu încerca să decidă ce fel de carieră să urmeze după absolvirea facultății. El se înscrisese la concurs pentru două programe universitare de psihologie clinică, ambele desfășurate în statul din care provenea, Massachusetts, și, de asemenea, pentru alte două programe de psihologie industrială, unul organizat în Texas, celălalt în California. Într-o noapte a visat că se afla într-un avion, zburând deasupra unei hărți a Statelor Unite. Motorul avionului a început să aibă probleme și pilotul a anunțat că vor trebui să găsească un loc sigur pentru aterizare. Se aflau chiar deasupra statului Massachusetts și studentul a sugerat să aterizeze acolo, însă pilotul i-a răspuns că era prea periculos să aterizeze oriunde în acel stat. După ce s-a trezit, studentul și-a dat seama că, după ce își petrecuse toată viața în Massachusetts, era timpul să se mute în altă parte. Pentru el, locul unde se afla facultatea era mai important decât domeniul de studiu. Circuitele dopaminei i-au oferit o nouă perspectivă.

Povestiri și cântece visate

Visul este o sursă frecventă de creativitate artistică. Paul McCartney spunea că a auzit melodia cântecului *Yesterday* în vis. Keith Richards mărturisea că a descoperit versurile și refrenul de la *Satisfaction* într-un vis. „Visez culori, visez forme și visez sunet", afirma Billy Joel, într-un interviu pentru ziarul *Hartford Courant*, despre cântecul său *River of Dreams* („Râul viselor"). „M-am trezit într-o dimineață cântându-l și apoi a continuat să-mi răsune în urechi." Michael Stipe, vocalistul trupei americane de rock alternativ R.E.M. a scris textul pentru cântecul de succes al formației, *It's the End of the World as We Know It (And I Feel Fine)*, în același fel. „Avusesem un vis despre o petrecere", a declarat el revistei *Interview*. „Toți cei prezenți aveau nume care începeau cu inițialele L. B., cu excepția mea. Era vorba de Lester Bangs, Lenny Bruce, Leonard Bernstein. Așa a apărut un vers al cântecului." Autorul Robert Louis Stevenson a menționat visele ca sursă de inspirație pentru *The Strange Case of Dr. Jekyll and Mr. Hyde*, iar Stephen King spune că romanul său *Misery* își are, de asemenea, originea într-un vis.

Incubația viselor: cum să rezolvi probleme în somn

Alege o problemă care este importantă pentru tine, una pe care îți dorești foarte mult să o rezolvi. Cu cât este mai puternică dorința, cu atât sunt mai mari șansele ca problema să-ți apară în vis. Gândește-te la ea înainte de culcare. Dacă e posibil, pune-o în forma unei imagini vizuale. Dacă e o problemă referitoare la relația cu o persoană, imaginează-ți acea persoană. Dacă nu ai inspirație, imaginează-ți o coală albă de hârtie. Dacă te lupți cu vreun proiect, imaginează-ți un obiect care reprezintă acel proiect. Păstrează-ți în minte imaginea, așa încât să fie ultimul lucru la care te gândești înainte să adormi.

Asigură-te că ai un creion și hârtie lângă pat. Imediat ce te trezești dintr-un vis, scrie-l pe hârtie, indiferent dacă este sau nu legat de problema ta. Visele pot fi înșelătoare, iar răspunsul poate fi deghizat. Este important să scrii visul imediat, deoarece amintirea se va evapora în câteva secunde, dacă începi să te gândești la altceva. Mulți oameni s-au trezit dintr-un vis foarte intens, cu o puternică semnificație personală și, după mai puțin de un minut, au fost incapabili să-și reamintească vreun detaliu al acelui vis.

S-ar putea să ai nevoie de câteva nopți înainte de a găsi ceea ce cauți, iar soluția pe care ți-o oferă visul să nu fie cea mai bună. Dar va fi, cel mai probabil, o soluție nouă, care abordează problema dintr-o direcție nouă.

De ce câștigătorilor Premiului Nobel le place să picteze

Artele frumoase și științele exacte au mai multe lucruri în comun decât își închipuie majoritatea oamenilor, pentru că ambele sunt controlate de dopamină. Poetul care compune versuri despre un îndrăgostit fără speranță nu este atât de diferit de fizicianul care mâzgălește formule despre electroni agitați. Amândoi au nevoie de abilitatea de a privi dincolo de lumea simțurilor, într-o lume mai profundă, mai adâncă, a ideilor abstracte. Societățile elitiste ale oamenilor de știință sunt pline de suflete de artiști. Membrii US National Academy of Sciences au de aproape două ori mai multe șanse să dezvolte o pasiune artistică decât noi ceilalți. Membrii Royal Society a Marii Britanii au de două ori mai multe asemenea șanse, iar câștigătorii Premiului Nobel, de aproape trei ori. Cu cât te pricepi mai bine să lucrezi cu cele mai complexe și mai abstracte idei, cu atât ești mai înclinat spre domeniul artistic.

Asemănarea dintre artă și știință a devenit deosebit de importantă la începutul mileniului, când a apărut o criză în programarea calculatoarelor. Programatorii dezvoltaseră obiceiul de a prescurta anii folosind numai ultimele două cifre (de exemplu, 99 pentru 1999), pentru a conserva spațiul de memorie, la vremea aceea costisitor (și a economisi câteva apăsări de taste...). Programatorii nu s-au gândit la următorul mileniu, când 99 ar fi putut însemna 2099. Mii de programe riscau să se blocheze, nu numai programele de navigare pe internet și procesoarele de cuvinte, dar și softurile care controlau avioanele, barajele și centralele nucleare. „Problema Y2K", așa cum a fost cunoscută, a afectat atât de multe sisteme, încât nu existau suficienți programatori de calculator pentru a le reface pe toate. Potrivit unor relatări, câteva companii au recrutat muzicieni șomeri, pentru că erau capabili să învețe programare foarte rapid.

De ce oamenii geniali sunt ticăloși

Muzica și matematica merg bine împreună, deoarece nivelurile ridicate ale dopaminei vin, adeseori, sub forma unui aranjament dublu: dacă ești foarte dopaminergic într-un domeniu, este foarte probabil să fii și în altele. Oamenii de știință sunt artiști și muzicienii sunt matematicieni. Dar există un inconvenient. Uneori, faptul că ai o cantitate mare de dopamină poate să fie o vulnerabilitate.

Nivelurile înalte de dopamină suprimă funcționarea A&A-urilor, astfel că indivizii străluciți nu se prea descurcă în relațiile cu oamenii. Avem nevoie de empatie A&A pentru a înțelege ce se petrece în mințile celorlalți oameni, o abilitate esențială pentru interacțiunea socială. Omul de știință pe care-l întâlniți la o petrecere nu va înceta să vorbească despre cercetarea sa pentru că nu poate să-și dea seama cât de plictisiți sunteți. În același stil, Albert Einstein a spus cândva: „Simțul meu înflăcărat al dreptății și responsabilității sociale contrastează, în mod ciudat, cu faptul că nu simt deloc nevoia să am un contact direct cu alte ființe umane". Sau, Edna St. Vincent Willay: „Iubesc omenirea, dar urăsc oamenii". Conceptele abstracte de dreptate socială și omenire erau ușor de înțeles, dar experiența concretă a întâlnirii cu o altă persoană era prea dură.

Viața personală a lui Einstein a reflectat dificultățile pe care le-a avut în relațiile cu ceilalți. Era mult mai interesat de știință decât de oameni. Cu doi ani înainte ca el și soția sa să divorțeze, a început o relație cu verișoara lui și, în cele din urmă, s-a căsătorit cu ea. Și din nou a fost infidel, înșelându-și verișoara cu secretara lui și, probabil, cu alte câteva femei. Mintea sa dopaminergică a fost o binecuvântare și un blestem totodată – nivelurile ridicate de dopamină care i-au permis să descopere relativitatea au fost, cel mai probabil, aceleași care l-au făcut să meargă din relație în relație și care nu i-au permis să ajungă să cunoască iubirea prietenească, de lungă durată și centrată pe A&A.

Înțelegând modul în care funcționează creierul oamenilor geniali, ajungem să cunoaștem mai bine personalitatea dopaminergică și modurile diferite în care se poate manifesta. L-am văzut deja pe căutătorul de plăcere impulsiv care are dificultăți în menținerea unor relații de durată și este vulnerabil la dependență. L-am văzut, de asemenea, pe planificatorul detașat care, mai degrabă, ar sta până târziu la birou decât să se întâlnească cu prietenii. Acum observăm o a treia posibilitate: geniul creativ – fie că e vorba despre pictor, poet sau fizician –, care are atât de multe probleme în relațiile cu ceilalți, încât pare ușor autist.* În plus, geniul dopaminergic este atât de concentrat pe lumea sa internă, a ideilor, încât poartă șosete de culori diferite, uită să se pieptene și, în general, neglijează orice lucru care are de-a face cu lumea reală prezentă. Platon scrie despre o întâmplare în care Socrate, filosoful grec, a rămas nemișcat într-un loc o zi și o noapte, reflectând la o problemă, fără să aibă habar de ce se întâmpla în jurul său.

Aceste trei tipuri de personalitate par să fie foarte diferite la suprafață, însă toate au ceva în comun. Ele sunt excesiv de concentrate pe maximizarea resurselor viitoare, în detrimentul aprecierii prezentului. Căutătorul de plăcere vrea întotdeauna mai mult. Indiferent de cât de mult obține, niciodată nu este suficient. Indiferent de cât de mult așteptată este o plăcere pentru el, este incapabil de a găsi satisfacție în ea. Și, imediat ce aceasta apare, el își îndreaptă atenția spre următoarea. Planificatorul detașat are, la rândul său, un dezechilibru prezent/viitor. Asemenea căutătorului de plăcere, el simte constant o nevoie de mai mult, însă îmbrățișează o perspectivă pe termen lung, urmărind forme mult mai abstracte de satisfacție precum onoarea, bogăția și puterea. Individul genial trăiește într-o lume a necunoscutului, a lucrurilor care nu au fost încă descoperite, fiind obsedat să creeze un viitor mai bun prin munca sa. Oamenii de acest fel schimbă lumea – însă obsesia lor este interpretată, adeseori, ca indiferență față de ceilalți.

* Autismul este, de asemenea, asociat cu niveluri anormal de ridicate ale activității dopaminice din creier (n.a.).

Mizantropi binevoitori

Persoanele deosebit de inteligente, foarte creative și care se bucură de un succes imens - de regulă, foarte dopaminergice - manifestă, adeseori, un sentiment ciudat: au o afecțiune uriașă față de oameni, dar foarte puțină răbdare pentru ei ca indivizi.

Cu cât mi-e mai dragă omenirea în general, cu atât îi iubesc mai puțin pe oameni în particular. În visele mele, fac adeseori planuri pentru binele omenirii... Însă sunt incapabil să trăiesc în aceeași cameră cu cineva două zile la rând... Devin ostil față de oameni de îndată ce se apropie de mine.

FEODOR DOSTOIEVSKI

Sunt un mizantrop, dar mă arăt extrem de binevoitor, îmi lipsește o doagă și, cu toate astea, sunt un superidealist, care digeră filosofia mult mai eficient decât mâncarea.

ALFRED NOBEL

Iubesc omenirea, dar îi urăsc pe oameni.

EDNA ST. VINCENT MILLAY

Uneori, ei folosesc un limbaj aproape identic:

Iubesc omenirea... pe oameni nu-i suport.

CHARLES SCHULZ,
(REPLICA PENTRU LINUS DIN BENZILE DESENATE *PEANUTS*)

Aceste afirmații ar putea părea scandaloase, însă există o explicație. Persoanele foarte dopaminergice preferă, mai degrabă, gândirea abstractă decât experiența senzorială. Pentru ei, diferența dintre a iubi omenirea și a-ți iubi aproapele este diferența dintre a iubi ideea de cățel și a avea grijă de el.

Consecințele tragice

În mod cert, a existat o contribuție genetică la trăsăturile dopaminergice ale lui Einstein. Unul dintre cei doi fii ai săi a devenit un expert renumit în inginerie hidraulică. Celălalt a fost diagnosticat cu schizofrenie la vârsta de 20 de ani și a murit într-un azil. Studii de anvergură asupra diverselor populații au descoperit, de asemenea, o componentă genetică a caracterului dopaminergic. Un studiu islandez care a evaluat profilul genetic a peste 86 000 de oameni a descoperit că indivizii care aveau gene care îi plasau într-o zonă de risc mai mare fie de schizofrenie, fie de tulburare bipolară erau, de regulă, membrii unei societăți naționale de actori, dansatori, muzicieni, artiști vizuali sau scriitori.

Isaac Newton, care a descoperit calculul infinitezimal și legea gravitației universale, a fost unul dintre acei indivizi geniali cu probleme. El a avut dificultăți în a se înțelege cu alți oameni și s-a angajat într-o dispută științifică infamă cu filosoful și matematicianul german Gottfried Leibniz. Era secretos, paranoic și aproape lipsit de orice empatie, dând, de multe ori, dovadă de cruzime. Ca șef al Royal Mint*, el a tri-

* Monetăria Regală Britanică (n.t.).

mis mulți falsificatori la spânzurătoare, în ciuda obiecțiilor colegilor săi.

Newton a fost atins de nebunie. Petrecea ore întregi încercând să găsească mesaje ascunse în Biblie și a scris peste un milion de cuvinte despre religie și științele oculte. S-a ocupat de alchimie, încercând, în mod obsesiv, să găsească piatra filosofală, o substanță mitică despre care alchimiștii credeau că are proprietăți magice și putea chiar să-i ajute pe oameni să devină nemuritori. La 50 de ani, Newton a devenit complet psihotic și a petrecut un an într-un azil de nebuni.

În baza unor asemenea mărturii, putem spune că Newton a avut, probabil, niveluri ridicate ale dopaminei, care au contribuit la manifestarea geniului său, dar și la problemele sale sociale și la căderea sa psihotică. Și nu este singurul. Despre mulți oameni de știință, artiști și afaceriști de succes se crede sau se știe că au avut boli mintale. Printre aceștia se numără Ludwig van Beethoven, Edvard Munch (care a pictat *Strigătul*), Vincent van Gogh, Charles Darwin, Georgia O'Keeffe, Sylvia Plath, Nikola Tesla, Vaslav Nijinski (marele dansator de la începutul secolului XX, autorul coregrafiei unui balet care a stârnit o revoltă), Anne Sexton, Virginia Woolf, maestrul de șah Bobby Fischer și mulți alții.

Dopamina ne dă puterea de a crea. Ne permite să ne imaginăm lucruri ireale și să facem legătura între cele care, aparent, sunt fără legătură unele cu altele. Ne permite să construim modele mentale ale lumii, care transcend simpla descriere fizică, mergând dincolo de impresiile senzoriale, pentru a dezvălui sensuri mai profunde ale experiențelor noastre. Apoi, asemenea unui copil care dărâmă un turn făcut din cuburi, dopamina își demolează propriile modele, astfel că putem să o luăm de la capăt și să găsim un nou înțeles în ceea ce ne era, cândva, familiar.

Însă această putere vine cu un preț. Sistemele dopaminice hiperactive ale geniilor creatoare îi fac vulnerabili la bolile mintale. Uneori, lumea lucrurilor ireale străpunge granițele sale naturale, creând paranoia, halucinații și exaltarea specifică comportamentului maniac. În plus, activitatea dopaminergică crescută poate să distrugă sistemele A&A, limitând capacitatea de a stabili relații cu alți oameni și de a naviga prin realitatea lumii de zi cu zi.

Pentru unii oameni, aceste lucruri nu contează. Bucuria creației este cea mai intensă bucurie pe care o cunosc, fie că sunt artiști, oameni de știință, profeți sau antreprenori. Indiferent de meseria lor, nu se opresc niciodată din muncă. Sunt complet absorbiți de pasiunea lor pentru creație, descoperire sau iluminare. Nu se odihnesc niciodată, nu se opresc pentru a se bucura de lucrurile bune pe care le au. În schimb, sunt obsedați de construirea unui viitor care nu vine niciodată. Pentru că, atunci când viitorul devine prezent, a te bucura de el presupune să reactivezi chimicalele „simțitoare" A&A, iar acesta este un lucru pe care persoanele foarte dopaminergice îl disprețuiesc și îl evită. Ele slujesc binele comunității. Dar, indiferent de cât de bogați, faimoși sau plini de succes ajung, acești oameni nu sunt aproape niciodată fericiți și, cu siguranță, nu se simt niciodată satisfăcuți. Forțele evolutive care promovează supraviețuirea speciei produc acești oameni speciali. Natura îi face să-și sacrifice propria lor fericire de dragul de a aduce în lume idei noi și inovații de care beneficiem noi, ceilalți.

Surf, nisip și psihoză

Brian Wilson de la Beach Boys este unul dintre cei mai revoluționari cântăreți populari. La începutul carierei sale, muzica sa era incredibil de simplă: melodii atractive despre surfing, mașini și femei. Însă, odată cu trecerea timpului, el a început să desfășoare experimente sonice fără precedent – o muzică la fel de plăcută, dar care devenea tot mai complexă și mai stratificată pe măsură ce se desfășura. În calitate de compozitor, aranjor și producător, el a început să introducă noi sunete și combinații de sunete în muzica pop. Unele dintre acestea erau variații ale unor forme familiare: interpretări neobișnuite ale unor acorduri cunoscute, asamblări neverosimile ale unor tonuri muzicale, progresii standard care încep și se termină în locuri neașteptate. Wilson a introdus instrumente neobișnuite, cum ar fi clavecinul și thereminul*, care a fost folosit anterior pentru producerea murmurului sinistru din filmele de groază. A folosit, de asemenea, mecanisme care nu erau considerate deloc instrumente muzicale sau sunete din natură: fluierul trenului, claxonul de bicicletă, behăitul caprei. Acest experiment a culminat cu albumul *Pet Sounds* (1966), o colecție de muzică creativă, puternic aclamată, care nu semăna cu nimic din ce apăruse anterior. Dacă artiști precum Bob Dylan au ridicat lirica muzicii pop și rock de la statutul de versuri de duzină la poezie, Brian Wilson a transformat posibilitățile muzicii înseși din

* Instrument muzical electronic (monofonic) la care se cântă fără contact fizic (n.r.).

trei acorduri și o structură vers-cor în ceea ce Derek Taylor, agentul de presă al formației Beach Boys, a numit „simfonia de buzunar".

Seria conexiunilor creative neobișnuite sugerează că Wilson a avut o inhibiție latentă scăzută, asociată cu niveluri ridicate de dopamină, însă acestea din urmă au contribuit, probabil, la boala sa mintală. „El aude voci", declara soția sa, Melinda Ledbetter, revistei *People* în 2012. „Pot să-mi dau seama dacă e vorba despre voci bune sau rele după expresia care-i apare pe chip. Pentru noi e greu de înțeles, dar pentru el vocile sunt foarte reale." Wilson a fost diagnosticat cu schizofrenie, iar mai târziu cu tulburare schizoafectivă, o combinație de simptome de schizofrenie și dispoziție anormală, inclusiv halucinații și paranoia. În 2006, el a declarat revistei *Ability* că a început să audă voci la vârsta de 25 de ani, la o săptămână după ce luase droguri psihedelice. „În ultimii 40 de ani am avut halucinații auditive în capul meu în fiecare zi, pe tot parcursul zilei, și nu pot să scap de ele. La fiecare câteva minute, vocile îmi spun ceva neplăcut... cred că au început să se ia de mine pentru că sunt geloase. Vocile din capul meu sunt geloase pe mine."

Wilson spune că tratamentul care i-a fost administrat pentru alinarea simptomelor nu-i reduce semnificativ creativitatea. Contrar percepției populare, dacă nu este tratată, suferința cauzată de boala mintală este o piedică, nu un ajutor. „În trecut au existat perioade lungi în care nu eram în stare să fac nimic, însă acum cânt în fiecare zi."

4

DOPAMINA

Conservatorul – un om politic atașat de relele existente,
spre deosebire de liberal,
care dorește să le înlocuiască cu altele noi.

AMBROSE BIERCE, *THE DEVIL'S DICTIONARY*

5

Politica

De ce nu putem pur și simplu să ne înțelegem.

În care aflăm de ce superputerile și dezinfectanții de mâini ne afectează ideologia politică

Autorii regretă...

În aprilie 2002, *American Journal of Political Science* a publicat un raport de cercetare cu titlul: „Corelație, nu legături cauzale: relația dintre trăsăturile de personalitate și ideologiile politice". Autorii lui formează un grup de cercetători de la Virginia Commonwealth University care au studiat legătura dintre convingerile politice și trăsăturile de personalitate. Ei au descoperit că legătura dintre acestea două există și poate fi pusă pe seama genelor. Pe parcursul cercetării au observat că anumite trăsături de personalitate erau asociate cu liberalii și altele, cu conservatorii.

Ei au fost interesați, în special, de o colecție de trăsături de personalitate – ceea ce psihiatrii numesc *constelația perso-*

nalității – numită *P*. Autorii au observat că oamenii cu scoruri mici la *P* au mai multe șanse să fie „altruiști, bine socializați, empatici și convenționali". Dimpotrivă, cei care înregistrează scoruri mari la *P* sunt „manipulatori, duri și practici" și prezintă caracteristici precum „asumarea riscurilor, căutarea senzațiilor tari, impulsivitate și autoritarism." Cercetătorii au conchis: „Așadar, ne așteptăm ca scorurile *P* mai mari să fie legate de o atitudine politică mai conservatoare."

Au găsit exact ce anticipaseră. Stereotipurile, spuneau ei, sunt adevărate: conservatorii tind să fie impulsivi și autoritari, în vreme ce liberalii tind să fie bine socializați și generoși. Dar, în știință, când găsești ceea ce te-ai așteptat să găsești, poate să fie un semn rău. În ianuarie 2016, la 14 ani după raportul original, revista a publicat o retractare:

> „Autorii regretă prezența unei erori în versiunea publicată a articolului: «Corelație, nu legături cauzale: relația dintre trăsăturile de personalitate și ideologiile politice». Interpretarea codificării... este exact invers."

Cineva inversase etichetele. Interpretarea corectă era exact opusul a ceea ce au raportat ei. Indivizii manipulatori, duri și practici din studiul lor erau liberalii, nu conservatorii. Iar conservatorii, și nu liberalii, erau cei care aveau tendința să fie altruiști, bine socializați, empatici și convenționali. Mulți oameni au fost surprinși de această răsturnare a situației. Dar, dacă ne gândim la ceea ce studiul a descoperit la cel mai elementar nivel al său, și la cum se leagă acest lucru de sistemul dopaminic, rezultatele revizuite au sens – cu siguranță, mult mai mult sens decât descoperirile originale, care au fost trâmbițate peste tot, dar exact pe dos.

Limitele măsurării personalității

Psihologii au lucrat decenii la rând pentru a crea modalități de măsurare a personalității. Ei au descoperit că personalitatea poate fi împărțită în diferite domenii, cum ar fi cât de deschisă este o persoană la experiențe noi sau cât este de înclinată spre autodisciplină. Psihologii americani au împărțit personalitatea în cinci domenii, în vreme ce britanicii preferă trei domenii. În oricare dintre situații, când un om de știință se concentrează asupra unuia dintre domenii, el măsoară doar o parte a personalității persoanei, nu întreaga persoană. Să ne gândim la două infirmiere care au scoruri mari la compasiune. La prima vedere, am putea să ne imaginăm două persoane asemănătoare. Însă există și alte domenii ale personalității. O infirmieră poate să fie prietenoasă și sentimentală, iar cealaltă, introvertită și rezervată. Chiar dacă infirmierele pot avea câteva trăsături de personalitate în comun, ele reprezintă un grup alcătuit din indivizi unici.

O altă limită a măsurării personalității este aceea că oamenii de știință raportează, de regulă, *scorul mediu* al unui grup. Astfel, dacă un studiu stabilește că liberalii sunt mult mai înclinați să-și asume riscuri decât conservatorii, este foarte probabil ca, în interiorul grupului de liberali, să existe câțiva indivizi care preferă siguranța. Studiile despre personalitate ne ajută să anticipăm ce va face un grup de oameni, însă ele nu sunt atât de utile când vine vorba despre a anticipa ce va face un individ.

Progresiștii își imaginează un viitor mai bun

Caracteristicile pe care studiul le asociază cu liberalii – asumarea riscurilor, căutarea senzațiilor tari, impulsivitatea și autoritarismul – sunt caracteristicile unui nivel ridicat de dopamină.* Dar oare persoanele dopaminergice au, într-adevăr, tendința de a susține politicile liberale? Se pare că răspunsul este da. Liberalii se referă, adeseori, la ei înșiși folosind termenul de *progresiști*, care implică o îmbunătățire continuă. Progresiștii îmbrățișează schimbarea. Ei își imaginează un viitor mai bun și, în unele cazuri, chiar cred că o combinație optimă între tehnologie și politici publice poate să elimine probleme fundamentale ale condiției umane precum sărăcia, ignoranța și războiul. Progresiștii sunt idealiști care folosesc dopamina pentru a imagina o lume mult mai bună decât cea în care trăim azi. Progresismul este o săgeată care arată înainte.

Cuvântul *conservator* însă implică păstrarea celor mai bune lucruri pe care le-am moștenit de la înaintașii noștri. Conservatorii au, adeseori, o atitudine circumspectă față de schimbare. Nu le plac experții care încearcă să împingă civilizația înainte, spunându-le ce să facă, chiar și atunci când este în interesul lor; de exemplu, legile care prevăd ca motocicliștii să poarte cască sau reglementările care promovează alimentația sănătoasă. Conservatorii nu au încredere în idealismul

* De fapt, un grup de oameni de știință de la Institute of Psychiatry din Londra a descoperit că receptorii de dopamină erau adunați laolaltă mult mai strâns în creierul oamenilor cu scoruri P mari, decât în al celor cu scoruri mai mici. Asemenea aglomerări dense ale receptorilor generează semnale dopaminice mai puternice și care, la rândul lor, determină apariția unor trăsături de personalitate distincte. Această legătură poate fi observată, de asemenea, dacă ne uităm la ce înseamnă P: psihotism. Scorurile P ridicate reprezintă un factor de risc pentru apariția schizofreniei. Aceasta nu înseamnă că la toți liberalii există riscul de a deveni psihotici, însă mulți dintre ei au trăsături în comun cu persoanele foarte creative, care ajung, uneori, pe tărâmul psihozei (n.a.).

progresiștilor, considerându-l o încercare imposibilă de a construi o utopie perfectă și care are, mai degrabă, șanse să ducă la un totalitarism în care elita domină toate aspectele vieții publice și private. Spre deosebire de săgeata progresismului, conservatorismul este reprezentat, în mod optim, printr-un cerc.

Matt Bai, fost corespondent politic pentru *New York Times Magazine*, a identificat, fără să-și dea seama, diferența dopaminică dintre stânga și dreapta când a scris: „Democrații câștigă atunci când întruchipează modernizarea. Liberalismul triumfă când reprezintă, mai degrabă, o reformare a guvernării, decât o conservare a ei... Americanii nu au nevoie de democrați pentru a susține nostalgia și restaurarea. Pentru aceasta îi au deja pe republicani".

Legătura dintre dopamină și liberalism este și mai evidentă dacă ne uităm la anumite grupuri de oameni. Persoanele dopaminergice tind să fie creative. De asemenea, ele se descurcă foarte bine cu conceptele abstracte. Le place să caute noutatea și sunt, în general, nemulțumite de statu-quo. Există vreo dovadă că acest tip de persoană înclină spre liberalismul politic? Companiile start-up din Silicon Valley atrag exact acest tip de persoană: creativă, idealistă, talentată în domenii abstracte precum ingineria, matematica și designul. Aceștia sunt rebeli, animați de dorința de schimbare, chiar cu riscul de a da faliment. Antreprenorii din Silicon Valley, dar și oamenii care lucrează pentru ei, tind să fie foarte dopaminergici. Sunt duri, gata să-și asume riscuri, în căutare de senzații tari și practici – trăsături ale personalității asociate cu liberalii în versiunea corectată a articolului din *American Journal of Political Science*.

Ce știm despre politica din Silicon Valley? Un sondaj efectuat în rândurile fondatorilor unor start-upuri a scos la iveală faptul că 83% dintre ei susțin opinia progresistă după care educația poate să rezolve toate problemele din societate sau majoritatea lor. Doar 44% dintre reprezentanții publicului comun consideră că acest lucru este adevărat. Spre deosebire de aceștia, fondatorii companiilor start-up sunt mult mai înclinați să creadă că guvernul ar trebui să încurajeze deciziile personale inteligente. 80% dintre ei consideră că aproape orice schimbare este bună pe termen lung. La alegerile prezidențiale din 2012, peste 80% din donațiile făcute de companiile de înaltă tehnologie au mers la Barack Obama.

De la Hollywood la Harvard

Un alt exemplu de legătură între dopamină și liberalism poate fi găsit în industria de divertisment. Hollywood este nu numai Mecca creativității americane, dar și modelul excesului dopaminergic. Starurile americane sunt într-o febrilă și constantă căutare de *mai mult*: mai mulți bani, mai multe droguri, mai mult sex și orice altceva care se întâmplă să reprezinte ultima modă. Ele se plictisesc foarte ușor. Potrivit unui studiu făcut de Marriage Foundation, o comisie de experți din Marea Britanie, rata divorțurilor în rândurile celebrităților este de aproape două ori mai mare decât cea a restului populației. Este chiar mai rău în timpul primului an de căsătorie, când cuplurile fac trecerea de la iubirea pasională la cea prietenească. Probabilitatea divorțului la celebritățile proaspăt căsătorite este de șase ori mai mare decât în cazul oamenilor obișnuiți.

Multe dintre problemele cu care se confruntă actorii sunt de natură dopaminergică. Un studiu din 2016 despre actorii australieni a relevat că, în ciuda convingerii lor că „actoria îi împlinește ca persoane și le oferă un scop în viață", ei erau foarte vulnerabili la bolile mintale. Cercetătorii au identificat o serie de probleme importante, printre care s-au numărat: „dificultăți în ceea ce privește autonomia, capacitatea de a controla mediul, relații interpersonale complexe și o atitudinea autocritică foarte pronunțată". Acestea sunt provocări foarte dificile pentru persoanele deosebit de dopaminergice și care simt nevoia să aibă control asupra mediului și, adeseori, nu reușesc să facă față unor relații complexe cu alte persoane.

În ce privește politica, vederile liberale domină Hollywoodul. Potrivit CNN, celebritățile au donat 800 000 de dolari pentru campania de realegere a președintelui Barack Obama și doar 76 000 de dolari pentru adversarul republican, Mitt Romney. Center for Responsive Politics, care publică pe site-ul Opensecrets.org, a raportat că, pe parcursul acestui ciclu electoral, oamenii care lucrau pentru șapte corporații media importante au donat de șase ori mai mult democraților decât republicanilor.

Următoarea pe listă este academia. Ea este un templu al dopaminei. Despre academicieni se spune că trăiesc într-un *turn de fildeș*. Ei își dedică întreaga viață lumii imateriale, abstracte, a ideilor. Și sunt foarte liberali. Ai mai multe șanse să dai peste un comunist în academie, decât peste un conservator. Într-un articol de opinie din *New York Times*, autorul afirma că numai 2% dintre profesorii de engleză erau republicani, în vreme ce 18% dintre sociologi se considerau marxiști.

Impunerea ortodoxiei liberale este un fenomen mult mai răspândit în campusurile universitare decât în oricare alt așezământ. Actorul de comedie Chris Rock i-a declarat unui reporter de la *The Atlantic* că nu va juca niciodată în campusurile facultăților, deoarece audiența se ofensează prea ușor când vine vorba despre discursuri care contravin ideologiei liberale. La rândul său, Jerry Seinfeld a afirmat, într-un interviu la radio, că unii actori de comedie i-au spus să stea departe de facultăți. „Sunt atât de PC*", l-au avertizat ei.

Sunt liberalii mai deștepți?

De regulă, o carieră academică este semnul unei inteligențe superioare, însă această inteligență se extinde, oare, asupra liberalilor în general, asupra celor care au sisteme dopaminice deosebit de active? Probabil că da. Testarea abilității de a manipula idei abstracte, grație circuitului controlului dopaminic, reprezintă o parte importantă a modului în care psihologii măsoară inteligența.

Pentru a explora problema inteligenței relative a liberalilor și conservatorilor, Satoshi Kanazawa, un om de știință de la London School of Economics and Political Science, a evaluat un grup de bărbați și femei care fuseseră supuși în liceu la teste IQ. Scorurile au fost cuplate cu ideologia politică și, astfel, a apărut o tendință remarcabil de clară. Adulții care se descriau ca fiind *foarte liberali* au avut scoruri mai mari la testul de inteligență decât cei care se prezentau ca simpli *liberali*. Iar liberalii au avut scoruri mai mari decât indivizii care se considerau *la jumătatea drumului*, și această progresie a continuat în felul acesta până la cei care se declarau *foarte conservatori*. În condițiile în care scorul mediu era de

* *Politically Correct* (PC) (n.a.).

100, adulții foarte liberali aveau un IQ de 106, iar cei foarte conservatori, de 95.

O tendință mai mică, dar asemănătoare, a fost observată cu privire la religiozitate. Ateii aveau un IQ de 103, în vreme ce indivizii care se considerau foarte religioși ajungeau la o medie de 97. Este important să subliniem că acestea sunt scoruri medii. În grupurile mai mari se află conservatori străluciți și liberali nu atât de străluciți. În plus, diferențele sunt mici. Intervalul „normal" este de la 90 la 109. „Inteligența superioară" începe de la 110 și „geniul", de la 140.

Flexibilitatea mentală – abilitatea de a-ți schimba comportamentul ca reacție la circumstanțele în schimbare – este, de asemenea, un ingredient al măsurării inteligenței. Pentru a evalua flexibilitatea mentală, cercetătorii de la New York University au organizat un experiment, în care le-au cerut participanților să apese pe un buton când văd litera W și să se abțină de la această acțiune când văd litera M. Participanții trebuiau să gândească rapid. Când apărea litera, aveau doar jumătate de secundă la dispoziție pentru a decide dacă apasă sau nu pe buton. Pentru a îngreuna și mai mult lucrurile, cercetătorii schimbau, uneori, regula: apăsați pe M, nu apăsați pe W.

Conservatorii au întâmpinat mai multe dificultăți decât liberalii, în special când o serie de semnale pentru a apăsa a fost urmată de un semnal în sensul opus. Când a apărut semnalul pentru schimbare, au avut probleme în a-și adapta comportamentul.

Pentru a înțelege mai bine ce se întâmpla, oamenii de știință au fixat electrozi pe capul participanților, astfel încât să poată măsura intensitatea activității creierului pe parcursul testului. Când apărea simbolul pentru apăsare pe buton, nu exista o diferență prea mare între liberali și conservatori. Dar când își făcea apariția celălalt simbol, care interzicea apăsarea butonului, iar participanții aveau o jumătate de secundă pentru a lua o decizie, liberalii, spre deosebire de conservatori, activau instantaneu acea parte a creierului lor responsabilă pentru detectarea erorilor (implicând anticipare, atenție și motivare). Când circumstanțele se schimbau, liberalii se descurcau mai bine, activând rapid circuitele neuronale și modificându-și reacțiile pentru a răspunde noii provocări.

Ce este inteligența?

Inteligența a fost definită în multe feluri. Majoritatea experților sunt de părere că un test IQ nu măsoară inteligența generală. El determină, mai precis, abilitatea de a face generalizări pornind de la date incomplete și de a descoperi noi informații folosind reguli abstracte. Un alt mod de a spune acest lucru este că testul IQ măsoară abilitatea unei persoane de a construi modele imaginare pornind de la experiențe trecute și apoi de a folosi acele modele pentru a prezice ce se va întâmpla în viitor. Dopamina de control joacă un rol foarte important.

Există însă și alte moduri de a defini inteligența, cum ar fi abilitatea de a lua decizii bune în viața de zi cu zi. Pentru acest tip de activitate mentală, emoțiile (A&A) sunt esențiale. Antonio Damasio, neurolog la University of Southern California și autorul cărții *Descartes' Error: Emotion, Reason and the Human Brain**, observă că majoritatea deciziilor nu pot fi abordate într-un

---

* Carte apărută și în limba română, cu titlul *Eroarea lui Descartes. Emoțiile, rațiunea și creierul uman*, Editura Humanitas, București, 2005 (n.r.).

mod pur rațional. Fie nu avem suficiente informații, fie avem mai multe decât putem procesa. De exemplu, la ce facultate să mă înscriu? Care e cel mai bun mod de a-i cere iertare? Să mă împrietenesc cu persoana asta? Cu ce culoare să-mi zugrăvesc bucătăria? Să mă mărit cu el? E un moment potrivit pentru a-mi spune părerea sau mai bine tac din gură?

Pentru aproape fiecare decizie pe care o luăm este esențial să fim în contact cu emoțiile noastre și să procesăm cu atenție informațiile emoționale. Abilitatea intelectuală nu este suficientă. Fiecare dintre noi este familiar cu geniul științific sau scriitorul strălucit care se comportă asemenea unui copil neajutorat în viața reală pentru că îi lipsește „simțul comun" – abilitatea de a lua decizii bune.

Rolul emoțiilor în luarea deciziilor nu a fost studiat la fel de extensiv precum rolul gândirii raționale; însă ar fi lipsit de rațiune să anticipăm că indivizii care au un sistem A&A puternic ar avea un avantaj în această zonă. Un scor mare la un test IQ poate să fie o garanție a succesului academic, însă pentru o viață fericită, complexitatea emoțională ar putea să fie mult mai importantă.

Diferența dintre tendințele grupului și cazurile individuale

Oamenii de știință studiază, de regulă, grupuri mari de oameni. Ei măsoară acei parametri care fac obiectul interesului lor și calculează valori medii. Apoi compară acele valori medii cu ceea ce se cheamă un grup de control. Acesta din urmă poate să se refere la oameni obișnuiți, oameni sănătoși sau populația generală. De exemplu, un om de știință poate să facă un studiu despre populație, care arată o rată mare a cancerului în rândul persoanelor care fumează, comparativ cu orice altă categorie de persoane. De asemenea, el poate să facă un studiu genetic și să descopere că oamenii care au o genă care activează sistemul dopaminic sunt, în medie, mult mai creativi decât cei care nu au această genă.

Problema este că, atunci când vorbim despre valorile medii ale unui grup mare, există întotdeauna excepții, uneori chiar foarte multe. Mulți dintre noi se gândesc la fumătorii înrăiți care au trăit mai bine de 90 de ani. Tot astfel, nu toată lumea care are o genă foarte dopaminergică este creativă.

Comportamentul oamenilor este influențat de numeroși factori: cum interacționează zeci de gene diferite unele cu altele, în ce fel de familie am crescut și dacă am fost încurajați să fim creativi la o vârstă fragedă, pentru a numi doar pe unii dintre ei. A avea o anumită genă produce, de regulă, doar un mic efect. Așadar, deși aceste studii sporesc cunoașterea noastră despre modul în care funcționează creierul, ele nu sunt foarte utile când vine vorba despre anticiparea modului în care un anumit individ – un membru al unui grup mai mare – se va comporta. Cu alte cuvinte, observațiile despre un grup din care faceți parte ar putea să nu fie valabile pentru dumneavoastră în particular. Iar acesta este un lucru de așteptat.

Gene receptoare și clivajul liberal-conservator

Este foarte posibil ca dificultatea cu care s-au confruntat conservatorii să fi fost generată de diferențele referitoare la ADN-ul lor. De fapt, atitudinile politice, în general, par să fie influențate de genetică. Pe lângă articolul din *American Journal of Political Science*, pe care l-am discutat mai înainte, ca și alte studii, sprijină legătura dintre dispoziția genetică față de personalitatea dopaminergică și ideologia liberală. Cercetătorii de la University of California, San Diego, și-au concentrat atenția asupra unei gene care codifică informația pentru unul dintre receptorii de dopamină numit D4. Asemenea majorității genelor, D4 are o serie de variante. Variațiile ușoare ale genelor se numesc *alele*. Colecția de alele diferite ale unei persoane (împreună cu mediul în care a crescut) ajută la determinarea personalității sale unice.

Una dintre variantele genei D4 se numește 7R. Cei care au varianta 7R tind să fie genul de oameni aflați mereu în căutarea de noutăți. Nu suportă monotonia și le place tot ce este nou și neobișnuit. Pot fi impulsivi, analitici, capricioși, irascibili și extravaganți. Oamenii care nu sunt atât de interesați de tot ce este nou sunt caracterizați, de regulă, de un comportament calculat, rigid, loial, stoic, calm și frugal.

Cercetătorii au găsit o legătură între alelele 7R și aderența la ideologia liberală, dar numai dacă o persoană a crescut înconjurată de oameni cu o varietate de opinii politice. Pentru ca această legătură să se producă, trebuie să existe atât un element genetic, cât și unul social. O asociere similară a fost găsită într-un eșantion de studenți chinezi Han de la Universitatea din Singapore, ceea ce ne arată că legătura dintre alela 7R și aderența la ideologia liberală nu se regăsește exclusiv în cultura occidentală.

Oamenii sau omenirea?

Cu toate că, în medie, conservatorilor ar putea să le lipsească talentele artistice ale stângii dopaminergice, ei au mai multe șanse de a se bucura de avantajele unui puternic sistem A&A. Acestea includ empatie și altruism – în special sub forma donațiilor caritabile – și abilitatea de a întemeia relații monogame de lungă durată.

Discrepanța stânga-dreapta în ce privește donațiile caritabile a fost descrisă într-un raport de cercetare publicat de revista *The Chronicle of Philanthropy*. Cercetătorii au folosit date de la IRS* pentru a evalua donațiile caritabile în funcție de statul de rezidență, pe baza modului în care fiecare a votat la alegerile din 2012.**

Chronicle a descoperit că persoanele care donaseră cel mai mare procent din veniturile lor trăiau în state care au votat pentru Romney, în vreme ce persoanele care donaseră cel mai mic procent din veniturile lor trăiau în state care au votat pentru Obama. De fapt, fiecare dintre primele șaisprezece state care au făcut donații ca procent din venit au votat pentru Romney. O împărțire pe orașe arăta că metropolele liberale San Francisco și Boston se aflau printre ultimele, în vreme ce Salt Lake City, Birmingham, Memphis, Nashville și Atlanta se numărau printre cele mai generoase. Diferențele erau in-

* Agenția de Administrare Fiscală a Statelor Unite (n.t.).

** Există unele puncte slabe ale acestei colecții de date. Deoarece provine din returnări de taxe, se bazează pe cei 35% dintre contribuabilii care anexează listele de cheltuieli și, de regulă. cei care anexează aceste liste sunt înstăriți. În plus, doar o treime din contribuțiile caritabile merg la săraci. Potrivit unui raport din 2011 alcătuit de Giving USA, 32% din donații au mers la organizații religioase și 29% la instituții educaționale, fundații private, instituții filantropice pentru artă, cultură și mediu. În ciuda acestor puncte slabe, raportul oferă o descriere interesantă a genului de persoană care este cea mai înclinată să dea bani altora (n.a.).

dependente de venit. Conservatorii, fie că erau bogați, săraci sau din clasa de mijloc, au dat, toți, mai mult decât liberalii.

Rezultatele nu înseamnă că conservatorilor le pasă mai mult de săraci decât liberalilor. Mai degrabă, la fel ca în cazul lui Albert Einstein, liberalii se simt mai confortabil când se concentrează asupra omenirii decât asupra oamenilor. Liberalii sunt în favoarea legilor care asigură ajutor săracilor. Spre deosebire de donațiile caritabile, legislația este o modalitate de abordare a problemei sărăciei care nu presupune implicarea directă. Aceasta reflectă diferența de interes observată de noi în repetate rânduri: persoanele dopaminergice sunt mult mai interesate de acțiunea de la distanță și planificare, în vreme ce persoanele cu niveluri ridicate de A&A tind să se concentreze asupra lucrurilor la îndemână. În acest caz, guvernul acționează ca agent al compasiunii liberalilor și slujește, de asemenea, ca un fel de tampon între binefăcător și beneficiar. Resursele pentru cei săraci sunt furnizate de birocrație, care este finanțată colectiv de milioane de plătitori individuali de taxe.

Care este mai bună? Politica sau caritatea? Depinde din ce perspectivă privim lucrurile. În mod evident, abordarea dopaminergică, politica, maximizează resursele destinate celor săraci. Maximizarea resurselor este ceea ce dopamina face foarte bine. În 2012, guvernele local, statal și federal au cheltuit circa un milion de dolari pe programe antisărăcie. Aceasta înseamnă aproximativ 20 000 de dolari pentru fiecare persoană săracă din America. Donațiile caritabile însă s-au ridicat doar la 360 de miliarde de dolari. Abordarea dopaminergică a furnizat de aproape trei ori mai mulți bani.

Cu toate acestea, valoarea ajutorului nu se măsoară în dolari și cenți. Impactul emoțional de tip A&A al ajutorului guvernamental impersonal este diferit de o legătură personală cu biserica sau cu o fundație de caritate. Caritatea este mai flexibilă decât legea, astfel că are o capacitate mai bună de a se concentra asupra nevoilor unice ale indivizilor reali, și nu ale unor grupuri definite abstract. În mod tipic, oamenii care lucrează pentru fundațiile de caritate private se află într-un contact strâns (adeseori fizic) cu aceia pe care-i ajută. Aceste relații apropiate le permit să ajungă să-i cunoască pe oamenii pe care-i ajută și să personalizeze asistența oferită. În acest fel, resursele materiale pot fi mărite prin adăugarea unui sprijin emoțional. Astfel, angajații fundațiilor de caritate pot să-i ajute pe cei apți să-și caute un loc de muncă sau, în general, să le arate celor care nu merită ajutorul că altcineva se gândește cu adevărat la ei ca indivizi. Multe fundații de caritate pun accent pe responsabilitatea personală și pe caracterul moral ca fiind cele mai eficiente mijloace de combatere a sărăciei. Această abordare nu este potrivită pentru toată lumea, dar unora le va fi mai de folos decât primirea de ajutoare sociale.

Există, de asemenea, un beneficiu emoțional pentru donator. *Paradoxul hedonistic* afirmă că, spre deosebire de oamenii care caută fericirea pentru ei înșiși, cei care-i ajută pe alții o vor găsi. Altruismul a fost asociat cu o bunăstare, sănătate și longevitate mai mari. Există chiar dovezi care arată că un comportament altruist încetinește îmbătrânirea la nivel celular. Oamenii de știință de la Department of Bioethics, Case Western Reserve University, afirmă că beneficiile altruismului derivă, cel mai probabil, „dintr-o integrare socială mai profundă și pozitivă, distanțarea de problemele personale și de anxietatea generată de interesul excesiv față de propria persoană, o semnificație sporită a vieții, un scop mai nobil al acesteia și un stil de viață mult mai activ". Acestea sunt beneficii care nu pot fi dobândite doar plătind taxe.

Dacă politica direcționează mai multe resurse către cei săraci și caritatea adaugă beneficii suplimentare, de ce să nu le facem pe amândouă? Problema este că dopamina și neurotransmițătorii A&A se opun reciproc, iar acest lucru creează o problemă de tipul sau/sau. Persoanele care sunt în favoarea ajutoarelor de stat pentru săraci (o abordare dopaminergică) sunt mai puțin înclinate să facă donații (o abordare A&A) și viceversa.

General Social Surveyal University of Chicago a stabilit tendințe, atitudini și comportamente ale societății americane începând din 1972. Una dintre secțiunile sondajului cuprindea întrebări despre inegalitatea veniturilor. Rezultatele au arătat că americanii care se opuneau categoric politicii guvernului de redistribuire în vederea eliminării acestei probleme făceau de zece ori mai multe donații decât aceia care erau, în mod deschis, în favoarea unei asemenea acțiuni guvernamentale: 1 627 de dolari anual versus 140 de dolari. Tot astfel, spre deosebire de cei care voiau ca guvernul să cheltuiască mai mult pe beneficii, cei care credeau că sumele cheltuite în acest fel sunt prea mari erau mult mai înclinați să îndrume o persoană aflată în căutarea unei adrese, să înapoieze casierului banii de rest și să dea bani sau mâncare celor fără adăpost. Aproape toți oamenii vor să-i ajute pe cei nevoiași. Dar, în funcție de personalitatea pe care o au – dopaminergică sau A&A –, vor face acest lucru în moduri diferite. Cei dopaminergici vor ca săracii să primească *mai mult* ajutor, în vreme ce indivizii A&A vor să ofere ajutor personal pe o bază individuală.

Conservatori ai cuplării

Preferința pentru un contact strâns, personal, care îi determină pe conservatori să adopte o atitudine mai implicată față de ajutorarea săracilor, îi face, totodată, mai apți pentru relații monogame de lungă durată. Publicația *New York Times* relata că „aceia care și-au petrecut copilăria oriunde în America albastră [democrată] – mai ales în bastioane liberale, precum New York, San Francisco, Chicago, Boston și Washington – au cu 10% mai puține șanse să se căsătorească decât restul țării". În plus, când liberalii se căsătoresc, sunt mult mai înclinați către adulter.

Pe lângă donațiile caritabile, General Social Survey stabilește, de asemenea, comportamentul sexual al americanilor. Începând din 1991, sondajul a cuprins întrebări precum: „Ați făcut vreodată sex cu altcineva în afară de soțul/soția dumneavoastră în timp ce erați căsătorit(ă)?" Dr. Satoshi Kanazawa, care a evaluat relația dintre ideologia politică și inteligență, a analizat aceste informații pentru a afla cine avea mai multe șanse să răspundă *da* la această întrebare. Dintre cei care s-au prezentat drept conservatori, 14% își înșelaseră nevestele. Procentul a scăzut ușor sub 13% când a venit vorba despre cei care se prezentau drept foarte conservatori. În ce-i privește pe liberali, 24% au recunoscut adulterul și la fel au făcut 26% dintre cei care se declarau foarte liberali. Aceeași tendință a fost observată când datele despre femei și bărbați au fost analizate separat.

Conservatorii fac mai puțin sex, probabil pentru că sunt mai înclinați către relațiile prietenești, în care testosteronul este suprimat de oxitocină și vasopresină. Cu toate că relațiile sexuale sunt mai puțin frecvente, există mai multe șanse ca ele să se sfârșească cu orgasm pentru ambii parteneri. Potrivit unui studiu intitulat: „Necăsătoriții din America", un sondaj care a cuprins peste 5 000 de adulți și a fost proiectat de Institute for Evolutionary Studies al University of Binghamton, conservatorii au mai multe șanse să atingă orgasmul în timpul actului sexual decât liberalii.

Potrivit dr. Helen Fisher, consultant științific la Match.com, conservatorii sunt mai buni la a renunța la control, o activitate necesară pentru ca orgasmul să apară. Ea a pus această abilitate pe seama deținerii unor valori mai clare – care îi face pe oameni să se relaxeze mai ușor. Această explicație, care se întemeiază pe legătura dintre valori mai clare și dezinhibiția din timpul orgasmului, ar putea să nu fie cea mai simplă. Probabil că există unele mai simple, întemeiate pe ceea ce știm despre neurobiologia sexului. Evident, abandonarea controlului, care este necesară pentru apariția orgasmului, este un lucru mult mai ușor într-o relație bazată pe încredere. Acest tip de relație este mult mai des întâlnit în rândul conservatorilor A&A, care caută stabilitate, spre deosebire de liberalii dopaminergici, interesați de tot ce este nou. În plus, abilitatea de a te bucura de senzațiile fizice oferite de actul sexual A&A necesită suprimarea dopaminei de către neurotransmițători A&A, precum endorfinele și endocanabinoidele. O activitate mai intensă în sistemul A&A relativă la dopamină face ca această tranziție să fie mai ușor de făcut.

OkCupid, un site de întâlniri amoroase, a făcut propriul sondaj despre relațiile sexuale și a descoperit o informație uluitoare cu privire la ce tip de oameni apreciau, sau nu apreciau, orgasmele. Întrebarea pusă de cei de la OkCupid a fost: „Sunt orgasmele partea cea mai importantă a actului sexual?" Ei au selectat informațiile în funcție de afilierea profesională și politică. Cei mai înclinați să răspundă *nu* la întrebare au fost scriitorii, artiștii și muzicienii de orientare politică liberală.

Dacă sunteți foarte dopaminergici – așa cum tind să fie scriitorii, artiștii și muzicienii –, cea mai importantă parte a actului sexual apare, probabil, înainte de evenimentul principal. Este cucerirea. Când obiectul imaginar al dorinței se transformă într-o persoană reală, când posesiunea ia locul speranței, rolul dopaminei ia sfârșit. Emoția puternică a dispărut, iar orgasmul aduce dezamăgire.

În cele din urmă, așa cum e de așteptat, când comparăm liberalii (cu nivelurile lor ridicate de dopamină) cu conservatorii (cu nivelurile lor ridicate de neurotransmițători A&A), conservatorii sunt mai fericiți decât liberalii. Un sondaj Gallup desfășurat în perioada 2005-2007 a relevat că 66% dintre republicani erau mulțumiți de viața lor, comparativ cu 53% dintre democrați. 61% dintre republicani s-au descris ca fiind foarte fericiți, însă doar mai puțin de jumătate dintre democrați au putut să spună același lucru. Într-un stil asemănător, cei căsătoriți erau mai fericiți decât cei necăsătoriți, iar cei care mergeau la biserică erau mai fericiți decât cei care nu mergeau.

Dar lumea este rareori simplă. În ciuda ratelor mai ridicate ale satisfacției conjugale, a orgasmelor mai sigure și a numărului mai scăzut de adultere, cuplurile din statele roșii [conservatoare] au mai multe șanse să ajungă la divorț, decât cele din statele albastre. Și, de asemenea, sunt consumatoare de pornografie. Cu toate că aceste descoperiri par să fie contraintuitive, ele reflectă însă impactul cultural mai mare pe care îl are religia organizată în statele roșii. Cuplurile din aceste state sunt forțate să se căsătorească mai repede și au mai puține șanse să trăiască împreună sau să aibă relații sexuale înainte de căsătorie. Ca urmare, tinerii care alcătuiesc aceste cupluri nu au prea multe oportunități de a se cunoaște mai bine unul pe celălalt înainte de căsătorie, iar acest lucru contribuie la destabilizarea căsniciei lor. Tot astfel, oprobriul cu care sunt tratate relațiile sexuale premaritale poate să ducă la un consum mai mare de pornografie în vederea satisfacției sexuale.

Hipioți și evanghelici

La complexitatea acestui tablou se adaugă faptul că partidele politice sunt eterogene, alcătuite din grupuri care au convingeri contradictorii. Printre republicani există susținători ai statului minimal, care cred că indivizii trebuie lăsați să-și urmeze propriile alegeri, liberi de constrângerile legilor și reglementărilor. Dar există și evanghelici activi politic, care vor să facă din America o țară mai bună, consfințind morala prin lege. Nu este deloc surprinzător că un grup care se definește pe sine prin venerarea unei entități transcendente și pune accent pe concepte abstracte, precum dreptatea și clemența, are o abordare a vieții mult mai dopaminergică. Atenția pe care o acordă perfecționării continue a conduitei morale și vieții de dincolo de moarte reflectă, de asemenea, concentrarea lor asupra viitorului. Ei sunt progresiștii dreptei.

La stânga se află hipioții, care promovează sustenabilitatea și care, adeseori, privesc cu ochi răi tehnologia, preferând să trăiască o viață profund conectată la natură. Ei preferă experiențele A&A, decât să alerge după ceva ce nu au. Sunt conservatorii stângii, care resping săgeata progresistă în favoarea cercului conservator.

Această complexitate ne reamintește cât de important este să fim atenți și să nu avem idei preconcepute când studiem tendințele sociale. Inversarea completă a rezultatelor studiului despre trăsături ale personalității și politică demonstrează că datele pot fi interpretate greșit și totuși acceptate ca fiind corecte. Mai mult decât atât, calitatea datelor este întotdeauna imperfectă, iar informațiile adunate din sondajele făcute în rândul a mii de oameni vor conține, întotdeauna, mai multe erori decât datele provenite din studii clinice atent supervizate. Sondajele depind, de asemenea, de sinceritatea repondenților. Este posibil ca, în general, conservatorii să fie mai reticenți decât liberalii în a recunoaște infidelitățile conjugale sau nemulțumirile legate de propria viață, caz în care rezultatele de la General Social Survey ar fi pervertite.

Cercetarea științifică poate să fie inconsecventă, și aceasta reprezintă o altă problemă. Unele studii despre neurologia gândirii politice au un „geamăn rău", ca să spunem așa, care s-a uitat la aceeași întrebare și a dat răspunsul opus. Per total însă, informațiile sprijină o tendință către o ideologie politică progresistă în rândul oamenilor cu o personalitate mai dopaminergică și către una conservatoare în rândul celor cu niveluri mai scăzute ale dopaminei și cu mai multe A&A-uri.

Tabloul general ar putea arăta astfel: *în medie*, liberalii au mai multe șanse să fie progresiști, cerebrali, inconsecvenți, creativi, inteligenți și nemulțumiți. Conservatorii, dimpotrivă, nu se feresc să reacționeze emoțional, sunt loiali, stabili, convenționali, nu atât de intelectuali și fericiți.

Votantul cu un comportament irațional garantat

Deși persoanele foarte conservatoare și cele foarte liberale tind să voteze linia partidului, alții au ideologii mai moderate. Este vorba despre alegători independenți, care sunt deschiși persuasiunii politice. Influențarea opiniilor acestui grup este esențială pentru o campanie de succes, iar neurologia poate să facă lumină în privința celor mai bune modalități de a face acest lucru.

Arta persuasiunii se intersectează cu neurologia în punctul în care sunt luate deciziile și se trece la acțiune – cu alte cuvinte, intersecția circuitelor dopaminei dorinței și dopaminei controlului este acolo unde cântărim opțiunile și luăm decizii cu privire la ceea ce credem că ne va sluji cel mai bine viitorul. Fie că este vorba despre a lua o sticlă de detergent de pe raftul unei băcănii sau despre a vota un candidat politic, se pare că acest demers ar trebui să fie pe teritoriul dopaminei controlului, luând forma simplei întrebări: *Ce este cel mai bine pentru viitorul meu pe termen lung?* Dar este greu să convingi dopamina controlului și să învingi toate contraargumentele care apar, în mod inevitabil, folosind un autocolant auto sau o reclamă TV de 30 de secunde. Din punct de vedere pur practic, probabil că nici nu merită făcut acest lucru.

Deciziile raționale sunt lucruri fragile, supuse mereu revizuirii, pe măsură ce apar noi dovezi. Iraționalitatea este mai solidă și se poate profita atât de dopamina dorinței, cât și de circuitele A&A pentru a-i împinge pe oameni către luarea unor decizii iraționale. Cele mai eficiente instrumente sunt frica, dorința și simpatia.

Frica poate să fie cea mai eficientă dintre toate, motiv pentru care reclamele de atac, care-l prezintă pe candidatul opus ca fiind periculos, sunt cele mai populare. Frica se adresează celor mai primitive preocupări ale noastre: *Pot să rămân în viață? Copiii mei vor fi în siguranță? Voi putea să-mi păstrez locul de muncă, ca să am bani pentru mâncare și chirie?* Aproape orice campanie politică se bazează pe generarea fricii. Din nefericire, efectul secundar este că americanii ajung să se urască între ei.

De ce ne amuzăm până la moarte?

În cartea sa incitantă din 1985, *Amusing Ourselves to Death*, teoreticianul media Neil Postman susține că discursul politic a fost diminuat odată cu dezvoltarea televiziunii. El observă că, la acel moment, știrile de la televizor căpătaseră caracteristicile divertismentului. Și îl citează pe prezentatorul de știri Robert MacNeil: „Ideea, scrie el, este să prezinți totul cât mai pe scurt, să nu atragi atenția cuiva, dar, în schimb, să furnizezi o stimulare constantă prin varietate, noutate, acțiune și mișcare. Ți se cere... să nu acorzi atenție niciunui concept, niciunui personaj și niciunei probleme mai mult de câteva secunde." La mai bine de trei decenii, știrile de pe internet arată exact la fel. Chiar și site-urile de știri considerate serioase au paginile de prezentare pline de zeci de titluri scurte, provocatoare. Majoritatea nu duc la un material lung, serios, de citit, ci la filmulețe ingenioase de privit.

Postman afirma că această situație ridică o problemă profundă, dar el nu ne spune de ce preferăm, mai degrabă, divertismentul, decât o gândire serioasă atunci când dezbatem chestiunile importante pe care națiunea trebuie să le abordeze. De 30 de ani, întrebarea rămâne. Dintre nenumăratele forme pe care tehnologia comunicării ar fi putut să le ia, de ce, asemenea știrilor TV, știrile de pe internet preferă noutatea și concizia, în defavoarea unei analize în profunzime?

Răspunsul este dopamina dorinței. O povestire scurtă, ingenioasă sare în ochi – este *salientă*. Furnizează o doză rapidă de dopamină și ne captează atenția. Iată de ce accesăm zeci de titluri provocatoare care ne duc la filmulețe cu pisici și sărim, astfel, peste articolul mai lung despre îngrijirea sănătății. Acesta din urmă este mult mai oportun pentru viața noastră, însă munca de procesare a lui nu poate fi comparată cu plăcerea facilă oferită de dozele de dopamină. Dopamina de control poate să riposteze, însă este învinsă, invariabil, de tot ceea ce este nou și strălucitor, iar asemenea lucruri sunt valuta forte a internetului.

Unde se va ajunge cu toate acestea? Probabil că nu la o renaștere a jurnalismului consistent. În condițiile în care articolele cu „efect imediat" încep să predomine tot mai mult internetul, ele trebuie să devină tot mai scurte și mai simple, pentru a face față concurenței. Unde se încheie un asemenea ciclu? Nici măcar cuvintele nu mai sunt esențiale. Majoritatea telefoanelor mobile din ziua de azi îți oferă posibilitatea să înlocuiești textul tipărit cu ceva mai rapid, mai simplu (și mai nepoliticos) și care-ți sare în ochi: un emoji.

Probabil că Postman nu știa care este cauza neuroștiințifică a acestei situații, însă a înțeles efectul: „Și, astfel, ne mutăm rapid într-un mediu informațional pe care l-am putea numi, pe bună dreptate, ocupație trivială. La fel cum unele jocuri folosesc fapte reale ca sursă de amuzament, tot astfel procedează și sursele noastre de știri. S-a demonstrat, în repetate rânduri, că o cultură poate să supraviețuiască dezinformării și falselor opinii. Dar nu s-a demonstrat încă dacă o cultură poate să supraviețuiască în condițiile în care evaluează mersul lumii în 22 de minute. Sau dacă valoarea știrilor sale este determinată de numărul de râsete pe care le furnizează".

De ce pierderea a ceva drag doare mai mult

În afară de faptul că se adresează nevoilor primitive, un alt motiv pentru care frica funcționează atât de bine este *aversiunea față de pierdere*, însemnând că durerea provocată de pierdere este mai mare decât plăcerea pe care o aduce câștigul. De exemplu, durerea provocată de pierderea a 20 de dolari este mai mare decât plăcerea care însoțește câștigarea acestei sume. Acesta este motivul pentru care majoritatea oamenilor resping pariurile pe aruncarea banului, cu șanse 50/50, când suma este semnificativă. De fapt, majoritatea refuză să pună o plată de 30 de dolari pentru un pariu de 20 de dolari. Plata trebuie să fie dublă față de pariu, 40 de dolari în acest caz, înainte ca majoritatea oamenilor să fie de acord să parieze.

Un matematician ar spune că, atunci când există 50/50 șanse de câștig, iar plata este mai mare decât pariul, jocul are o *valoare pozitivă* netă, astfel că trebuie să pariem. (Este important să menționăm că acest lucru funcționează numai dacă ne permitem pariul. Ar fi rațional să pariem cu cei 20 de dolari pe care-i cheltuim la un film, dar nu și cu cei 200 de dolari cu care plătim chiria). Însă majoritatea oamenilor refuză oportunitatea de a câștiga 30 de dolari la un pariu pe aruncarea banului de 20 de dolari. De ce reacționează ei astfel?

Când oamenii de știință au scanat creierul participanților la o serie de experimente cu pariuri, ei s-au uitat, evident, mai întâi la dopamină. Au descoperit că activitatea neuronală din circuitul dorinței creștea după câștiguri și scădea după pierderi – așa cum era de așteptat. Însă schimbările nu erau simetrice. Valoarea scăderii după pierderi era mai mare decât aceea a creșterii după câștiguri. Circuitul dopaminei reflecta experiența subiectivă. Efectul pierderii era mai mare decât efectul câștigului.

Ce căi neuronale se aflau în spatele acestui dezechilibru? Ce amplifica reacția provocată de pierdere? Cercetătorii și-au îndreptat atenția către amygdală – o structură A&A care prelucrează frica și alte emoții negative. De fiecare dată când un participant pierdea un pariu, amygdala lor se activa, intensificând sentimentele de suferință. Emoția A&A era aceea care genera aversiunea față de pierdere. Sistemului A&A nu-i pasă de viitor. Nu-i pasă de lucrurile pe care le-am putea obține. Îi pasă doar de ce avem în momentul de față. Și, când aceste lucruri sunt amenințate, își fac apariția frica și suferința.

Alte studii au ajuns la rezultate similare. Într-un experiment, jumătate dintre participanți au primit câte o ceașcă în care se afla cafea, cealaltă jumătate nu a primit nimic. Imediat după ce cafelele au fost distribuite, participanților li s-a oferit posibilitatea să negocieze între ei: cafea pentru bani. Posesorilor de cafea li s-a spus să stabilească un preț pe care l-ar accepta, iar cumpărătorilor de cafea li s-a spus să stabilească un preț pe care l-ar plăti. Prețul mediu cerut de cei dintâi a fost de 5,78 dolari, în vreme ce suma medie oferită de ultimii a fost de 2,21 dolari. Vânzătorii nu prea își doreau să se despartă de cafelele lor, iar cumpărătorii ezitau să-și cheltuiască banii. Niciunul dintre grupuri nu avea chef să renunțe la ce avea.

Rolul esențial al amygdalei în aversiunea față de pierdere a fost confirmat de un„experiment" al naturii. Asemenea „experimente" sunt bolile și accidentele care scot la iveală elemente importante ale cunoașterii științifice. Ele sunt fascinante pentru că, de regulă, reprezintă „experimente" pe care doar un om de știință lipsit de orice principiu etic ar putea să le desfășoare. Nimeni nu-i va cere unui chirurg să deschidă capul unui om și să-i extragă amygdala. Însă acest lucru se întâmplă, uneori, de la sine. În acest caz, oamenii de știință au studiat doi pacienți care aveau boala Urbach-Wiethe, o afecțiune rară care distruge amygdala din ambele părți ale creierului. Când acestor indivizi li s-au propus câteva pariuri, ei au atribuit o pondere egală atât pierderilor, cât și câștigurilor. Fără amygdală, aversiunea față de pierdere a dispărut.

Într-un fel, aversiunea față de pierdere este o simplă aritmetică. Câștigul este despre un viitor mai bun, astfel că numai dopamina este implicată. Posibilitatea câștigului primește un +1 de la dopamină. Și primește 0 de la A&A, pentru că A&A este interesată doar de prezent. Pierderea este, de asemenea, despre viitor, așa că face obiectul preocupărilor dopaminei și primește -1. Dar și A&A este interesată de pierdere, deoarece aceasta din urmă afectează lucrurile care se află în posesia noastră în momentul de față. Ca urmare, A&A îi oferă un -1.

Dacă le punem laolaltă, câștigul = +1 și pierderea = -2, exact ceea ce observăm, cu ajutorul tomografiei, în experimentele cu pariuri.

Frica, asemenea dorinței, este un concept relativ la viitor – domeniul dopaminei. Însă sistemul A&A intensifică suferința pierderii prin activarea amygdalei, iar acest lucru influențează judecata noastră când trebuie să luăm decizii cu privire la cea mai bună cale de administrare a riscului.

Beneficii sau amenințări?

Deși aversiunea față de pierdere este un fenomen universal, există diferențe între grupuri. În general, liberalii dopaminergici sunt mult mai înclinați să răspundă la mesaje care oferă beneficii, cum ar fi oportunități pentru mai multe resurse, în vreme ce conservatorii A&A reacționează mai degrabă la mesaje care oferă siguranță, cum ar fi capacitatea de a-și păstra bunurile pe care le dețin în prezent. Liberalii susțin programe despre care cred că asigură un viitor mai bun, cum ar fi subvenționarea educației, planificarea urbană și inițiative în domeniul tehnologiei, finanțate de guvern. Conservatorii preferă programe care le protejează modul lor curent de viață, cum ar fi creșterea cheltuielilor pentru apărare, inițiative referitoare la lege și ordine și limitarea imigrației.

Atât liberalii, cât și conservatorii au motivele lor pentru a se concentra pe beneficii versus amenințări, motive care, cred ei, sunt concluziile raționale ale cântăririi atente a faptelor. Probabil că acest lucru nu este adevărat. Mai degrabă este vorba despre o diferență fundamentală în ce privește modul în care este cablat creierul.

Cercetătorii de la University of Nebraska au selectat un grup de voluntari în funcție de convingerilor lor politice și le-au măsurat nivelul de excitație în timp ce li se prezentau imagini ce evocau dorință sau suferință. Excitația este descrisă, uneori, ca ațâțare sexuală, dar, într-un sens mult mai general, ea se referă la cât de conectată este o persoană la ceea ce se petrece în jurul său. Când o persoană este interesată și angajată, inima îi bate ceva mai repede, tensiunea arterială urcă puțin, iar glandele sale sudoripare eliberează cantități mici de transpirație. Doctorii numesc această stare *reacție simpatetică*. Cea mai obișnuită modalitate de a măsura reacția simpatetică este atașarea a doi electrozi pe corpul unei persoane, cu ajutorul cărora se determină rezistivitatea, viteza de circulație a electricității. Cu cât o persoană este mai excitată, cu atât electricitatea circulă mai ușor.

După ce electrozii au fost atașați participanților la cercetare, acestora din urmă li s-au arătat trei fotografii care prezentau situații tulburătoare (un păianjen pe fața unui bărbat, o rană deschisă cu viermi și o mulțime de oameni atacând un bărbat) și trei fotografii cu subiect pozitiv (un copil vesel, un vas cu fructe și un iepuraș drăguț). Liberalii au avut o reacție mai puternică la fotografiile pozitive, iar conservatorii, la cele negative. Întrucât cercetătorii măsurau o reacție biologică – transpirația –, răspunsul nu putea fi controlat în mod intenționat de participanți. Era măsurat ceva mult mai profund decât alegerea rațională.

Apoi ei au folosit un dispozitiv de măsurare a mișcării ochilor pentru a determina cât timp au petrecut voluntarii uitându-se la un colaj de fotografii – pozitive și negative, expuse în același timp. Ambele grupuri, conservator și liberal, au petrecut mai mult timp privind fotografiile negative. Acest rezultat este compatibil cu fenomenul universal al aversiunii față de pierdere. Însă conservatorii au petrecut mai mult timp contemplând fotografiile care provocau teamă, în vreme ce liberalii și-au împărțit atenția într-un mod mai uniform. Aversiunea față de pierdere era prezentă la ambele grupuri, dar era mai pronunțată în rândul conservatorilor.

Avem mijloace pentru a te face conservator

Relația dintre conservatorism și amenințare merge în ambele direcții. În comparație cu liberalii, conservatorii au o tendință mult mai pronunțată de a se concentra pe amenințare. În același timp, când oamenii, indiferent de orientarea lor politică, se simt amenințați, devin mai conservatori. Este bine cunoscut faptul că atacurile teroriste sporesc popularitatea candidaților conservatori. Dar chiar și amenințările slabe – atât de slabe încât nici măcar nu suntem conștienți de ele – îi împing pe oameni spre dreapta.

Pentru a testa relația dintre amenințările subtile și ideologia conservatoare, cercetătorii i-au abordat pe studenții dintr-un campus universitar și le-au cerut să completeze un sondaj referitor la convingerilor lor politice. Jumătate dintre participanți au fost așezați lângă un dozator de dezinfectant de mâini, pentru a le readuce aminte de riscul infecției; cealaltă jumătate a fost dusă într-o zonă diferită. Cei care au stat lângă dozator au făcut dovada unor standarde superioare ale conservatorismului moral, social și fiscal. Același rezultat a fost înregistrat când i s-a cerut unui grup separat de studenți să-și șteargă mâinile cu șervețele dezinfectante înainte de a se așeza la un calculator pentru a răspunde la întrebările sondajului. Să nu uităm că alegerile au loc în timpul sezonului gripei și că mașinile de vot cu ecran tactil răspândesc germeni. Astfel, e un lucru obișnuit să găsești dozatoare de dezinfectant de mâini în locurile unde se desfășoară votul.

Profesorul Glenn D. Wilson, un psiholog care studiază influența evoluției asupra comportamentului uman, a spus, în glumă că, pe durata alegerilor, afișele de la toalete pe care scrie că: „Angajații trebuie să se spele pe mâini înainte de a se întoarce la locul de muncă" sunt panouri publicitare pentru Partidul Republican.

Variația neurochimică a judecății morale

Un alt mijloc pentru a deveni conservator este medicația. Oamenii de știință pot să-i facă pe oameni să se comporte asemenea conservatorilor, dându-le medicamente ce ridică nivelul serotoninei, un neurotransmițător A&A. În cadrul unui experiment, participanților li s-a administrat o singură doză dintr-un medicament serotonergic, Citalopram, folosit, de regulă, pentru tratarea depresiei.* După ce au luat pastilele, interesul lor față de conceptul abstract de justiție a slăbit și, în schimb, s-au concentrat mai mult pe protejarea indivizilor împotriva daunelor. Acest lucru a fost demonstrat de performanța lor în ceea ce se cheamă „Jocul ultimatumului". Iată cum se joacă.

* O singură doză dintr-un antidepresiv serotonergic nu este suficientă pentru a influența dispoziția. De regulă, e nevoie de câteva săptămâni de doze zilnice pentru a observa un efect. Prima doză provoacă o creștere a nivelului de serotonină din creier, dar, după câteva săptămâni de tratament, lucrurile încep să se complice. În momentul în care depresia începe să dea înapoi, creierul s-a adaptat la medicație, în așa fel încât sistemul serotonin este mai activ în unele locuri și mai puțin activ în altele. Nimeni nu știe, cu adevărat, cum ne ridică moralul antidepresivele (n.a.).

Există doi jucători. Unuia dintre ei, numit propunătorul, i se dă o sumă de bani (100 de dolari, de exemplu) și i se spune să o împartă cu celălalt, care este răspunzătorul. Propunătorul poate să-i ofere răspunzătorului orice sumă dorește. Dacă acesta din urmă acceptă oferta, amândoi pot păstra banii. Dacă răspunzătorul respinge oferta, niciunul dintre ei nu primește nimic. Este un joc care se joacă o singură dată. Fiecare jucător are doar o șansă.

Un răspunzător perfect rațional ar accepta orice ofertă, chiar și un dolar. Dacă acceptă oferta, va avea mai mulți bani decât înainte. Dar dacă o respinge, nu va câștiga nimic. Așadar, respingerea oricărei oferte, oricât de mică, este contrară intereselor sale financiare. Însă, în viața reală, ofertele mici sunt refuzate, deoarece sunt considerate o ofensă adusă fair-play-ului. Confruntați cu o ofertă modestă, tot ce ne dorim este să-l pedepsim pe propunător – să-l învățăm minte, provocându-i o pagubă financiară. În medie, răspunzătorii tind să-i pedepsească pe propunătorii care oferă 30% sau mai puțin din banii pe care trebuie să-i împartă.

Acest număr, 30%, nu este bătut în cuie. Diferiți oameni, în circumstanțe diferite, vor face propuneri diferite. Cercetători de la Harvard University și Cambridge University au descoperit că, în rândul participanților cărora li se administrase Citalopram, disponibilitatea de a accepta oferte modeste era dublă. Combinând aceste rezultate cu rezultatele la testele suplimentare de judecată și comportament moral, cercetătorii au ajuns la concluzia că aceia care luaseră medicamentul nu erau dispuși să-i facă rău propunătorului, respingându-i oferta. Efectul opus a fost obținut când participanților li s-a dat un medicament care scădea nivelul de serotonină: ei erau mult mai dispuși să facă rău pentru a sluji un bine mai mare – impunerea unor standarde ale corectitudinii.

Cercetătorii au tras concluzia că medicamentul care ridica nivelul de serotonină intensifica *aversiunea față de producerea unui rău*. Ca urmare a creșterii serotoninei, judecata morală trecea de la un scop abstract (impunerea corectitudinii) la evitarea săvârșirii unor acțiuni care ar putea să dăuneze cuiva (lipsirea propunătorului de partea lui de bani). Dacă ne întoarcem la problema tramvaiului, abordarea logică ar fi să omori o persoană pentru a salva cinci, în vreme ce abordarea bazată pe aversiunea față de suferință este să refuzi să iei viața cuiva pentru binele altor persoane. Utilizarea medicamentelor pentru a influența aceste decizii poartă un nume înfricoșător: *modulația neurochimică a judecății morale.*

Doza unică de Citalopram i-a făcut pe oameni mai dispuși să uite comportamentul nedrept și mai reticenți în a considera că a face rău unei alte persoane este un lucru permisibil, o atitudine care reflectă o predominanță A&A. Cercetătorii au descris acest comportament ca fiind *prosocial la nivel individual*. Termenul *prosocial* se referă la dispoziția de a-i ajuta pe alții. Respingerea ofertelor incorecte este numită *prosocială la nivel de grup*. Pedepsirea oamenilor care fac oferte incorecte promovează corectitudinea de care beneficiază comunitatea mai largă, iar această atitudine este compatibilă cu o abordare dopaminergică.

Să stea sau să plece?

Observăm că această opoziție individ/grup apare în dezbaterea despre imigrație. Conservatorii tind să se concentreze pe grupurile mai mici, cum ar fi indivizi, familie și țară, în vreme ce liberalii se concentrează, mai degrabă, asupra celui mai mare grup dintre toate: comunitatea globală a tuturor bărbaților și femeilor. Conservatorii sunt interesați de drepturile individuale, iar unii dintre ei susțin ideea construirii unor ziduri care să-i țină pe imigranții ilegali în afara țării lor. Liberalii consideră că indivizii sunt interconectați, iar unii vorbesc despre abolirea completă a legilor referitoare la imigrație. Dar ce se întâmplă când imigranții chiar își fac apariția – când se transformă dintr-o idee în realitate, din ceva abstract, aflat la distanță, în oameni aflați în imediata noastră vecinătate? Nu există studii la scară largă care să ofere un răspuns la această întrebare, dar există dovezi neconfirmate pentru faptul că experiența A&A a contactului direct produce rezultate diferite, comparativ cu experiența dopaminergică a stabilirii unor politici.

În 2012, ziarul *New York Times* relata despre un grup numit Unoccupy Springs, care apăruse chiar în inima stațiunii foarte liberale și foarte bogate numită Hamptons. Grupul milita pentru adoptarea unor măsuri severe împotriva imigranților, care umpleau casele destinate unei singure familii cu persoane între care nu existau legături de rudenie, încălcând reglementările locale cu privire la folosirea spațiilor locative. Grupul Unoccupy Springs susținea că noii lor vecini suprasolicitau școlile și prăbușeau valoarea proprietăților. În mod similar, un studiu de la Darmouth College a pus în evidență faptul că, spre deosebire de statele republicane, cele democrate aveau mai multe restricții cu privire la locuințele pentru populație, care împiedicau migrația persoanelor cu venituri mici. Aceste restricții includeau limitarea numărului de familii acceptate să locuiască într-o casă pentru o singură familie și restricții cu privire la împărțirea în zone, care reduceau numărul de case cu prețuri convenabile.

Economistul Edward Glaeser de la Harvard University și Joseph Gyourko de la University of Pennsylvania au evaluat efectul împărțirii în zone asupra accesibilității prețului la locuințe. Ei au constatat că, în cea mai mare parte a țării, prețul locuințelor este foarte aproape de costul construcției, însă ele sunt semnificativ mai mari în California și în unele orașe de pe Coasta de Est. În aceste regiuni, autoritățile care se ocupă de împărțirea în zone fac ca noile construcții să fie extrem de costisitoare, cu 50% mai mari decât în zonele urbane, care sunt preferate de imigranți.

Barierele puse în calea imigranților săraci ne aduc aminte de mărturisirea lui Einstein: „Simțul meu înflăcărat al dreptății și responsabilității sociale contrastează, în mod ciudat, cu faptul că nu simt deloc nevoia să am un contact direct cu alte ființe umane." Conservatorii par să se situeze la cealaltă extremă. Ei vor ca imigranții ilegali să nu mai intre în această țară, pentru a împiedica o transformare fundamentală a culturii lor. Însă aversiunea față de suferință îi motivează să aibă grijă de cei care sunt deja aici.

William Sullivan, care semnează articole pentru publicația *American Thinker*, scria că, în mijlocul dezbaterii despre imigranți, unii lideri ai conservatorilor americani mergeau la granița mexicană pentru a ajuta diferite grupuri ale bisericilor să furnizeze ajutoare, inclusiv o masă caldă, apă proaspătă și un camion plin cu ursuleți de pluș și mingi de fotbal. Unii au numit acest lucru campanie publicitară, însă el este compatibil cu o abordare atotcuprinzătoare a vieții, care pune accent pe aversiunea față de suferință: protejarea statu-quoului odată cu protejarea indivizilor aflați în pericol.

În moduri opuse și complementare, liberalii și conservatorii vor să-i ajute pe imigranții săraci. În același timp, ambele grupuri vor să-i țină la distanță.

Avem mijloace pentru a te face liberal

Dacă, introducând amenințări în mediul lor, îi facem pe oameni mai conservatori, este posibil să-i facem mai liberali, acționând în sens opus? Dr. Jaime Napier, expert în ideologii politice și religioase, a descoperit că răspunsul este da și că nu este nevoie de prea mult efort pentru asta. La fel cum cercetătorii au fost în stare să sporească conservatorismul instalând, pur și simplu, în apropierea oamenilor, un dozator de dezinfectant de mâini, tot astfel dr. Napier a reușit să-i facă mai liberali printr-un simplu exercițiu de imaginație. Ea le-a spus conservatorilor să-și imagineze că au superputeri care îi fac imuni la atacuri. Testele ulterioare cu privire la ideologia politică au scos la iveală faptul că aceștia deveniseră mai liberali. Reducerea sentimentelor de vulnerabilitate suprimă teama A&A de a pierde și permite dopaminei, agentul schimbării, să se activeze și să joace un rol mai mare în determinarea ideologiei.

Ce putem spune despre actul în sine al imaginației? Aceasta este o activitate dopaminergică, deoarece implică lucruri care nu au o existență fizică. E posibil ca simpla activare a sistemului dopaminic prin exercițiul imaginației să fi contribuit la deplasarea spre stânga a convingerilor politice? Un studiu special sugerează că da.

Gândirea abstractă este una dintre funcțiile majore ale sistemului dopaminic. Ea ne permitem să trecem dincolo de observarea senzorială a evenimentelor și să construim un model care explică de ce apar evenimentele. O descriere întemeiată pe simțuri se concentrează asupra lumii fizice: a lucrurilor care există în realitate. Termenul tehnic pentru acest tip de gândire este *concret*. Aceasta este o funcție

A&A, iar oamenii de știință o numesc gândire *de nivel inferior*. Gândirea abstractă este numită *de nivel superior*. Un grup de oameni de știință și-au pus întrebarea dacă oamenii care tindeau să gândească concret ar fi mai ostili față de grupurile care erau diferite de ei – oameni despre care credeau că le amenință stabilitatea modului lor de viață – cum ar fi homosexualii, lesbienele, musulmanii și ateii.

Participanților la cercetare li s-au oferit două descrieri ale unor evenimente – cum ar fi sunatul la soneria unei uși. Trebuiau să decidă care descriere era cea mai bună. Una era concretă (a suna la soneria ușii înseamnă să apeși cu un deget) și cealaltă era abstractă (a suna la soneria ușii înseamnă să verifici dacă cineva este acasă). Apoi li s-a cerut să-și evalueze sentimentele lor de simpatie față de homosexuali, lesbiene, musulmani și atei. Cercetătorii au descoperit o relație directă între alegerea descrierii concrete și declararea unor niveluri scăzute ale simpatiei.

În continuare, ei au vrut să vadă dacă aceste sentimente pot fi manipulate, stimulându-i pe participanți să gândească abstract. Au ales subiectul exercițiului fizic, o temă care nu are nicio legătură cu acceptarea unor grupuri cu potențial amenințător. Cercetătorii au început prin a le cere participanților să se gândească la menținerea unei bune sănătăți fizice. Apoi jumătate dintre ei au primit sarcina de a descrie *cum* ar face acest lucru (concret), în vreme ce cealaltă jumătate a trebuit să explice *de ce* este important (abstract). Primul tip de descriere (*cum*) nu a avut niciun efect asupra atitudinilor, în vreme ce al doilea (*de ce*) a dezvoltat sentimentele de simpatie ale participanților față de grupurile nefamiliare până în punctul în care nu mai existau diferențe semnificative între atitudinile lor și cele ale liberalilor.

Activarea căilor dopaminei este una dintre modalitățile de a-i face pe conservatori să se apropie mai mult de gândirea liberală. Dar putem să facem ceva similar exploatând înseși circuitele care-i fac pe conservatori să acționeze într-o manieră conservatoare: circuitele A&A, în special cele care ne permit să avem experiența empatiei. Această abordare folosește puteri care sunt, în mod chintesențial, conservatoare pentru a genera o mai mare acceptare a persoanelor care amenință cu schimbarea.

Să ne întoarcem la contradicția aparentă manifestată de conservatorii care, pe de o parte, susțin deportarea imigranților ilegali ca grup, iar pe de altă parte oferă alimente, apă și jucării imigranților individuali. Conservatorii A&A ar putea fi ostili față de ideea de imigrație, însă ei au o capacitate înnăscută de a stabili relații, în virtutea empatiei, cu imigranții prezenți. Această capacitate – pe care am putea-o numi chiar impuls inconștient – este folosită de scriitorii de la Hollywood pentru a spori acceptarea lesbienelor, homosexualilor, bisexualilor și transexualilor (LGBT). Ei fac acest lucru prin puterea povestirii.

Noi stabilim relații emoționale cu personajele din povestiri. Dacă povestirea este bine scrisă, sentimentele pe care le avem față de personaje pot să fie foarte asemănătoare celora pe care le nutrim față de oamenii reali. The Gay and Lesbian Alliance Against Defamation – GLAAD observă: „Televiziunea nu se rezumă la oglindirea schimbărilor care se petrec la nivelul atitudinilor sociale; ea are, de asemenea, un rol important în producerea lor. Așa cum s-a dovedit, în repetate rânduri, cunoașterea personală a unui individ LGBT este una dintre cele mai eficiente căi de schimbare a opiniilor noastre în chestiunile LGBT, dar, în absența acesteia, mulți telespectatori trebuie să ne cunoască mai întâi în calitate de personaje TV".

Potrivit raportului anual al GLAAD cu privire la diversitatea emisiunilor TV de la orele de maximă audiență, numărul personajelor identificate drept homosexuali, lesbiene sau bisexuali a crescut în mod constant. Cel mai recent sondaj, desfășurat în 2015, stabilea acest număr la 4%. Este aproape egal cu acel 3,8% al americanilor care s-au identificat drept LGBT la un sondaj Gallup recent. Postul de televiziune cu procentul cel mai mare a fost Fox Network, unde 6,5% dintre personajele apărute la TV la ore de maximă audiență erau LGBT.

Aceste personaje fictive au o influență reală asupra atitudinilor telespectatorilor. În cadrul unui sondaj desfășurat de *The Hollywood Reporter*, 27% din participanți au declarat că emisiunile TV cu personaje LGBT i-au făcut susținători mai aprigi ai căsătoriei între persoanele de același sex. Când rezultatele au fost analizate în funcție de modul în care au votat telespectatorii la alegerile prezidențiale din 2012, 13% dintre votanții lui Romney au afirmat că urmărirea unor asemenea emisiuni i-a determinat să sprijine cu mai multă tărie căsătoria între persoane de același sex. Transformarea grupurilor abstracte în indivizi concreți este o metodă bună pentru activarea circuitelor empatiei A&A.

O națiune guvernată de idei (via biologie)

[Potrivit] Ashleymadison.com, un site web de întâlniri pentru persoanele căsătorite aflate în căutare de aventuri extraconjugale, ...[Washington, DC] se află în fruntea listei cu cele mai adultere orașe, pentru al treilea an la rând... Și vecinătatea cu

cei mai mari hoți? Capitol Hill, tărâmul politicienilor, funcționarilor și lobby-iștilor.

WASHINGTON POST, 20 MAI 2015

Esența guvernării este controlul. Oamenii se pot supune controlului ca rezultat al înfrângerii într-un război sau pot să renunțe, în mod voluntar, la o parte din libertatea lor, în schimbul protecției. În ambele cazuri, un număr mic de oameni primesc puterea pentru a-și exercita autoritatea asupra restului populației. Este o activitate dopaminergică, deoarece populația este guvernată de la distanță, prin legi abstracte. Cu toate că amenințarea violenței A&A este folosită pentru a pune în aplicare legea, majoritatea oamenilor nu au ajuns să o cunoască. Ei se supun ideilor, nu forței fizice.

Deoarece guvernarea este, în mod inerent, dopaminergică, liberalii tind să fie mult mai entuziaști în privința ei decât conservatorii A&A. 500 de liberali care mărșăluiesc pe străzi organizează, probabil, un protest. În ceea ce-i privește pe conservatori, procesiunea seamănă, mai degrabă, cu o paradă. În afară de entuziasmul cu care se implică în procesul politic, liberalii sunt, de asemenea, mult mai interesați să facă studii avansate în politici publice și, adeseori, sunt atrași de domenii, precum jurnalismul, în care sunt implicați zi de zi în procesul politic. Conservatorii, dimpotrivă, sunt adeseori neîncrezători față de guvernare, în special față de aceea care acționează de la distanță. Ei tind să prefere guvernarea locală, în care puterea este exercitată la nivel local sau statal, decât federal.

Distanța contează. Dacă ne gândim, din nou, la problema tramvaiului, este ușor să maximizăm resursele când emoțiile sunt lăsate la o parte. Să împingi un om pe șine pentru a opri tramvaiul este aproape imposibil. Să răsucești un buton de la mare distanță este mai ușor. În mod similar, multe legi aduc beneficii unor oameni, în vreme ce altora le provoacă daune. Cu cât ne îndepărtăm mai mult, cu atât ne este mai ușor să tolerăm o anumită măsură a răului în vederea unui bine mai mare. Distanța îi separă pe politicieni de consecințele imediate ale deciziilor lor. Creșterea unei taxe, tăierea finanțărilor, trimiterea unor oameni la război; persoana care vine acasă cu mai puțini bani, care primește un ajutor mai mic sau care stă ghemuită într-o tranșee va fi rareori în compania persoanei care l-a pus în această poziție, atâta vreme cât aceasta din urmă este în Washington, DC. Circuitele A&A nu au ocazia să declanșeze emoțiile nefericite care ar face ca aceste decizii să fie mai dificile.

De ce Washingtonul trebuie întotdeauna „să facă ceva!"

În afară de distanță, guvernarea are un caracter fundamental dopaminergic și pentru că este despre *a face ceva.* Nimeni nu a auzit de vreun politician care să fi promis în campanie că va merge la Washington și nu va face nimic. Politica este despre schimbare, iar schimbarea este controlată de dopamină. De câte ori lovește o tragedie, oamenii strigă sus și tare: *Fă ceva!* Iată de ce securitatea aeroportului este întărită și mai mult după un atac terorist, în ciuda dovezilor care arată că „ritualurile" lungi și umilitoare pe care trebuie să le îndure călătorii nu sporesc, de fapt, siguranța. Agenții TSA (*Transportation Security Administration*) sub acoperire care testează sistemul pot aproape întotdeauna să strecoare arme. Însă mandatul de *a face ceva* este îndeplinit.

Potrivit GovTrack.us, începând cu 1973, guvernul federal a emis între 200 și 800 de legi pe parcursul fiecărei sesiuni a Congresului de doi ani. Sunt o mulțime de legi, dar nu se compară cu ceea ce au încercat politicienii să facă. Pe parcursul fiecărei sesiuni, Congresul a încercat să treacă între 8 000 și 26 000 de legi. Când oamenii cred că ar trebui făcut ceva, politicienii sunt fericiți să-i servească.

Această dorință de control este inevitabilă. Unii oameni de la Washington se prezintă drept liberali, alții își spun conservatori, dar aproape orice persoană implicată în politică este dopaminergică. Altfel, nu ar putea fi aleși. Campaniile politice necesită o motivare puternică. Politicienii trebuie să fie gata să sacrifice totul pentru a avea succes. Viața de familie este aceea care are de suferit, în primul rând. Indivizii A&A, care fac din relația cu persoana iubită o prioritate, nu reușesc în politică. În Marea Britanie, rata divorțului în rândul membrilor Parlamentului este de două ori mai mare decât în rândul populației de rând. În Statele Unite, este un lucru obișnuit ca membrii Congresului să trăiască în Washington, în vreme ce familiile lor rămân în statele de origine. Ei se văd rareori cu soțiile lor și birourile sunt pline de tinere funcționare înamorate de politică și gata să le satisfacă dorințele dopaminergice. Pentru un politician, relațiile nu sunt făcute pentru plăcere, ci pentru un scop: fie că e vorba de a fi ales, de trecerea unei legi sau de satisfacerea unei nevoi biologice. Se spune că președintele Harry Truman avea o vorbă: „Dacă vrei să ai un prieten în Washington, cumpără-ți un câine."

Candidat conservator, legiuitor liberal

Necesitatea de a avea o personalitate dopaminergică pentru a fi ales reprezintă o problemă pentru conservatori, deoarece a avea politicieni dopaminergici și care să reprezinte adunările constituante de tip A&A nu este întotdeauna un lucru bun. În ultimii ani, conservatorii au avut frustrări tot mai mari legate de așa-zișii republicani progresiști, care în campanie spun că vor reduce dimensiunile guvernului, dar sfârșesc prin a le mări. Tea Party este cea mai vizibilă manifestare a acestei frustrări. Acest grup conservator a generat un entuziasm neobișnuit, însă până acum a fost incapabil să-și atingă scopul de a încetini creșterea numerică a guvernului.

Creșterea ar putea să nu înceteze vreodată. Mandatul dopaminei este *mai mult*! Schimbarea – reprezentând fie progresul, fie pierderea tradiției, în funcție de punctul de vedere al fiecăruia – este inevitabilă. Numai circuitele A&A pot să aducă sentimentul de satisfacție, că am ajuns la capătul drumului și e timpul să ne oprim. Endorfinele, endocanabinoidele și alți neurotransmițători A&A ne spun că ne-am făcut treaba și acum e timpul să ne bucurăm de roadele muncii noastre. Însă dopamina suprimă aceste substanțe chimice. Dopamina nu se odihnește niciodată. Jocul politicii se joacă 24 de ore pe zi, șapte zile pe săptămână, iar dacă ne oprim pentru a ne trage sufletul sau dacă spunem „destul", vom cunoaște eșecul.

Acesta nu este un mod de a spune că mai multă guvernare este, în mod necesar, un lucru rău. Creșterea puterii exercitate pentru binele public poate să aibă o influență pozitivă asupra vieților a milioane de oameni. Dacă guvernarea este binefăcătoare și eficientă, creșterea puterii centralizate poate să contribuie la apărarea drepturilor celor slabi și la scoaterea celor nevoiași din sărăcie. Poate să-i protejeze pe muncitori și pe consumatori de exploatarea corporațiilor puternice. Dar, dacă politicienii aprobă legi în beneficiul lor, și nu al celor care i-au ales, dacă se continuă răspândirea corupției sau dacă legiuitorii, pur și simplu, nu știu ce fac, libertatea și prosperitatea vor avea de suferit.

Din punct de vedere istoric, singura cale de a inversa expansiunea puterii presupune înlocuirea schimbării graduale cu o una cataclismică, sub forma revoluției. John Calhoun, vicepreședinte și senator al statului Carolina de Sud din secolul al XIX-lea, a demonstrat că a înțeles tipul de persoană care joacă jocul politic – indiferent dacă jucătorul este un rebel sau un tiran – când a afirmat că este mai ușor să câștigi libertatea, decât să o păstrezi. Rebelii, la fel ca politicienii, sunt dopaminergici. Scopul lor este schimbarea.

Nu te lăsa păcălit din nou

Până la urmă, creierul liberal este diferit de cel conservator și asta împiedică înțelegerea reciprocă și instalarea armoniei. Deoarece politica este un joc de opoziție, această lipsă de înțelegere duce la demonizarea părții adverse. Liberalii cred că politicienii conservatori vor să întoarcă țara la vremurile în care minoritățile erau supuse unui tratament profund nedrept. Conservatorii cred că liberalii vor să aprobe legi opresive care controlează fiecare aspect al vieții lor.

În realitate, marea majoritate a oamenilor politici, de ambele părți ale spectrului politic, vor ce e cel mai bun pentru întreaga națiune americană. Sunt și excepții; există oameni răi pretutindeni, iar ei au parte de toată atenția presei. Sunt mult mai interesanți decât oamenii buni și sunt utili ca arme politice. Însă ei nu reprezintă democratul tipic sau republicanul tipic.

Cei mai mulți dintre conservatori vor doar să fie lăsați în pace. Vor să se bucure de libertatea de a lua singuri decizii, întemeiate pe propriile lor valori. Țelul lor este ca toată lumea să fie mai sănătoasă, mai protejată și mai liberă de discriminări. Însă liderii politici beneficiază de pe urma aprinderii conflictului între cele două grupuri deoarece acest lucru întărește supunerea adepților lor. Important este să nu uităm că liberalii vor ca oamenii să devină mai buni, conservatorii vor ca aceștia să fie mai fericiți, iar politicienii vor putere.

5

... Începutul este acolo unde se naște sfârșitul.

CATHERYNNE M. VALENTE, SCRIITOARE

6

Progresul

Ce se întâmplă când servitorul devine stăpân?

În care dopamina asigură supraviețuirea primilor oameni și dispariția speciei umane.

Părăsirea Africii

Oamenii moderni au apărut în Africa cu aproximativ 200 000 de ani în urmă și au început să se răspândească în alte părți ale lumii circa 100 000 de ani mai târziu. Această migrație a fost esențială pentru supraviețuirea speciei umane, dar există dovezi de natură genetică și ele arată că aproape că nu am reușit acest lucru. Una dintre caracteristicile neobișnuite ale genomului uman este că există foarte puțină variație de la persoană la persoană, în comparație cu alte primate, cum ar fi cimpanzeii sau gorilele. Această asemănare genetică foarte pronunțată ne arată că suntem toți descendenții unui număr relativ mic de strămoși. De fapt, la începutul evoluției noastre, o mare parte a oamenilor au murit în urma unor evenimente necunoscute, iar populația a scăzut la mai puțin de 20 000, acesta reprezentând un risc serios de dispariție.

Această scădere dramatică a populației arată de ce migrația a fost atât de importantă. Când o specie este concentrată într-o regiune mică, există mai multe moduri în care o populație poate fi ștearsă de pe fața pământului. Secetă, boli și alte dezastre pot să provoace, cu ușurință, dispariția ei. Însă dispersarea ei în mai multe regiuni este asemenea unei polițe de asigurare. Distrugerea unei populații nu duce la dispariția totală a speciei.

Pornind de la aspectul și frecvența markerilor genetici la populațiile moderne, oamenii de știință au estimat că primii oameni de tip modern s-au răspândit pe teritoriul Asiei cu circa 75 000 de ani în urmă. Ei au ajuns în Australia acum 46 000 de ani, în vreme ce în Europa și-au făcut apariția cu 43 000 de ani în urmă. Migrația către America de Nord a avut loc mai târziu, undeva între 30 000 și 14 000 de ani în urmă. Astăzi, oamenii de tip modern ocupă aproape fiecare colț al globului – dar nu pentru că și-au dat seama de pericolul dispariției și s-au răspândit.

Gena aventurii

Experimentele făcute pe șoareci au arătat că medicamentele care sporesc dopamina, dezvoltă, totodată, și comportamentul explorator. Șoarecii care primesc o asemenea medicație se deplasează mai mult în jurul cuștilor și sunt mai îndrăzneți când trebuie să intre în spații nefamiliare. E posibil ca dopamina să-i fi încurajat pe strămoșii noștri să iasă din Africa și să se răspândească pe cuprinsul Europei? Pentru a răspunde la această întrebare, oamenii de știință de la University of California au adunat date din douăsprezece studii care au măsurat frecvența genelor dopaminergice în diferite părți ale lumii.

Ei s-au concentrat asupra genei care spune organismului cum să fabrice receptorul de dopamină D4 (DRD4). Poate că vă reamintiți că receptorii de dopamină sunt proteine aflate pe suprafața celulelor creierului. Sarcina unui asemenea receptor este să aștepte apariția unei molecule de dopamină și să se lege de ea. Această operație declanșează o cascadă de reacții chimice în interiorul celulei care modifică felul în care se comportă aceasta.

Ne-am întâlnit cu această genă când am descris legătura dintre căutarea noutății și ideologia politică. Să ne aducem aminte că genele vin în diferite varietăți numite alele. Alelele reprezintă variații ușoare în codificarea genelor, care dau oamenilor anumite caracteristici. Oamenii care au o formă lungă de *DRD4*, cum ar fi alela 7R, sunt mult mai înclinați să-și asume riscuri. Ei caută experiențe noi pentru că au o toleranță scăzută la plictiseală. Le place să exploreze locuri, idei, mâncăruri, droguri și oportunități sexuale noi. Sunt aventurieri. În lumea întreagă, aproximativ unul din cinci oameni are alela 7R, însă există o variație substanțială de la o zonă la alta.

Mai multă dopamină, distanță mai mare

Cercetătorii au obținut informații genetice din cele mai cunoscute rute ale migrației din America de Nord, America de Sud, Asia de Est, Asia de Sud-Est, Africa și Europa. Când ei au analizat aceste date, a apărut un pattern foarte clar. În rândul populațiilor care au rămas aproape de originile lor, erau mai puțini oameni care aveau o alelă *DRD4* lungă, comparativ cu aceia care migraseră mult mai departe.

Una dintre căile migrației pe care le-au evaluat ei începea în Africa și trecea prin Asia de Est, peste Strâmtoarea Bering, ajungea în America de Nord și de acolo în jos până în America de Sud. Este o cale foarte lungă –, iar cercetătorii au descoperit că grupul care a reușit să o parcurgă până la capăt, indigenii sud-americani, avea cea mai mare proporție (69%) de alele lungi ale dopaminei. Din rândul celor care au parcurs o distanță mai mică și s-au stabilit în America de Nord, numai 32% aveau alele lungi. În medie, s-a estimat că proporția de alele lungi creștea cu 4,3% pentru fiecare 1 000 de mile* de migrație.

Odată ce s-a stabilit că alela 7R a genei *DRD4* avea legătură cu distanța parcursă de o populație migratoare, următoarea întrebare a fost: de ce? Cum se face că alela 7R a devenit mai comună în rândul populațiilor îndepărtate? Răspunsul evident este că dopamina îi face pe oameni să vrea mai mult. Îi ține într-o continuă căutare și în permanență nesatisfăcuți. Îi face să tânjească după ceva mai bun. Aceștia sunt exact genul de oameni care și-ar părăsi comunitatea pentru a se aventura în necunoscut. Însă mai există o explicație.

Supraviețuirea celui mai adaptat

Poate că motivul pentru care triburile migratoare au plecat nu are nimic de-a face cu explorarea, căutarea a ceva nou. Poate că au părăsit zona din cauza unui conflict sau pentru că

* Aproximativ 1 600 de kilometri (n.t.).

vânau animale migratoare. Ar putea să fie vorba despre multe alte motive, care nu au nimic de-a face cu dopamina, însă întrebarea rămâne: în aceste condiții, ar ajunge o populație migratoare să aibă o mulțime de alele 7R în rândul membrilor săi? Un răspuns ar putea fi că alela 7R nu a declanșat migrația, însă, odată ce aceasta a început, ea a oferit un avantaj în privința supraviețuirii purtătorilor săi.

Un asemenea avantaj este că alela 7R îi determină pe purtătorii săi să exploreze mediul nou în care se află, pentru a găsi oportunități de maximizare a resurselor. Cu alte cuvinte, ea promovează căutarea a ceva nou. De exemplu, e posibil ca un trib să fi pornit dintr-o regiune geografică în care exista un climat constant cald și se găsea același tip de alimente pe tot parcursul anului. Dar după ce au ajuns într-o zonă nouă, membrii tribului migrator au constatat că acolo exista o succesiune de anotimpuri ploioase și secetoase, astfel că au trebuit să învețe cum să treacă de la o sursă de alimente la alta când se schimba anotimpul. Un asemenea proces a implicat asumarea unor riscuri și experimentarea.

Există, de asemenea, dovezi care arată că purtătorii de alele sunt persoane care învață mai repede decât ceilalți, în special când răspunsul corect atrage după sine o recompensă. În general, purtătorii de 7R sunt mai sensibili la recompense; ei reacționează mai puternic atât la câștiguri, cât și la pierderi. Ca urmare, când au ajuns într-un mediu nefamiliar și au fost nevoiți să se adapteze la o nouă rutină pentru a rămâne în viață, purtătorii de 7R au depus eforturi mult mai mari pentru a face acest lucru, deoarece experiențele lor legate de succes și eșec erau mai intense.

Un alt avantaj este că alela 7R este asociată cu ceva numit *reactivitate scăzută față de factorii noi de stres*. Schimbarea este un lucru stresant, fie că este vorba despre una în bine sau în rău. De exemplu, există puține lucruri mai stresante decât divorțul, însă și căsătoria este stresantă, la rândul său. Falimentul este stresant, dar tot astfel este și câștigul la loterie. Schimbările în rău pot să provoace mai mult stres decât cele în bine, însă cel mai important factor este mărimea schimbării. O schimbare mai mare înseamnă mai mult stres.

Stresul nu este bun pentru sănătatea oamenilor. De fapt, stresul omoară. El sporește riscul apariției bolilor de inimă, tulburărilor de somn, problemelor digestive și al afecțiunilor sistemului imunitar. Poate, de asemenea, să provoace depresie, ceea ce se traduce prin scăderea energiei, slăbirea motivației, pierderea speranței, apariția unor gânduri legate de moarte și abandon – toate acestea militând împotriva supraviețuirii. În rândul strămoșilor noștri pe linie de evoluție, oamenii sensibili la stres aveau dificultăți în a extrage resurse din mediile care reprezentau o mare schimbare față de cele cu care ei erau obișnuiți. Erau vânători fără prea mult succes și culegători mai degrabă ineficienți. Din această cauză, le era greu să concureze pentru parteneri de reproducere, iar uneori nu trăiau suficient pentru a avea copii care să le ducă mai departe genele, în următoarea generație.

Nu toată lumea este însă stresată de schimbare. Un loc de muncă nou, un oraș nou și chiar o întreagă carieră nouă pot fi lucruri de natură să-i entuziasmeze și să-i umple de energie pe cei cu personalități dopaminergice. Aceștia prosperă în medii nefamiliare. În vremurile preistorice, ei au avut mai multe șanse de reușită, în ciuda schimbărilor radicale din modul lor de viață. Au avut mai mult succes în competiția pentru parteneri de reproducere și, ca urmare, și-au transmis genele dopaminergice. De-a lungul timpului, alelele care i-au ajutat pe oameni să se adapteze cu ușurință la mediile nefamiliare au devenit mai răspândite în rândul populației, în vreme ce alte alele au devenit mai rare.

Desigur, purtătorii alelei 7R nu erau potriviți pentru fiece mediu. Indivizii cu personalități dopaminergice pot să se descurce foarte bine în situații inedite, însă adeseori au dificultăți în relațiile cu alți oameni. Acesta este un lucru important, deoarece o bună funcționare în societate asigură, de asemenea, un avantaj evoluționist. Indiferent de cât de mare, de puternic sau de deștept este un om, el nu va putea să concureze cu oamenii care lucrează împreună ca un singur grup. Indivizii nu trebuie să se lupte cu grupurile. În această situație, când nevoia de cooperare este primordială, o personalitate dopaminergică este o vulnerabilitate.

Așadar, totul depinde de mediu. În condiții familiare, în care cooperarea socială contează cel mai mult, genele foarte dopaminergice devin mai rare, deoarece supraviețuirea lor și avantajele căutării unor parteneri de reproducere se diminuează în raport cu beneficiile unor niveluri mult mai echilibrate ale dopaminei. Însă, atunci când un trib se avântă în necunoscut, genele care asigură individului un sistem dopaminic mult mai activ oferă un avantaj și devin mai frecvente de-a lungul timpului.

Care este corectă?

În cele din urmă, rămânem cu două teorii opuse:

1. Genele dopaminergice i-au împins pe oameni să caute oportunități noi. Ca urmare, aceste gene sunt mult

mai frecvente la populațiile care au migrat din locurile lor de origine.

2. Altceva i-a făcut pe oameni să caute oportunități noi, iar genele dopaminergice le-au permis câtorva să supraviețuiască și să se reproducă cu mai mult succes decât alții.

Cum decidem care dintre ele este corectă?

În acest punct, lucrurile încep să se complice puțin. Dacă genele dopaminergice sunt cele care i-au împins pe oameni la drum (în căutarea unei vieți mai bune), atunci ar trebui să vedem o mulțime de alele 7R în fiecare grup care a părăsit Africa. Așa ar trebui să stea lucrurile, fie că ei au migrat vreme de câteva generații și au ajuns, în cele din urmă, aproape de locul din care au plecat, fie că au migrat pe durata a mai multor generații și au ajuns foarte departe. Și asta pentru că, dacă este nevoie de foarte multă dopamină pentru a porni la drum, unde a ajuns tribul în final nu ar trebui să conteze. Cei care au plecat au avut foarte multă, cei care au rămas au avut mai puțină.

Însă, dacă populația a pornit la drum fără să aibă nevoie de alela 7R, atunci ar trebui să observăm o modificare mai graduală a numărului de persoane care o dețin. Iată de ce. Dacă un trib nu a migrat foarte departe de locul de baștină, doar câteva generații vor cunoaște medii nefamiliare. Odată ce s-au oprit din mers, necunoscutul devine familiar, iar alela 7R nu mai oferă un avantaj. Când șansele sunt egale pentru toți, purtătorii de alelă 7R își pierd abilitatea de a avea mai mulți copii decât vecinii lor mai puțin dopaminergici. În acest punct, toate alelele diferite au fost transmise în mod egal generațiilor următoare.

Însă triburile care nu se opresc vor cunoaște medii nefamiliare generație după generație. Avantajele în privința reproducerii asigurate de alela 7R ar continua, iar purtătorii acesteia ar trăi mai mult și ar avea mai mulți copii. Cu timpul, alela 7R ar deveni din ce în ce mai frecventă în rândul acestor călători pe distanțe lungi. Și asta este ceea ce vedem. Cu cât a migrat mai departe o populație, cu atât frecvența alelei 7R este mai mare. Ea nu i-a pus în mișcare pe acești oameni, dar i-a ajutat să supraviețuiască pe parcurs.

Imigrația

Astăzi, deplasarea pe globul pământesc este diferită de cea de pe timpul strămoșilor noștri preistorici. Părăsirea țării de origine este, mai degrabă, o decizie personală decât una tribală. Și, cu toate că motivul poate să fie similar – căutarea unor ocazii mai bune – alela 7R a receptorului de dopamină nu pare să joace vreun rol. Populațiile imigrante au aproape același procent de alelă 7R ca persoanele care rămân în țara lor de origine. Cu toate acestea, se pare că dopamina este implicată, dar într-un fel diferit.

În capitolul patru, când am discutat despre rolul dopaminei în creativitate, am comparat creativitatea cu schizofrenia, o boală mintală caracterizată printr-un exces de dopamină în circuitul dorinței. Am discutat despre faptul că halucinațiile psihotice au trăsături în comun cu ideile foarte creative și chiar cu visele obișnuite. Însă schizofrenia nu este singura boală caracterizată printr-o cantitate excesivă de dopamină. Tulburarea bipolară, numită uneori boala maniaco-depresivă, are, de asemenea, o componentă dopaminergică, iar afecțiunea pare să fie legată de imigrație.

Mania bipolară – o altă afecțiune generată de excesul de dopamină

Termenul *bipolar* se referă, în cazul maniei menționate, la două extreme ale dispoziției afective (la fel cum bicicletă se referă la două roți). Oamenii cu tulburare bipolară traversează episoade de depresie, când dispoziția lor este anormal de proastă, și episoade de manie, când se află într-o stare de exaltare. Ultima este asociată cu niveluri ridicate ale dopaminei, ceea ce nu ar trebui să ne surprindă, dacă ne gândim la simptomele stării maniace: bolnavul are multă energie și o dispoziție euforică, îi trec multe idei prin minte și sare de la un subiect la altul, este foarte activ, urmărind mai multe țeluri deodată și se implică în activități riscante, ce urmăresc plăcerea, cum ar fi cumpărături în exces și comportament sexual promiscuu.

Mulți oameni care suferă de tulburare bipolară devin incapabili de a face foarte multe lucruri. Ei nu reușesc să-și păstreze locul de muncă sau să întrețină relații normale cu ceilalți. Alții, în special cei care urmează un tratament medical, sunt capabili să aibă o viață normală, atâta vreme cât iau medicamente care le stabilizează dispoziția. Câțiva au chiar o viață extraordinară. În lumea întreagă, aproape 2,4% din populație are tulburare bipolară, dar ea este mult mai răspândită în anumite grupuri. O serie de cercetători din Islanda au descoperit că persoanele care lucrează în domenii creative, precum dansul, teatrul, muzica și compoziția literară au cu 25% mai multe șanse să sufere de tulburare bipolară decât cei care lucrează în alte domenii. Într-un alt studiu, câțiva oameni de știință de la University of Glasgow au urmărit peste 1 800 de indivizi de la vârsta de opt ani până după ce au împlinit douăzeci de ani. Ei au descoperit că aceia care la vârsta de opt ani obținuseră scoruri mai ridicate la testele IQ prezentau un risc mai mare de a face această boală la douăzeci și trei de ani. În comparație cu tinerii având o inteligență obișnuită, cei care erau înzestrați cu o inteligență superioară aveau un risc mai mare de a se îmbolnăvi de o afecțiune mintală dopaminergică.

Mulți oameni faimoși creativi au mărturisit că suferă de tulburare bipolară. Printre ei se află: Francis Ford Coppola, Ray Davies, Patty Duke, Carrie Fisher, Mel Gibson, Ernest Hemingway, Abbie Hoffman, Patrick Kennedy, Ada Lovelace, Marilyn Monroe, Sinéad O'Connor, Lou Reed, Frank Sinatra, Britney Spears, Ted Turner, Jean-Claude Van Damme, Virginia Woolf și Catherine Zeta-Jones. De asemenea, despre multe personalități din trecut se crede, pe baza documentelor istorice, că au avut tulburare bipolară. Printre ei se numără: Charles Dickens, Florence Nightingale, Friedrich Nietzsche și Edgar Allan Poe.

Am putea să asemuim creierul extraordinar cu o mașină sport de înaltă performanță. Este capabil de lucruri incredibile, dar se defectează ușor. Dopamina stimulează inteligența, creativitatea și munca asiduă, dar ea poate, de asemenea, să-i facă pe oameni să se comporte în moduri bizare.

Activitatea excesivă a dopaminei nu este singura problemă în mania bipolară, dar joacă un rol important. Așa cum am văzut, ea nu este cauzată de o alelă receptoare *DRD4* foarte activă. În schimb, oamenii de știință cred că este generată de o problemă la ceva numit *transportor de dopamină* (Figura 5).

Transportorul de dopamină este asemenea unui aspirator. Sarcina lui este să limiteze timpul pe care dopamina îl petrece stimulând celulele din jurul său. Când se activează, celula

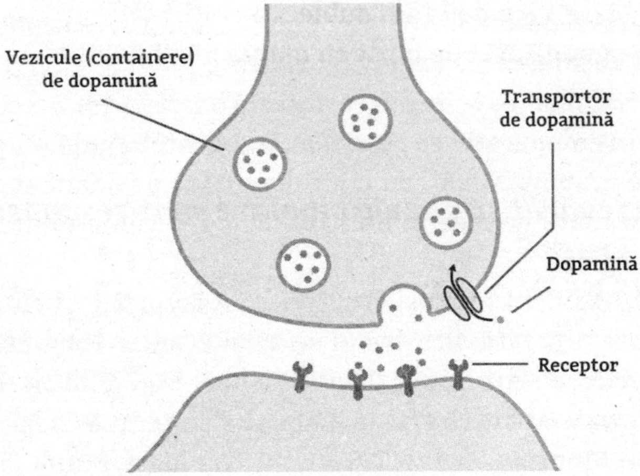

Figura 5

producătoare de dopamină eliberează stocul său de dopamină, care se lipește apoi de receptori de pe alte celule ale creierului. Apoi, pentru a pune capăt interacțiunii, transportorul de dopamină absoarbe dopamina înapoi în celula din care a venit, astfel că procesul poate să reînceapă. Transportorul este numit uneori pompă de recaptare, deoarece pompează dopamina înapoi în celulă.

Ce se întâmplă când transportorul nu funcționează normal? Putem să răspundem la această întrebare, analizând comportamentul persoanelor care consumă cocaină. Cocaina blochează transportorul de dopamină asemenea unei șosete înfundate în țeava unui aspirator. Blocajul permite dopaminei să interacționeze cu receptorul său în repetate rânduri. Când se întâmplă acest lucru, oamenii resimt o creștere a energiei și a libidoului și dezvoltă un comportament orientat către atingerea unui anumit scop. Au un respect de sine mai pronunțat, stări frecvente de euforie și o gândire rapidă, care sare de la un subiect la altul. Intoxicația cu cocaină seamănă atât de mult cu mania încât doctorii le deosebesc cu greu.

Este adevărat că genele bipolare sunt responsabile de imigrație?

Am învățat foarte repede că, atunci când emigrezi, îți pierzi bastoanele pe care te-ai sprijinit; trebuie să începi de la zero, pentru că trecutul ți-a fost șters dintr-o singură mișcare și nimănui nu-i pasă de unde ești și ce ai făcut înainte.

ISABEL ALLENDE, SCRIITOARE

Tulburarea bipolară ia diferite forme. Unii oameni suferă de forme severe ale acestei boli, în vreme ce alții au forme mai ușoare. Unii au doar o tendință bipolară. Putem observa unele aspecte ale personalității acestora din urmă, care indică o dispoziție neobișnuit de expansivă, însă nu atât de rău încât să-i diagnosticăm cu o boală medicală. Totul depinde de cât de multe gene de risc moștenește o persoană de la părinții săi și de câtă vulnerabilitate conferă aceste gene. Riscul genetic interacționează apoi cu mediul persoanei (o copilărie nefericită, de exemplu), iar produsul final este o oarecare manifestare a tulburării bipolare sau caracteristici bipolare nu suficient de severe pentru a provoca această boală.

Este posibil ca o disfuncție minoră a transportorului de dopamină – doar câteva gene de risc sau gene care au doar un efect slab – să-i facă pe oameni să aibă „mâncărime la tălpi"? Această disfuncție ar putea să joace un rol în luarea deciziei de a-ți părăsi patria și a căuta noi oportunități într-o țară străină?

Nu este ușor să te smulgi din rădăcini, să-ți iei rămas-bun de la prieteni și familie și să părăsești o comunitate familiară, confortabilă și care te susține. Andrew Carnegie, un imigrant scoțian din secolul al XIX-lea, care a început să lucreze într-o fabrică pentru câțiva bănuți pe zi, iar mai târziu a devenit cel mai bogat om din lume, scria: „Cel mulțumit nu înfruntă valurile Atlanticului în furtună, ci stă neajutorat acasă".

Dacă genele bipolare promovează emigrația, acești oameni ambițioși poartă cu ei genele lor de risc și este de așteptat să găsim mari concentrații de gene bipolare în țările care au foarte mulți imigranți. Statele Unite sunt populate aproape în întregime de imigranți și descendenții lor. Tot acolo se găsește, de asemenea, cea mai ridicată rată a tulburării bipolare: 4,4%, aproape de două ori mai mare decât rata întâlnită în celelalte țări. Sunt cele două legate?

Japonia, care aproape că nu are imigrație, prezintă o rată a tulburării bipolare de 0,7%, una dintre cele mai scăzute din lume. De asemenea, indivizii cu tulburare bipolară din Statele Unite încep să aibă simptome de la o vârstă mai fragedă – un indiciu al unei forme mai severe a acestei boli. La aproape două treimi dintre ei, simptomele se manifestă înainte de împlinirea vârstei de douăzeci de ani, în comparație cu numai un sfert în Europa. Aceasta sprijină ideea că în Statele Unite există o concentrație mai mare de gene de risc sporit.

Gena care spune organismului cum să funcționeze transportorul de dopamină este una dintre aceste gene, însă există multe altele. Nimeni nu știe cu exactitate câte sunt, dar este clar că o anumită formă de moștenire genetică joacă un rol. La copiii cu părinți bipolari, riscul apariției tulburării bipolare este cel puțin dublu față de populația generală. Unele studii au stabilit că acest risc este de zece ori mai mare. Însă, uneori, copiii sunt norocoși. Ei capătă avantajele de care se bucură persoanele bipolare, dar nu și boala însăși.

Așa cum am mai spus, tulburarea bipolară nu are o formă unică. Specialiștii în tulburări de dispoziție vorbesc despre un *spectru bipolar*. La un capăt al spectrului se află bipolar I. Persoanele cu această formă de boală suferă de manie și depresie grave. Apoi urmează bipolar II. Cei cu bipolar II suferă de depresie severă, dar au episoade mai blânde ale dispoziției exuberante numite hipomanie (*hipo* înseamnă [în limba greacă] dedesubt, asemenea unei injecții hipodermice, care introduce un medicament sub piele). Parcurgând mai departe spectrul, găsim ciclotimia, care se caracterizează prin cicluri de hipomanie și episoade ușoare de depresie. Apoi există ceva numit temperament hipertimic, denumire care vine de la cuvântul grec *thymia*, însemnând stare mentală.

Temperamentul hipertimic nu este considerat o boală. El nu se manifestă în episoade, asemenea tulburării bipolare. Oamenii cu temperament hipertimic au doar o personalitate „hiper", și o au tot timpul. Potrivit opiniilor lui Hagop Akiskal, care a făcut o bună parte a muncii de pionierat din acest domeniu, indivizii cu temperament hipertimic sunt joviali, exuberanți, plini de umor, superoptimiști, foarte încrezători în sine, lăudăroși și plini de energie și planuri. Sunt versatili în ce privește interesele generale, foarte implicați și băgăcioși, lipsiți de inhibiții, îndrăzneți și, în general, nu dorm prea mult. Se entuziasmează peste măsură când vine vorba să facă schimbări în viața lor, cum ar fi diete, relații amoroase, oportunități de afaceri și chiar convertiri religioase, iar apoi își pierd rapid interesul. Adeseori, realizează foarte multe lucruri, dar conviețuirea cu ei poate fi foarte dificilă.

Ultima etapă a spectrului bipolar aparține celor care moștenesc o cantitate foarte redusă de risc genetic. Acești oameni nu prezintă niciun fel de simptome anormale, dar se bucură de lucruri, precum o motivație sporită, creativitate, o tendință către acțiunile îndrăznețe ce presupun asumarea unor riscuri și alte elemente care reflectă niveluri peste medie ale activității dopaminice.

Națiunea dopaminică

În Statele Unite întâlnim o concentrație relativ ridicată de gene bipolare și tulburare bipolară. Ce putem spune însă despre manifestările nepatologice ale acestei afecțiuni? Există dovezi care să arate că aceste manifestări sunt, la rândul lor, larg răspândite? De fapt, asemenea dovezi se găsesc din abundență, începând chiar din primii ani ai republicii.

Unul dintre primii observatori ai culturii americane a fost Alexis de Tocqueville, diplomat francez, gânditor politic și istoric. În cartea sa, *Despre democrație în America*, el face o serie de observații despre caracterul americanilor din secolul al XIX-lea. El a studiat această țară nouă, deoarece credea că democrația avea să ia locul regimurilor din Europa. A crezut că un studiu al efectelor democrației din Statele Unite le-ar putea fi util europenilor, aflați în căutarea a noi forme de guvernare.

O bună parte din ceea ce a observat Tocqueville poate fi pus pe seama principiului democratic al egalitarismului. Însă a descris și caracteristici ale americanilor care nu păreau să aibă legătură cu filosofia politică. Unele dintre acestea sunt izbitor de asemănătoare cu simptomele tulburării bipolare sau, cel puțin, cu o personalitate dopaminergică. De exemplu, într-un capitol întreg el vorbește despre „Entuziasmul fanatic al unor americani":

> Deși dorința de a dobândi lucrurile bune ale acestei lumi este pasiunea predominantă a poporului american, din când în când au loc anumite izbucniri de moment, când sufletul lor pare să rupă dintr-odată legăturile materiei care-i țin în loc și să se înalțe năvalnic spre paradis.

În această singură propoziție observăm atât dorința arzătoare de *mai mult*, cât și o atracție față de lucrurile aflate dincolo de tărâmul simțurilor fizice, chiar și o referință la spațiul extrapersonal al înaltului cerului, tărâmul paradisului. Tocqueville considera că un asemenea comportament era răspândit, îndeosebi, „în țara pe jumătate populată din Vestul Îndepărtat", o idee care se potrivește cu tabloul pionierilor aventuroși care au colonizat statele vestice și care aveau, cel mai probabil, o personalitate înclinată spre căutarea riscului și a senzațiilor tari și o încărcătură genetică pentru stările hiperdopaminergice.

Următorul capitol, intitulat: „De ce se arată americanii atât de neliniștiți în mijlocul bunăstării lor" dezvoltă o temă esențialmente dopaminergică: întotdeauna e loc de mai bine. Tocqueville observa că, în ciuda faptului că „trăiesc în cele mai fericite circumstanțe oferite de această lume", americanii caută, cu „o ardoare febrilă", o viață mai bună. El scria:

> *În Statele Unite, un om ridică o casă pentru a-și trăi acolo ultimii săi ani și o vinde înainte de a-i pune acoperiș: își plantează grădina și o închiriază când pomii*

încep să dea rod; cultivă o bucată de pământ și îi lasă pe alții să adune recolta; îmbrățișează o meserie și apoi o abandonează; se stabilește într-un loc pe care-l părăsește curând, ducându-și lucrurile sale – mereu altele – în altă parte. Dacă treburile sale îi lasă timp liber și pentru altceva, se aruncă imediat în vâltoarea politicii, iar dacă la sfârșitul unui an de muncă asiduă constată că are câteva zile de vacanță, curiozitatea lui neostoită îl va purta pe vastul cuprins al Statelor Unite și va parcurge aproape 2 500 de kilometri în câteva zile, pentru a scăpa de povara fericirii.

Tocqueville descrie o națiune alcătuită din hipertimici.

Inventatori, antreprenori și câștigători ai Premiului Nobel

Ca națiune de imigranți, Statele Unite are realizări dopaminergice spectaculoase. Potrivit unei cercetări restrânse, publicate de Institute for Immigration Research al George Mason University, în perioada 1901-2013, Statele Unite au primit 42% dintre toate Premiile Nobel decernate, fiind pe primul loc în lume în această privință. O bună parte a laureaților americani ai Premiului Nobel sunt imigranți. Primele trei țări din care provin aceștia sunt: Canada (13%), Germania (11%) și Marea Britanie (11%).

Statele Unite continuă să atragă imigranți din toată lumea, iar această populație imigrantă continuă să aibă un procent însemnat de oameni extraordinari. Câteva dintre cele mai importante companii ale noii economii au fost întemeiate de antreprenori imigranți, printre acestea numărându-se: Google, Intel, PayPal, eBay și Snapchat. În 2005, 52% din startup-urile din Silicon Valley fuseseră întemeiate de antreprenori imigranți, o cifră remarcabilă, având în vedere că imigranții reprezintă numai 13% din populația Statelor Unite. Țara care furnizează Americii cel mai mare număr de antreprenori din domeniul tehnologiei este India.

În cartea *Exceptional People: How Migration Shape Our World and Will Define Our Future*, autorii afirmă că în 40% dintre cererile internaționale de brevet de invenție înregistrate de guvernul american în 2006 figurau ca inventatori și coinventatori cetățeni străini cu domiciliul în Statele Unite. Tot imigranților li se datorează majoritatea brevetelor de invenție ale unor mari companii de tehnologie: 60% din totalul celor aparținând companiei Cisco; 64% de la General Electric, 65% de la Merck și 72% de la Qualcomm.

Imigranții nu lansează doar companii de tehnologie. De la saloane de înfrumusețare, restaurante și curățătorii la companiile care se dezvoltă rapid în America, imigranții întemeiază un sfert dintre toate afacerile noi din Statele Unite – aproape de două ori mai mult pe cap de imigrant decât ceilalți americani. Uitându-ne, în general, la antreprenoriat, revenim de unde am plecat și descoperim o legătură directă cu dopamina.

Un grup de cercetători conduși de Nicolas Nicolaou de la Entrepreneurship & Innovation Enterprise Research Centre din cadrul Warwick Business School au recrutat 1 335 de persoane din Marea Britanie și le-au cerut să completeze un chestionar despre antreprenoriat și să accepte să li se ia sânge pentru stabilirea ADN-ului. Vârsta medie a voluntarilor era de 55 de ani, iar 83% dintre ei erau femei. Nicolaou a descoperit o genă dopaminică care avea două forme (alele), identice, cu excepția unei singure componente. Această variație a componentei (numită acid nucleic) făcea ca o formă a genei să fie mai activă decât cealaltă. Oamenii înzestrați cu forma activă aveau de aproape două ori mai multe șanse să figureze pe lista celor care întemeiaseră o afacere nouă decât cei cu forma mai puțin activă.

Trebuie să precizăm că nu numai Statele Unite au fost modelate de imigranți dopaminergici. Global Entrepreneurship Monitor, un proiect în derulare sponsorizat de Babson College și London School of Economics, a relevat că există patru națiuni cu cele mai multe creații per capita de companii noi: Statele Unite, Canada, Israel și Australia – trei dintre acestea aflându-se printre primele nouă țări cu cei mai mulți imigranți din lume, iar una dintre ele, Israel, fiind la mai puțin de trei generații de la întemeierea sa.

Numărul persoanelor foarte dopaminergice din lume este limitat, iar ceea ce poate câștiga o țară pierde alta. Mulți imigranți americani au venit din Europa, o migrație care a sporit rezervorul de gene dopaminergice al Statelor Unite, lăsând Europa cu o populație înclinată, mai degrabă, spre o abordare de tip A&A a vieții.*

Pew Research Center a desfășurat un sondaj pentru a afla mai multe lucruri despre diferențele dintre americani și europeni și a publicat rezultatele într-un raport intitulat „Discrepanța dintre valorile europene occidentale și cele americane". Deși valorile sunt influențate, pe lângă genetică, de

* În capitolul cinci am discutat despre modurile în care liberalii americani, reprezentând partidul schimbării, tind să fie mai dopaminergici decât conservatorii, care sunt mai înclinați să susțină menținerea statu-quoului. În Europa, lucrurile stau exact invers. În general, guvernele liberale reprezintă statu-quoul, în vreme ce partidele de dreapta militează pentru schimbări radicale (n.a.).

mulți alți factori, unele dintre întrebările puse în chestionar aveau o legătură strânsă cu personalitatea dopaminergică. De exemplu, ei au întrebat: „Este adevărat că succesul în viață este determinat de forțe pe care nu le putem controla?” În Germania, 72% dintre cei intervievați au răspuns da. În Franța, procentul a fost de doar 57%, iar în Marea Britanie, de 41%. Însă doar puțin peste o treime dintre participanții americani au menționat că succesul este controlat de forțe exterioare, în vreme ce majoritatea a avut o abordare mai dopaminergică.

Diferența dopaminergică apare și în alte întrebări. Americanii erau mai înclinați să aprobe folosirea forței militare – impunerea literalmente a schimbării – pentru atingerea obiectivelor naționale. Foarte puțini dintre ei susțineau că pentru aceasta era necesară permisiunea ONU. De asemenea, pentru americani, religia ocupa un loc mai important în viața lor, 50% dintre ei declarând că este foarte importantă. În Europa, mai puțin de jumătate au făcut această declarație, în Spania, 22%, în Germania procentul a fost de 21%, în Marea Britanie 17%, iar în Franța 13%.

Este adevărat că Statele Unite și alte societăți imigrante au cele mai multe gene dopaminergice, însă abordarea dopaminergică a vieții a devenit parte integrantă a culturii moderne, fie că este susținută sau nu de genele noastre. Lumea este caracterizată acum de un fluviu nesfârșit de informații, produse noi, reclame și nevoia percepută de mai mult. Dopamina este asociată acum cu cea mai importantă parte a ființei noastre. Dopamina a preluat controlul asupra sufletelor noastre.

Eu, dopamina

Celulele producătoare de dopamină alcătuiesc 0,0005% din creierul nostru. Este doar o parte infimă a celulelor pe care le folosim pentru a explora lumea noastră. Și totuși, când ne gândim la cine suntem, în sensul cel mai profund, ne gândim la această mică grupare de celule. Ne identificăm cu dopamina noastră. În mintea noastră, *suntem* dopamină.

Dacă întrebăm un filosof ce ne definește pe noi, ca oameni, răspunsul său va fi, cel mai probabil, voința liberă. Esența umanității este capacitatea noastră de a ne depăși instinctele, reacțiile noastre automate la stimulii mediului înconjurător. Este capacitatea de a cântări opțiuni, de a lua în calcul concepte mai înalte, precum valorile și principiile și apoi de a face o alegere deliberată referitoare la cum să maximizăm ceea ce credem noi că este bun, fie că este vorba despre iubire, bani sau despre înnobilarea sufletelor noastre. Aceasta este dopamina.

Intelectualii ar putea spune că esența ei este capacitatea de a înțelege lumea. Este capacitatea de se ridica deasupra fluviului de informații care vine de la simțurile fizice, pentru a înțelege *sensul* a ceea ce percepe. Ea evaluează, judecă și face predicții. Ea înțelege. Aceasta este dopamina.

Hedonistul crede că sinele său cel mai profund este acea parte a lui care simte plăcerea. Fie că este vorba despre vin, femei sau muzică, scopul său în viață este să maximizeze recompensele pe care le dobândește când caută să obțină *mai mult*. Aceasta este dopamina.

Artistul spune că esența umanității sale este capacitatea de a crea. Este puterea sa divină de a da viață unor reprezentări ale adevărului și frumosului care nu au mai existat până acum. Izvorul acestei creații este existența sa. Aceasta este dopamina.

În cele din urmă, un om religios ar putea spune că transcendența este esența umanității. Este lucrul care se ridică deasupra realității fizice – ceea ce ne definește, înainte de toate, este sufletul nostru nemuritor, care există dincolo de spațiu și timp. Pentru că nu putem vedea, auzi, mirosi, gusta sau atinge sufletul nostru, ne întâlnim cu el doar în imaginația noastră. Aceasta este dopamina.

Cum să te scarpini în cap

Și totuși mai mult de 99,999% din creier este alcătuit din celule neproducătoare de dopamină. Multe dintre ele se ocupă de funcții de care nu suntem conștienți, cum ar fi respirația, menținerea echilibrului sistemului nostru hormonal, coordonarea mușchilor care ne permit să executăm mișcări aparent simple. Să ne gândim la scărpinatul în cap. Începe odată ce circuitele noastre dopaminice decid că este o idee bună. Acestea consideră că scărpinatul în cap este cea mai bună cale către un viitor lipsit de mâncărime. Celulele dopaminice dau semnalul să facem această mișcare, dar, odată ajunsă aici, dopamina – și implicarea conștientă – se opresc.

Dopamina este dirijorul, nu orchestra.

Într-un fel, comanda dopaminergică: *Fă-o!* este cea mai ușoară parte. Ceea ce urmează este atât de complicat, încât ne este greu chiar și să ne imaginăm cum ajungem să o facem.

Pentru a ridica mâna să ne scărpinăm în cap este nevoie de coordonarea a zeci de mușchi ai degetelor noastre, încheietura mâinii, braț, umăr, spate, gât și abdomen. Dacă stăm în picioare când facem acest lucru, cerințele de coordonare se extind și asupra picioarelor. Ridicarea mâinii modifică centrul de gravitație, astfel că e nevoie de adaptări ale echilibrului. Este complicat. Fiecare articulație din corpul nostru are mușchi opozanți (asemănătoare circuitelor opozante din creier), astfel că articulația poate fi controlată cu un grad ridicat de precizie. Mușchii de pe o parte a articulației trebuie să se contracte cu o anumită putere aflată în continuă schimbare, în vreme ce opozanții trebuie să se relaxeze într-o manieră care se schimbă constant. Mușchii sunt făcuți din fibre individuale. Numai în bicepșii noștri se află un sfert de milion de fibre. Puterea contracției depinde de procentul fibrelor activate, astfel că fiecare fibră trebuie controlată separat. Pentru a ne scărpina în cap, creierul trebuie să controleze milioane de fibre musculare din corpul nostru. El trebuie să se asigure că acestea sunt coordonate în mod corespunzător una cu cealaltă și să modifice, într-o manieră dinamică, puterea relativă a contracției, pe parcursul mișcării. Pentru aceasta este nevoie de multă inteligență. Probabil mult mai multă decât credeam noi că avem. Nu este dopamina, dar suntem tot noi.

O bună parte a acțiunilor noastre din timpul zilei este automată. Ieșim din casă și ne ducem la muncă fără prea multă gândire intențională. Conducem mașina, mâncăm, râdem, zâmbim, ne încruntăm, mergem alene și facem mii de alte lucruri fără să trebuiască să ne gândim la ele. Facem atâtea lucruri care sar peste acea parte a creierului care cântărește opțiunile și face alegeri, încât am putea susține că aceste acțiuni nonconștiente – activități nondopaminergice – ne definesc cu adevărat.

Parcă nu e ea astăzi

Oamenii pe care-i cunoaștem și iubim au trăsături speciale care-i definesc. Unele dintre acestea sunt produse de activitatea dopaminică. Noi spunem, de exemplu: „El este mereu acolo când ai nevoie de el." Dar, adeseori, acțiunile inconștiente, nondopaminergice, ale unei persoane sunt mult mai de preț pentru noi. De multe ori spunem lucruri precum: „Ea este mereu veselă. Indiferent de cât de supărat sunt, ea reușește să mă înveselească." „Îmi place cum zâmbește." „Are cel mai bizar simț al umorului." „Are un mers inconfundabil."

Modul în care acele fibre musculare individuale se contractă pentru a ne ridica mâna până la cap când ne scărpinăm pare să nu aibă o relevanță deosebită pentru esența ființei noastre, însă prietenii noștri ar putea să ne contrazică. Fiecare dintre noi are un fel unic de a se mișca. De regulă, nu suntem conștienți de aceste obiceiuri, însă alți oameni le observă. Adeseori ne recunoaștem prietenii de la distanță, după felul în care se mișcă, chiar și atunci când nu putem să le vedem chipul. Felul în care ne mișcăm face parte din ceea ce ne definește.

Ce vrem să spunem prin afirmația: „Parcă nu e ea astăzi"? Acea persoană poate să fie bolnavă; poate să se simtă copleșită de dezamăgire; poate să fie obosită pentru că nu a dormit noaptea trecută. Indiferent de cauză, rareori aceasta înseamnă că prietenul nostru alege să se comporte ca o persoană diferită. În general, înseamnă că aspecte ale comportamentului său, care se află în afara controlului său conștient, sunt diferite. Și este vorba despre acele aspecte la care ne referim când vorbim despre „ea însăși" – despre ceea ce o definește în chip esențial. Am putea crede că sufletele noastre rezidă în circuitele noastre dopaminice, însă prietenii noștri nu cred asta.

Ce alte aspecte neglijăm când identificăm ființa noastră profundă cu circuitele dopaminice? Neglijăm emoția, empatia, bucuria de a fi în compania persoanelor la care ținem. Dacă ne ignorăm sentimentele, dacă pierdem contactul cu ele, odată cu trecerea timpului, acestea devin tot mai puțin sofisticate, transformându-se în mânie, lăcomie și resentiment. Dacă neglijăm empatia, pierdem capacitatea de a-i face fericiți pe alții. Iar dacă ignorăm relațiile afiliative, vom pierde, cel mai probabil, capacitate de a fi fericiți noi înșine – și s-ar putea să murim mai devreme. Un studiu făcut de cei de la Harvard University, care s-a desfășurat pe o durată de 74 de ani, a descoperit că izolarea socială (chiar și când nu este însoțită de sentimente de singurătate) este asociată cu un risc de moarte prematură mai mare cu 50% până la 90%. Este aproape egal cu riscul în cazul fumatului și mai mare decât cel al obezității sau al lipsei de efort fizic. Creierul nostru are nevoie de relații afiliative pentru a se menține în viață.

Noi pierdem, de asemenea, plăcerea lumii senzoriale care ne înconjoară. În loc să ne bucurăm de frumusețea unei flori, nu facem decât să ne imaginăm cum ar arăta într-o vază, pe masa din bucătărie. În loc să tragem în piept aerul dimineții și să privim cerul, consultăm aplicația meteo de pe telefonul mobil, cu capul aplecat, uitând cu totul de lumea din jurul nostru.

Identificându-ne cu circuitele noastre dopaminice, nu facem decât să devenim prizonierii unei lumi a speculației și posibilității. Lumea concretă din locul și momentul de față este disprețuită, ignorată sau chiar temută, deoarece nu o putem controla. Nu putem să controlăm decât viitorul, iar renunțarea la control este un lucru pe care ființele dopaminergice nu doresc să-l facă. Dar nimic din acestea nu este real. Chiar și un viitor aflat la o distanță de o secundă este ireal.

Doar faptele clare ale prezentului sunt reale, fapte pe care trebuie să le acceptăm exact așa cum sunt și care nu pot fi modificate pentru a se potrivi nevoilor noastre. Aceasta este lumea realității. Viitorul, unde își duc traiul ființele dopaminergice, este o lume a fantomelor.

Lumea fanteziilor noastre poate să devină un rai narcisist când suntem puternici, frumoși și adorați. Sau poate că sunt lumi pe care le controlăm în totalitate, asemenea unui artist digital care controlează fiecare pixel de pe ecran. În vreme ce plutim prin lumea reală, pe jumătate orbi, interesați doar de lucrurile cărora la putem găsi o întrebuințare, noi dăm oceanele profunde ale realității pe vâltoarea superficială a dorințelor noastre fără sfârșit. Și, în cele din urmă, aceasta ar putea să ne anihileze.

Va distruge dopamina specia umană?

Când mijloacele de trai au fost insuficiente, iar omenirea s-a aflat în pragul dispariției, nevoia de *mai mult* ne-a ținut în viață. Dopamina a fost motorul progresului. I-a ajutat pe strămoșii noștri să depășească traiul de subzistență. Prin faptul că ne-a dat capacitatea de a crea unelte, de a inventa științe abstracte și de a face planuri, ea ne-a transformat în specia dominantă de pe planetă. Dar, într-un mediu al abundenței, în care noi am subjugat lumea și am dezvoltat tehnologii sofisticate – într-o epocă în care *mai mult* nu mai este o chestiune de supraviețuire –, dopamina continuă să ne împingă înainte, probabil spre propria noastră distrugere.

Ca specie, noi am devenit mult mai puternici decât eram când creierul nostru a început să se dezvolte. Tehnologia avansează rapid, în vreme ce evoluția este lentă. Creierul nostru a evoluat într-o perioadă în care supraviețuirea noastră era sub semnul întrebării. În lumea modernă, aceasta nu reprezintă o problemă, însă nu putem scăpa de creierul nostru antic.

E posibil să nu viețuim mai mult de încă șase generații. Pur și simplu am devenit prea buni la satisfacerea dorințelor noastre dopaminergice: nu toate formele de *mai mult*, de *nou* și de *neobișnuit* sunt bune pentru individ sau pentru specie. Dopamina nu se oprește. Ne împinge mereu înainte, spre abis. În următoarele secțiuni vom trece în revistă cele mai rele scenarii. Poate că ingenuitatea noastră dopaminergică ne va ajuta să găsim o cale de a evita pericolele progresului, tot mai accelerat, al umanității. Sau poate că acest lucru nu se va întâmpla. Exemplu mai jos.

Apăsați butonul!

Armageddonul nuclear este cea mai evidentă modalitate în care dopamina poate să distrugă omenirea. Oamenii de știință foarte dopaminergici au construit arme pentru Ziua Judecății de Apoi destinate conducătorilor foarte dopaminergici. Oamenii de știință nu se pot opri din construirea unor arme tot mai letale, în vreme ce dictatorii nu-și pot înfrâna dorința de putere. Din ce în ce mai multe țări achiziționează capacități nucleare și, într-o zi, circuitele dopaminice ale unei persoane ar putea ajunge la concluzia că apăsarea butonului este cea mai bună cale de a maximiza resursele viitoare. Cu toții sperăm – iar unii dintre noi chiar cred – că, înainte de a se distruge, omenirea va găsi o cale de a depăși nevoia noastră primitivă de cucerire, probabil cu ajutorul unor organizații de cooperare internațională precum ONU.

Dar, pentru ca acest lucru să se întâmple, e nevoie de ceva foarte puternic. Este neînchipuit de greu să refacem circuitele creierului nostru.

Goliți planeta!

Un alt scenariu apocaliptic evident implică dopamina care ne îmboldește să consumăm din ce în ce mai mult, până ce vom distruge planeta. Schimbarea climei, amplificată de activitatea industrială, reprezintă o preocupare majoră a numeroase țări, care se tem de consecințe dezastruoase, cum ar fi secetă, inundații și o competiție violentă pentru resursele care se diminuează rapid. Mai mult de jumătate din gazele de seră sunt generate de arderea combustibililor fosili pentru a fabrica, de pildă, ciment, oțel, materiale plastice și substanțe chimice. Cum tot mai multe țări sunt scoase de sub povara sărăciei, cererea de asemenea materiale crește. Toată lumea vrea *mai mult* – și pentru un număr semnificativ de națiuni, *mai mult* nu înseamnă căutarea extravaganței, ci a ieși de sub povara zdrobitoare a sărăciei.

Intergovernmental Panel on Climate Change, care furnizează rapoarte științifice pentru United Nations Climate Conference, afirmă că orice reacție trebuie să includă o schimbare socială fundamentală. Creșterea economică mondială va trebui încetinită. Oamenii vor trebui să folosească mai puțină căldură, mai puțin aer condiționat, mai puțină apă caldă. Vor trebui să meargă mai puțin cu mașina, să zboare mai puțin cu avionul și să consume mai puțin. Cu alte cuvinte, comportamentul determinat de dopamină va trebui suprimat drastic, iar epoca lui *mai bine, mai rapid, mai ieftin și mai mult* va trebui să ia sfârșit.

Acest lucru nu s-a întâmplat niciodată în istoria omenirii – cel puțin nu prin voința noastră. Numai tehnologiile revoluționare ne vor permite să continuăm să consumăm în ritmul actual și, în același timp, să reducem emisia gazelor de seră.

Haideți să-i întâmpinăm pe noii noștri stăpâni din Silicon Valley

Calculatoarele, care sunt mai inteligente decât oamenii, vor schimba lumea în mod fundamental. În fiecare an, fabricăm calculatoare mai rapide și mai puternice datorită capacității noastre dopaminice de a folosi concepte abstracte pentru a crea tehnologie nouă. Odată ce PC-urile vor deveni suficient de inteligente pentru a se construi – și perfecționa – singure, progresul lor se va accelera dramatic. Nimeni nu știe ce se va întâmpla în acel moment. S-ar putea ca aceste calculatoare să apară mai devreme decât credem noi. Ray Kurzweil, faimosul futurolog, crede că în 2029 vom avea calculatoare superinteligente.

Calculatoarele care sunt programate cu ajutorul tehnicii tradiționale sunt complet predictibile. Ele urmează un set clar de instrucțiuni pentru a ajunge de la începutul unui calcul la finalul lui. Evoluțiile mai recente din domeniul inteligenței artificiale însă creează rezultate imprevizibile. În loc ca programatorul să determine modul de funcționare al calculatorului, acesta se modifică singur în funcție de succesul obținut în atingerea scopului său. El optimizează programarea pentru rezolvarea problemelor. Se numește *calcul evo-*

lutiv. Circuitele care conduc la succes sunt întărite, iar cele care conduc la eșec sunt slăbite. Pe măsură ce procesul continuă, calculatorul devine din ce în ce mai bun la rezolvarea sarcinii care îi este atribuită – recunoașterea fețelor umane, de exemplu. Dar nimeni nu poate spune cum procedează. În condițiile în care ajustările sunt făcute în timp, circuitele devin prea complexe pentru a fi înțelese.

Ca urmare, nimeni nu știe cu exactitate ce ar putea face un computer superinteligent. O inteligență artificială care își programează propriile circuite ar putea, într-o zi, să ajungă la concluzia că eliminarea speciei umane este cea mai bună cale pentru a-și atinge propriul țel. Oamenii de știință ar putea să încerce să programeze dispozitive de securitate speciale, însă de vreme ce programul evoluează în afara controlului programatorilor, este imposibil să știi ce tipuri de dispozitive de securitate vor fi suficient de puternice pentru a supraviețui procesului de „optimizare". O soluție ar fi să încetăm să mai facem calculatoare cu inteligență artificială. Însă acest lucru ne-ar diminua capacitatea de a obține *mai mult*, așa că iese din discuție. Dopamina va împinge știința înainte, fie că acest lucru este spre binele nostru sau nu. Poate că o să avem noroc totuși. Am putea descoperi o metodă de a ne asigura că inteligența artificială acționează într-o manieră etică. Mulți experți în domeniu cred că aceasta ar trebui să fie o prioritate majoră pentru oamenii de știință care se ocupă de calculatoare.

Totul. Întotdeauna

Progresele tehnologice determinate de dopamină ne ajută foarte mult să ne satisfacem nevoile și dorințele. Rafturile de la băcănie sunt pline de produse „noi și îmbunătățite" care sunt schimbate constant. Avioanele, trenurile și automobilele ne duc oriunde vrem să ajungem, mai ieftin și mai rapid ca niciodată. Internetul ne oferă opțiuni nelimitate de divertisment virtual, iar pe piață intră în fiecare an atât de multă marfă interesantă, că avem nevoie de roiuri întregi de jurnaliști pentru a ne ține la curent cu noile modalități de a ne cheltui banii.

Dopamina ne conduce viața din ce în ce mai rapid. E nevoie de mai multă educație pentru a ține pasul. Astăzi este nevoie de doctorat, la fel cum, cu o generație în urmă, era necesară o diplomă de facultate. Muncim mai multe ore. Avem mult mai multe notițe de citit, rapoarte de scris și e-mailuri la care trebuie să răspundem. Nu se termină niciodată. Oamenii se așteaptă să fim disponibili tot timpul, zi și noapte. Când cineva de la locul nostru de muncă are nevoie de noi, trebuie să răspundem imediat. Într-o reclamă, pe o plajă, un bărbat zâmbitor răspunde la mesaje; în alta, o femeie stă pe marginea unei piscine și își verifică telefonul pentru a urmări un filmuleț cu casa sa goală. *Ce ușurare.* Nu s-a întâmplat nimic de când a verificat ultima oară, cu un sfert de oră în urmă. Are totul sub control.

Cu atâtea moduri de a te distra, atâția ani dedicați educației și atât de mult timp petrecut la serviciu, trebuie să renunțăm la ceva, iar acest ceva este familia. Potrivit U.S. Census Bureau, între 1976 și 2012, numărul femeilor americane fără copii aproape că s-a dublat. *The New York Times* afirmă că anul 2015 a fost martor la primul NotMom Summit, o întrunire internațională a femeilor fără copii, ca urmare a deciziei lor sau a unor circumstanțe nefavorabile.

În țările dezvoltate, oamenii și-au cam pierdut dorința de a avea copii. Creșterea copiilor costă o mulțime de bani. Potrivit U.S. Department of Agriculture, să crești un copil până la vârsta de optsprezece ani costă 245 000 de dolari. Patru ani de taxe pentru facultate plus cazare și masă costă alți 160 000 de dolari, iar după facultate urmează școala doctorală, sau poate că fiul sau fiica se va întoarce acasă. Dacă adunăm totul, cu suma obținută putem să cumpărăm o casă de vacanță sau să mergem într-o călătorie în străinătate în fiecare an, ca să nu mai vorbim de restaurante, teatru și haine de designer. După cum se exprima succint un tânăr căsătorit, care plănuia să nu aibă copii: „Mai mulți bani pentru noi".

Dopamina centrată pe viitor nu-i mai stimulează pe oameni să aibă copii, deoarece în țările dezvoltate oamenii nu depind de copiii lor pentru a avea un sprijin la bătrânețe. Sistemul de pensii finanțat de stat are grijă de asta. În acest fel, dopamina este liberă să treacă la alte lucruri, precum televizoare, mașini și bucătării renovate.

Rezultatul final este prăbușirea demografică. Aproape jumătate din populația lumii trăiește într-o țară în care rata fertilității este sub nivelul de înlocuire a generațiilor. Fertilitatea de înlocuire este numărul de copii pe care trebuie să-l aibă fiecare cuplu pentru a împiedica declinul populației. În țările dezvoltate, numărul este 2,1 per femeie pentru a înlocui părinții, și ceva mai mult pentru a acoperi decesele premature. În unele țări în curs de dezvoltare, fertilitatea de înlocuire ajunge până la 3,4, din cauza ratelor ridicate ale mortalității infantile. Media globală este 2,3.

Toate țările europene, dar și Australia, Canada, Japonia, Coreea de Sud și Noua Zeelandă au ajuns să aibă o rată a fertilității sub nivelul de înlocuire. Statele Unite s-au bucurat de o rată mai stabilă, în bună măsură din cauza afluxului de imigranți din țările în curs de dezvoltare care nu și-au pierdut încă obiceiul de continuare a supraviețuirii speciei umane. Dar, chiar și în țările în curs de dezvoltare, rata nașterilor este în scădere. Brazilia, China, Costa Rica, Iran, Liban, Singapore, Tailanda, Tunisia și Vietnam toate au ajuns la rate ale fertilității sub nivelul de înlocuire.

Guvernele fac tot ce pot pentru ca țările lor să nu devină orașe-fantomă. În timpul crizei refugiaților din Siria, Germania și-a deschis granițele pentru noii veniți. Danemarca a reacționat la criza bebelușilor creând reclame în care apare o femeie fotomodel, într-o postură erotică, drapată într-un neglijeu, cu mesajul: „Fă-o pentru Danemarca". Singapore, care are o rată a nașterilor de numai 0,78, a semnat un contract cu firma Mentos („Creatorul de prospețime") pentru a promova „Noaptea Națională" în care cuplurile sunt îndemnate să-și lase „patriotismul să explodeze". În Coreea de Sud, cuplurile pot să câștige bani și premii dacă au mai mult de un copil, iar în Rusia au șansa să câștige un frigider.

Nu face nimic, trăiește totul!

În cele din urmă, declinul, dacă nu sfârșitul speciei umane poate fi accelerat de realitatea virtuală (RV). RV creează deja experiențe ispititoare, în care participantul este transportat în locuri frumoase, exotice, pentru a deveni eroul universului – instantaneu.

RV produce imagini și sunet, alte modalități senzoriale urmând să apară online în curând. De exemplu, cercetătorii din Singapore au dezvoltat un „simulator digital de gust". Este un aparat cu electrozi care transmite curent și căldură papilelor gustative. Prin stimularea limbii cu cantități variate de electricitate și căldură, este posibil să ne păcălim gustul ca să experimenteze noul sărat, acru și amar. Alte grupuri au reușit să stimuleze și gustul dulce. Odată ce oamenii de știință vor stăpâni toate gusturile de bază, vor putea să le combine în diferite proporții pentru a permite limbii să experimenteze senzația că gustă aproape orice aliment imaginabil. Întrucât ceea ce percepem ca gust este, în bună măsură, miros, există, de asemenea, un aparat care funcționează ca un fel de difuzor de arome care stimulează mirosuri. El vine cu ceea ce inventatorii numesc un „traductor prin conductivitatea oaselor". Aceștia spun că aparatul „imită zgomotele de masticație care sunt transmise din cavitatea bucală a celui care ia masa timpanelor printr-o serie de țesuturi moi și oase."

Atingerea este ultima frontieră, deoarece le va permite creatorilor de RV să simuleze sexul, iar pornografia este vectorul universal al noilor media, cum ar fi videocasetele, DVD-urile și internetul de mare viteză. De ce să te chinui făcând sex cu un partener imperfect, repetitiv și care are mereu nevoie de atenție, când poți să te delectezi cu o fantezie mereu în schimbare? Pornografia este despre cum să devii mult mai dependent, intrând pe tărâmul atingerii. Recent au apărut pe piață dispozitive care oferă stimulare genitală sincronizată cu RV pornografică – în esență jucării sexuale manipulate de un calculator. Sunt o mulțime de bani în joc. În 2016, piața jucăriilor sexuale se ridica la 15 miliarde de dolari, iar, potrivit previziunilor, în 2020 va depăși 50 de miliarde de dolari.

În curând vom putea să învățăm calculatorul tot ce ne place, evaluând experiențele pe care le generează, la fel cum evaluăm muzica și cărțile. Calculatorul va deveni atât de priceput în satisfacerea dorințelor noastre, încât niciun om nu va fi în stare să-l concureze. Următorul pas vor fi costumele care ne vor permite să experimentăm sexul virtual cu toate simțurile noastre, fără inconvenientul reproducerii. Oamenii aleg deja să aibă mai puțini copii. Când tendințele actuale se vor întâlni cu farmecul RV-ului, viitorul speciei umane va fi pus sub semnul întrebării.

Cu RV, specia umană va intra de bunăvoie în noaptea cea neagră. Circuitele noastre de dopamină ne vor spune că acesta este cel mai bun lucru pe care l-am făcut vreodată.

Doar un singur lucru ne va putea salva: abilitatea de a dobândi un echilibru mai bun, de a învinge obsesia noastră de a obține *mai mult*, de a aprecia complexitatea nelimitată a realității și de a învăța să ne bucurăm de lucrurile pe care le avem.

6

Vrei să fii măreț? Începe prin a fi. Vrei să ridici o construcție vastă și impunătoare?... Cu cât este mai înaltă structura, cu atât mai adâncă trebuie să fie fundația ei.

SFÂNTUL AUGUSTIN

Mă trezesc în zori sfâșiat între dorința de a face lumea mai bună și aceea de a mă bucura de ea. În felul ăsta, este foarte greu să-ți planifici ziua.

E. B. WHITE

7

Armonia

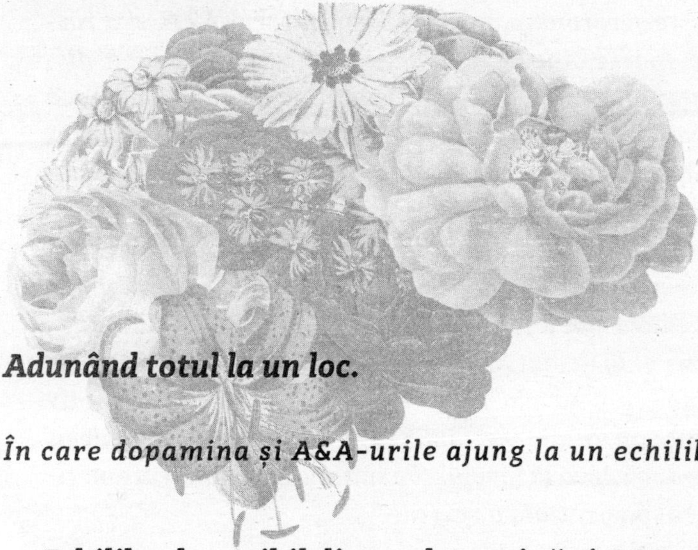

Adunând totul la un loc.

În care dopamina și A&A-urile ajung la un echilibru.

Echilibrul sensibil dintre dopamină și A&A-uri

Un bărbat în floarea vârstei s-a dus la un specialist pentru a-și trata depresia. Pe lângă faptul că se simțea trist și neajutorat, avea o obsesie nesănătoasă legată de viitor. El se gândea încontinuu la lucrurile care ar fi putut să nu meargă și se temea, în permanență, de producerea unei catastrofe. Îngrijorarea lui continuă îi storcea întreaga energie psihică și devenise fragil emoțional. Exploda la cea mai mică provocare. Nu putea să meargă cu trenul la serviciu, deoarece nu suporta să fie îmbrâncit sau chiar atins de călători. Uneori, soția sa era trezită, la trei dimineața, de plânsetul lui. El spunea: „Când se produce o pană de cauciuc, o persoană obișnuită sună la asistența rutieră. Eu sun la linia telefonică antisuicid."

I s-a prescris tratamentul standard pentru depresie, un antidepresiv care modifică modul în care creierul folosește serotonina, neurotransmițătorul A&A, și a răspuns foarte bine la el. În decurs de aproape o lună, dispoziția lui s-a îmbunătățit treptat, până când a ajuns să fie iarăși vesel și optimist. A devenit mult mai tolerant și capabil să se bucure de lucrurile bune din viața sa. A fost o ușurare pentru soția sa. La un moment dat s-a gândit că ar fi interesant să încerce o doză mai mare din medicamentul său, doar pentru a vedea ce se întâmplă, și medicul său a fost de acord. „M-am simțit minunat", a spus el la următoarea vizită. „Eram atât de fericit, că nu simțeam nevoia să fac ceva. Nu aveam niciun motiv să mă dau jos din pat dimineața." El și doctorul au decis să reducă doza la nivelul său inițial, iar echilibrul emoțional al pacientului a revenit.

Reacția dramatică pe care acest pacient a avut-o la antidepresivul serotonergic apare doar la câteva persoane care au combinația potrivită de gene și mediu. Dar este o bună ilustrare a modului în care o persoană poate deveni inactivă, atât printr-o concentrare excesivă asupra viitorului, cât și prin savurarea excesivă a prezentului.

Dopamina și neurotransmițătorii A&A au evoluat pentru a acționa împreună. Adeseori, ei acționează în opoziție unul cu celălalt, dar asta ajută la menținerea stabilității între celulele creierului care acționează în mod constant. În multe cazuri însă, dopamina și A&A ajung să fie scoase din echilibru, în special de partea dopaminergică. Lumea modernă ne obligă să fim numai dopamină, tot timpul. Prea multă dopamină poate să ducă la o suferință productivă, în vreme ce prea mult

A&A poate să ducă la o indolență fericită: directorul obsedat de muncă versus fumătorul de marijuana care locuiește la subsol. Niciunul nu are o viață cu adevărat fericită și nici nu se dezvoltă ca persoană. Pentru a avea o viață bună, trebuie să le aducem înapoi la stare de echilibru.

În mod instinctiv, noi știm că niciuna dintre extreme nu este sănătoasă, iar acesta poate fi unul dintre motivele pentru care ne plac povestirile despre oamenii care încep prin a avea prea mult dintr-una și la final găsesc echilibrul. Filmul *Avatar*, de exemplu, este despre cineva care, la început, are prea multă dopamină. Un fost pușcaș marin, pe numele său Jake, este angajat să lucreze în unitatea care asigură securitatea unei companii miniere. Compania intenționează să exploateze resursele naturale de pe o planetă numită Pandora, acoperită de păduri netulburate și populată de Na'vi, o specie de umanoizi care trăiește în armonie cu natura. Na'vi venerează o zeiță-mamă numită Eywa. Este un exemplu clasic de dopamină versus A&A.

Pentru a maximiza resursele pe care le poate extrage, compania minieră distruge Copacul Sufletelor, un copac sacru care le stă în cale. Îngrozit de acest plan, Jake respinge trecutul său dopaminergic, se alătură populației A&A Na'vi și dezvoltă relații apropiate, subordonate, cu membrii tribului. Combinând talentele lui dopaminergice cu abilitatea sa, recent dobândită, de a lucra împreună cu Na'vi, el îi organizează și îi conduce la victorii împotriva forțelor de securitate ale companiei miniere. La sfârșit, cu ajutorul Copacului Sufletelor, Jake devine membru al tribului Na'vi și își găsește echilibrul.

Filmul clasic al anilor 1980, *Pariul* (*Trading Places*), ne duce într-un loc al echilibrului, din direcția opusă. Billy Ray Valentine este un om fără adăpost, iresponsabil. Este leneș, generos cu cei din jurul său și nu se gândește deloc la viitor. La un moment dat ajunge să fie subiectul unui experiment în care viața sa este schimbată cu cea a unui comerciant de succes, care este imaginea sa în oglindă. Pe măsură ce Billy Ray acumulează avere, el renunță la vechiul său stil de viață, lipsit de griji, și devine responsabil. Într-o scenă din film, el invită un grup de vechi prieteni la o petrecere organizată la conacul său și se supără când aceștia vomită pe covorul său persan – un lucru care nu-i stătea în fire înainte. La sfârșit, el participă la un complot foarte elaborat care-l face bogat, îl readuce la viața sa lipsită de griji, dar cu un set nou de capacități.

Cum poate o persoană obișnuită să găsească echilibrul? Este greu de crezut că unii dintre noi vor renunța la lumea modernă pentru a trăi cu un clan ai cărui membri se închină la un copac. Trebuie să găsim echilibrul în alte moduri. Dopamina, de una singură, nu ne va satisface niciodată. Nu poate să ne ofere mai multă satisfacție decât un ciocan folosit pentru a răsuci un șurub. Dar ne promite încontinuu că satisfacția este chiar după colț: încă o prăjitură, încă o promovare, încă o cucerire. Cum putem scăpa de această rutină? Nu este ușor, dar există o serie de metode.

Măiestria: arta de a fi bun la ceva

Măiestria este capacitatea de a extrage recompensa maximă dintr-un anumit set de circumstanțe. Am putea să devenim maeștri ai jocului Pac-Man, ai racquetballului, ai artei culinare franceze sau ai depanării unui program complicat de calculator. Din punctul de vedere al dopaminei, măiestria este un lucru bun – fiecare dintre noi ar trebui să și-l dorească și să depună eforturi pentru a-l dobândi. Dar este diferită de alte lucruri bune. Nu înseamnă, pur și simplu, să cauți un nou fel de mâncare sau un nou partener ori să ieși învingător dintr-o competiție. Este mult mai mare și mai cuprinzătoare decât atât. Când am dobândit măiestria, dopamina a atins culmea aspirațiilor sale – storcând ultima picătură a unei resurse disponibile. Despre aceasta este vorba. Acesta este momentul pe care trebuie să-l savurăm – acum, în prezent. Măiestria este punctul în care dopamina se înclină în fața A&A-ului. După ce a făcut tot ce a putut să facă, dopamina ia o pauză și permite A&A-ului să dispună cum vrea de circuitele fericirii noastre. Chiar dacă este pentru un scurt moment, dopamina nu se luptă cu sentimentul de mulțumire. Îl aprobă. Cea mai mare bucurie este cea oferită de un lucru bine făcut.

Măiestria creează, de asemenea, un sentiment legat de ceea ce psihologii numesc *locul intern al controlului*. Această expresie se referă la tendința de a considera că propriile noastre alegeri și experiențe se află sub controlul nostru, că ele nu sunt determinate de destin, de noroc sau de alți oameni. Este un sentiment plăcut. Celor mai mulți oameni nu le place să fie în voia unor forțe aflate dincolo de controlul lor. Piloții spun că, atunci când zboară pe vreme rea, este mai puțin stresant să fie la butoane, decât să stea, pur și simplu, în cabină. Este la fel ca atunci când conduci pe furtună de zăpadă. Majoritatea oamenilor preferă să se afle în scaunul șoferului, și nu în cel al pasagerului. Pe lângă faptul că îi face să se simtă bine, locul intern al controlului îi face pe oameni mult mai eficienți. Oamenii cu un puternic sentiment al locului intern al controlului au mai multe șanse să se bucure de succes academic și să obțină un loc de muncă foarte bine plătit.

Cei care au un *loc extern al controlului*, dimpotrivă, au o abordare mult mai pasivă a vieții. Unii sunt fericiți, relaxați și toleranți, dar îi blamează, adeseori, pe alții pentru eșecurile lor și nu fac eforturi susținute. Doctorii ajung, de multe ori, să fie frustrați de acest tip de persoană. Ei tind să ignore sfaturile medicale și nu sunt ușor de convins să-și asume responsabilitatea pentru sănătatea lor, luându-și medicamentele în fiecare zi și urmând un regim sănătos de viață.

Dezvoltarea unui loc intern al controlului, ca și mulțumirea (chiar dacă de scurtă durată) se numără printre numeroasele beneficii ale dobândirii măiestriei într-un domeniu de activitate. Dar este nevoie atât de foarte mult timp și efort, cât și de exercițiu mental. Stăpânirea unei arte presupune ca studentul să treacă, în mod constant, în afara zonei sale de confort. Imediat ce un pianist devine bun la interpretarea unui cântec ușor, el trebuie să treacă la unul mai greu. Este o muncă istovitoare, dar poate, de asemenea, să fie o mare încântare. Cei care nu renunță simt, de regulă, că a meritat. Poate să le confere sentimentul că și-au găsit pasiunea, un lucru atât de captivant, încât ajung să fie atrași complet de el.

Răsplata realității

La ce vă gândiți când vă spălați pe dinți? Cel mai probabil, nu la faptul că vă spălați pe dinți. Mai degrabă, vă gândiți la lucrurile pe care urmează să le faceți mai târziu în acea zi, în acea săptămână sau altcândva în viitor. De ce? Poate că este un obicei. Poate că este vorba despre anxietate. Vă e teamă, probabil, că, dacă nu vă gândiți la viitor, veți pierde ceva. Dar poate că asta nu se va întâmpla. Dar dacă nu vă gândiți la ceea ce faceți, în mod sigur veți pierde ceva, poate chiar un lucru pe care nu l-ați observat înainte, ceva neașteptat.

Ceea ce dopamina iubește cel mai mult este eroarea de predicție a recompensei, care, așa cum am mai spus, este descoperirea că un lucru sau un fapt este mai bun decât am anticipat. În mod paradoxal, dopamina face tot ce-i stă în putință pentru a evita asemenea previziuni incorecte. Eroarea de predicție a recompensei creează un sentiment nemaipomenit, deoarece circuitele noastre dopaminice sunt entuziasmate de faptul că există ceva nou și surprinzător, care ne face viața mai bună. Dar faptul că suntem surprinși de o resursă nouă, neașteptată, înseamnă că aceasta nu este exploatată complet. Astfel, dopamina se asigură că surpriza, care ne-a creat un sentiment atât de plăcut, nu va mai fi niciodată surpriză. Dopamina își suprimă propria sa plăcere. Este un lucru frustrant, dar este cea mai bună cale de a ne menține în viață. Ce putem face pentru ca surprizele să nu înceteze să apară?

Realitatea este cea mai bogată sursă de lucruri neașteptate. Fanteziile pe care le evocăm în mintea noastră sunt previzibile. Nu facem decât să revedem întruna același material. Rareori ne vine o idee originală, însă acest lucru se întâmplă, de regulă, când suntem atenți la altceva – nu când încercăm să transpunem forțat creativitatea noastră în acțiune.

Când suntem atenți la realitate, la ceea ce facem în momentul de față, fluxul de informații din creierul nostru se maximizează. Se maximizează abilitatea dopaminei de a face planuri noi, deoarece, pentru a construi modele care vor prezice cu exactitate viitorul, dopamina are nevoie de date, iar datele vin de la simțuri. Aceasta înseamnă că dopamina și A&A-urile lucrează împreună.

Când ceva interesant activează sistemul dopaminic, noi devenim imediat atenți. Dacă suntem în stare să ne activăm sistemul A&A, concentrându-ne asupra a ceea ce se întâmplă în exterior, nivelul crescut al atenției face experiența senzorială mult mai intensă. Imaginați-vă că vă plimbați pe o stradă într-o țară străină. Totul ni se pare captivant, inclusiv clădirile obișnuite, copacii și magazinele. Deoarece suntem într-o situație nouă, datele senzoriale sunt mult mai vii. Iar aceasta alcătuiește o bună parte din bucuria de a călători. Dar ea acționează și în direcția opusă. Experiența unei stimulări senzoriale A&A, în special în cadrul unui mediu mai complex (numit, uneori, *mediu îmbogățit*) face ca facilitățile cognitive dopaminergice din creierul nostru să funcționeze mai bine. Cele mai complexe medii, care sunt cele mai îmbogățite, sunt, de regulă, cele naturale.

Dă-i bătaie și ia-ți o micropauză...

Natura este complexă. Este alcătuită din sisteme cu numeroase părți care interacționează. Ca urmare a unui număr mare de elemente care se influențează reciproc, apar patternuri neașteptate. Există aproape o cantitate nelimitată de detalii de explorat. De asemenea, pentru noi, natura este frumoasă, ne inspiră, uneori ne calmează, iar alteori ne energizează. Dr. Kate Lane și o echipă de cercetători de la University of Melbourne, Australia, au testat efectele cognitive ale unei expuneri la natură – de doar 40 de secunde – în forma unei imagini cu o clădire modernă, al cărei acoperiș fusese transformat într-o grădină cu flori și iarbă. Ei au comparat-o cu efectele imaginii unei clădiri asemănătoare, dar al cărei acoperiș era de beton.

Pentru a măsura impactul acestor imagini diferite, cercetătorii au cerut unui grup de studenți să îndeplinească o sarcină de concentrare. Pe un ecran apărea, rapid, o serie de numere la întâmplare, iar studenții trebuiau să apese un buton de îndată ce vedeau numărul. Dar trebuiau să se abțină când apărea numărul trei. Aveau mai puțin de o secundă pentru a reacționa și trebuiau să facă acest lucru de 225 de ori la rând. Este o sarcină grea, care necesită multă concentrare și motivație pentru a o executa corect. Cercetătorii le-au cerut studenților să facă această activitate în două reprize, cu „micropauză" de 40 de secunde între ele.

Studenții care au privit imaginea cu flori și iarbă între prima și cea de-a doua probă au făcut mai puține greșeli decât aceia care s-au uitat la acoperișul de beton. În opinia cercetătorilor, cea mai probabilă explicație a diferenței era că scena naturală stimula atât „excitația subcorticală" (dopamina dorinței), cât și „controlul atenției corticale" (dopamina controlului). Un reporter de la *Washington Post* care a comentat acest studiu observa că „acoperișurile urbane acoperite cu iarbă, plante și alte feluri de verdeață devin din ce în ce mai populare în lumea întreagă... [Facebook] a amenajat, recent, un acoperiș verde masiv, de aproape patru hectare, pe clădirea biroului său din Menlo Park, California." O asemenea abordare a arhitecturii, folosind stimularea A&A pentru a activa dopamina, este bună nu numai pentru suflet, dar ar putea fi bună și pentru profit.

... dar nu încerca să faci multitasking

Aproape orice experiență poate fi îmbunătățită dacă îi acordăm întreaga noastră atenție.

KELLY MCGONIGAL, LECTOR DE MANAGEMENT,
STANFORD SCHOOL OF BUSINESS

În ciuda a ceea ce ar putea crede fanaticii tehnologiei, multitaskingul, adică a fi atent la mai mult de un lucru în același timp, este imposibil. Când încerci să faci mai mult de un lucru, cum ar fi să vorbești la telefon în timp ce îți citești e-mailurile, atenția ta trece de la o sarcină la alta și sfârșește prin a le compromite pe amândouă. Uneori te oprești din citit pentru a asculta ce spune persoana de la telefon; alteori te oprești din conversație, pentru a te concentra asupra e-mailului. Persoana de la celălalt capăt al telefonului poate să confirme. În mod evident, nu-i acorzi întreaga ta atenție și pierzi detalii importante. În loc să-ți crească eficiența, „multitaskingul" o scade.

Aza Raskin, un specialist în experiența utilizatorului și principalul designer al programului de navigare pe internet Firefox 4, ne oferă un exemplu. Pronunțați cu voce tare, literă cu literă: „Bijuteria este strălucitoare", în vreme ce vă scrieți numele la calculator. Cât a durat? Acum, spuneți cu voce tare, literă cu literă: „Bijuteria este strălucitoare" și, după ce ați făcut acest lucru, scrieți-vă numele. Cât timp v-a luat? Probabil jumătate din timpul consumat de multitasking.

De asemenea, faceți mai multe greșeli când încercați să faceți multitasking. Întreruperile de numai câteva secunde – timpul necesar pentru a trece de la lectura e-mailurilor la conversație și înapoi – pot să vă dubleze numărul erorilor pe care le faceți la îndeplinirea unei sarcini care necesită concentrare. Nu numai distragerea atenției generează erori; trecerea de la o sarcină la alta consumă energie mentală, iar oboseala îngreunează concentrarea. Cu toate acestea, oamenii o fac, în special cei care lucrează cu calculatorul.

Un studiu de la University of California, Irvine, în colaborare cu Microsoft și Massachussetts Institute of Technology, a stabilit obiceiurile de muncă ale persoanelor care-și petrec cea mai mare parte a zilei online. Timpul mediu pe care-l petreceau rezolvând o sarcină înainte de a trece la alta era de numai 47 de secunde. Pe parcursul unei zile, ei pendulau între sarcini de mai mult de 400 de ori. Cei care petreceau mai puțin timp înainte de a trece la altceva erau mult mai stresați și făceau mai puțină muncă – printre altele, pentru că repetau manevra „schimbă sarcinile" de 400 de ori, în loc de o singură dată, după ce fiecare sarcină era executată. Pe lângă scăderea productivității, prea mult stres poate să ducă, de asemenea, la oboseală cronică și epuizare profesională.

Prețul ridicat al trăirii în viitor

Cei care-și trăiesc viața în lumea abstractă, ireală, dopaminergică, a posibilităților viitoare, trebuie să plătească un preț, iar acest preț este fericirea. Cercetătorii de la Harvard University au descoperit acest lucru creând o aplicație de smartphone care-i îndemna pe voluntari să furnizeze relatări în timp real ale gândurilor, sentimentelor și acțiunilor lor, în timp ce își desfășurau activitățile zilnice. Scopul celor care au conceput acest studiu a fost să afle mai multe lucruri despre relația dintre o minte rătăcitoare și fericire. Peste 5 000 de oameni din 83 de țări s-au oferit voluntari.

Aplicația îi contacta pe participanți în diferite momente pentru a le cere date. Îi întreba pe voluntari: „Cum te simți acum?", „Ce faci în momentul ăsta?" și „Te gândești și la altceva decât la ceea ce faci în momentul de față?" Oamenii răspundeau *da* la ultima întrebare aproape jumătate din timp, indiferent de ce făceau. Indiferent de ce făceau, mintea oamenilor începea să rătăcească, la un moment dat, cu excepția sexului, singurul în măsură să le mențină atenția trează.

În orice altă situație însă, obiceiul de a se gândi la alte lucruri era atât de frecvent, încât cercetătorii au ajuns la concluzia că mintea rătăcitoare, *gândirea independentă față de stimuli* – cum o numesc oamenii de știință –, era modul de funcționare implicit al creierului.

Când s-au uitat la fericire, ei au descoperit că oamenii erau mai puțin fericiți când mintea lor rătăcea, iar acest lucru se întâmpla indiferent de tipul de activitate pe care-l desfășurau. Fie că mâncau, munceau, se uitau la TV sau socializau, erau mai fericiți dacă erau atenți la ce făceau. Cercetătorii au tras concluzia că „mintea umană este o minte rătăcitoare, iar mintea rătăcitoare este o minte nefericită".

Dar dacă nu-ți pasă de fericire? Dacă ești atât de dopaminergic încât singurul lucru de care-ți pasă este succesul? Nu contează, pentru că, oricât de strălucit, original sau creator ești, circuitele tale dopaminice nu vor realiza prea multe fără materialul brut furnizat de simțurile A&A.

Pietà a lui Michelangelo, care o înfățișează pe Fecioara Maria ținându-și în brațe fiul mort, transmite într-o manieră puternică ideile abstracte ale suferinței și resemnării. Însă a fost nevoie de un bloc de marmură pentru a realiza concepția artistului. Frumusețea tristă a Mariei este o reprezentare idealizată a feminității, însă Michelangelo nu ar fi putut concepe această imagine dacă nu și-ar fi folosit ochii pentru a studia o femeie reală și emoțiile pentru a simți tristețea reală.

Trăind în prezent, noi primim informații senzoriale despre realitatea pe care o locuim, permițând sistemului dopaminic să folosească aceste date pentru a dezvolta planuri de maximizare a recompenselor. Impresiile pe care le absorbim au potențialul de a inspira un noian de idei noi, mărindu-ne capacitatea de a găsi soluții noi la problemele cu care ne confruntăm. Iar acesta este un lucru minunat. Crearea unui lucru nou, care n-a mai fost conceput vreodată, este, prin definiție, surprinzătoare. Pentru că este întotdeauna nouă, creația este cea mai durabilă dintre plăcerile dopaminergice.

Amestecă!

Creativitatea este o modalitate excelentă de a combina dopamina și A&A-urile. Am discutat despre un anumit fel de creativitate în capitolul patru, o creativitate obținută prin spargerea tiparelor convenționale ale realității. Este o creativitate extraordinară, în care creatorul se dedică obsesiv muncii sale, excluzând orice alte aspecte ale vieții sale, cum ar fi familia și prietenii. Singuri și cufundați complet în activitatea lor, oamenii cu idei revoluționare sunt, de regulă, veșnic nemulțumiți. Predomină dopamina, în vreme ce circuitele A&A pălesc. Însă există și forme mai obișnuite de creativitate, pe care le poate practica oricine, acte de creație care promovează mai degrabă echilibrul, decât dominația dopaminergică.

Prelucrarea lemnului, împletitul, pictura și cusutul sunt activități de modă veche care au ajuns să fie marginalizate în lumea noastră modernă. Ele nu au nevoie de aplicații pe smartphone-uri sau de internet de mare viteză. Necesită creier și mâini care să lucreze împreună pentru a crea ceva nou. Noi alcătuim un plan pe care să-l aducem la îndeplinire. Apoi mâinile noastre îl fac real.

Un director care lucra în domeniul serviciilor financiare își petrecea timpul reflectând la opțiuni de stoc, produse financiare derivate, rate de schimb extern și alte creaturi fioroase imaginare. Era bogat și nefericit. Nefericirea sa l-a împins să vadă un psihiatru, iar câteva luni mai târziu își redescoperise pasiunea pentru pictură, un hobby pe care-l abandonase cu decenii în urmă. „Abia aștept să ajung acasă la sfârșitul orelor de lucru", îi spunea doctorului. „Noaptea trecută am pictat patru ore și nici măcar nu mi-am dat seama câtă vreme trecuse."

Nu toată lumea are timpul sau înclinația de a învăța să picteze, dar asta nu înseamnă că nu putem crea frumosul. Cărțile de colorat pentru adulți i-au ofuscat pe unii și i-au satisfăcut pe mulți. La prima vedere, par niște lucruri prostești; de ce ar avea nevoie adulții de cărți de colorat? Însă ele au capacitatea de a elimina stresul, oferind o evadare din lumea dopaminergică, lipsită de echilibru. Cărțile de colorat pentru adulți conțin patternuri frumoase, geometrice, abstracții dopaminergice combinate cu experiență senzorială.

La rândul lor, copiii au nevoie să lucreze cu mâinile. În 2015, revista *Time* a publicat un articol intitulat: „De ce școlile trebuie să reintroducă orele de lucru manual". Lucrul cu burghiul și fierăstrăul, în mirosul de rumeguș proaspăt, reprezintă o pauză bine-venită de la rigorile intelectuale ale disciplinelor academice. Șlefuirea unei bucăți de lemn până ce devine „la fel de netedă ca poponețul unui bebeluș" este o bucurie de care puțini oameni au parte în ziua de azi. Iar căsuța pentru păsărele care se ivește la sfârșit este un mic miracol. Gândurile legate de ea sunt asemenea unei oaze de liniște, în care mintea poate să spună: *Eu am făcut asta!*

Mulți dintre noi s-au născut într-o casă în care tatăl avea un banc de lucru în garaj. Astăzi sunt mai rare, însă repararea lucrurilor rămâne o plăcere unică. Fiecare proiect este o problemă care trebuie să fie rezolvată – o activitate dopaminergică – iar soluția este transpusă apoi în realitate. Uneori, problemele legate de repararea unor lucruri presupun creativitate, deoarece instrumentele sau dispozitivele necesare nu sunt la îndemână. De exemplu, închipuie-ți cum să folosești o banală unghieră pentru a tăia cabluri electrice. Totodată, repararea lucrurilor ne sporește încrederea în capacitatea noastră de a ne atinge scopurile și sentimentul că suntem stăpâni pe situație: este un exemplu de A&A care oferă satisfacție dopaminergică.

Gătitul, grădinăritul și sporturile de relaxare se numără printre numeroasele activități care combină stimularea intelectuală cu activitatea fizică într-un mod care ne va satisface și ne va completa. Aceste activități pot fi efectuate pe tot parcursul vieții, fără riscul de a deveni învechite. Putem să dobândim câteva săptămâni de entuziasm dopaminergic cumpărând un ceas elvețian scump, dar după aceea este doar un ceas. Promovarea în funcția de director de zonă te face, la început, să mergi la serviciu cu mai mult entuziasm, dar, într-un final, ajunge să fie aceeași muncă nesuferită. Creativitatea este diferită pentru că amestecă A&A cu dopamina. Este ca și cum ai amesteca puțin carbon cu fier pentru a face oțel. Rezultatul este mai puternic și mai durabil. Asta se întâmplă cu plăcerea dopaminergică prin adăugarea A&A-ului fizic.

Însă cei mai mulți oameni nu sunt interesați să se angajeze în acte de creație – să deseneze, să compună muzică, să construiască aeromodele. Nu există niciun motiv practic pentru a face aceste lucruri. Sunt greu de făcut, cel puțin la început, și probabil că nu ne vor aduce bani sau prestigiu și nu ne vor asigura un viitor mai bun. Însă s-ar putea să ne facă fericiți.

Puterea este în mâinile voastre

În 2015, TINYpulse, o firmă de consultanță care-i ajută pe manageri să sporească implicarea angajaților, a făcut un sondaj în rândul a peste 30 000 de angajați care lucrau pentru mai mult de 500 de companii. Le-au pus întrebări despre managerii lor, despre colegii lor și despre dezvoltarea profesională. Însă sondajul era, de fapt, despre fericire.

TINYpulse a remarcat că nimeni nu mai făcuse vreodată un asemenea sondaj. În general, consultanții pe probleme de management nu puneau atât de mult preț pe fericire. Însă TINYpulse credea că fericirea era esențială pentru succesul unei companii, astfel că au cercetat nivelul de fericire al angajaților dintr-o varietate de industrii, printre care se numărau domeniile de vârf ale tehnologiei, finanțelor și biotehnologiei. Niciuna dintre acestea nu a ocupat primele poziții. Cei mai fericiți oameni erau muncitorii din construcții.

Muncitorii din construcții iau planurile abstracte și le fac reale. Pentru aceasta, își folosesc mâinile și mintea. De asemenea, între ei există o strânsă camaraderie. Când TINYpulse a vrut să afle motivul fericirii lor, cel mai frecvent răspuns a fost: „Lucrez cu oameni minunați!". Un manager din construcții a spus: „Un lucru care-i unește este faptul că, la sfârșitul zilei, se adună cu toții la o bere și discută toate problemele – pe cele bune și pe cele rele". Relațiile afiliative de la locul de muncă joacă un rol important: muncă și prietenie, dopamină și A&A.

Un al doilea motiv important al fericirii muncitorilor din construcții a fost: „Sunt entuziasmat de munca și proiectele mele" – un motiv dopaminergic. Autorul raportului a notat, de asemenea, că industria construcțiilor înregistrase o creștere serioasă în anul anterior, iar această creștere se reflecta în salariile mărite, o altă contribuție dopaminergică. Este nevoie atât de dopamină, cât și de A&A pentru a dobândi fericirea – acea stare a existenței pe care filosoful Aristotel o considera scopul suprem.

Ceea ce ne face umani sunt circuitele noastre dopaminice. Ele oferă speciei noastre puterea sa specială. Gândim. Facem planuri. Ne imaginăm. Ne înălțăm gândurile pentru a medita la concepte abstracte precum adevărul, dreptatea și frumusețea. În interiorul acestor circuite transcendem toate barierele spațiului și timpului. Înflorim în cele mai ostile medii – chiar și în spațiul exterior – datorită abilității noastre de a domina lumea din jur. Însă aceleași circuite pot, de asemenea, să ne ducă pe o cale întunecată, calea dependenței, trădării și nefericirii. Dacă vrem să fim cineva, va trebui, probabil, să acceptăm faptul că nefericirea va face parte din viața noastră. Nemulțumirea este aceea care ne ține la muncă în vreme ce alții se bucură de compania prietenilor și a familiei.

Însă aceia dintre noi care preferă o viață în care împlinirile se împletesc cu fericirea avem o sarcină diferită de realizat: trebuie să găsim armonia. Trebuie să învingem seducția stimulării dopaminergice neîntrerupte și să întoarcem spatele foamei noastre veșnicei de mai mult. Dacă suntem capabili să amestecăm dopamina cu A&A, putem să dobândim această armonie. Toată dopamina și tot timpul nu este calea către cel mai bun viitor posibil. Pentru a scoate la iveală întregul potențial al creierului, realitatea senzorială și gândirea abstractă trebuie să lucreze împreună. Operând la capacitate maximă, el devine capabil nu numai de a produce fericire și satisfacție, bogăție și cunoaștere, ci și un amestec consistent de experiență senzorială și înțelepciune, un mix care ne poate pune pe calea către un mod mult mai echilibrat de a fi umani.

7

B

Bibliografie

CAPITOLUL 1: Iubirea

Colombo, M. (2014), „Deep and beautiful. The reward prediction error hypothesis of dopamine", *Studies in History and Philosophy of Science Part C: Studies in History and Philosophy of Biological and Biomedical Sciences, 45*, pp. 57-67.

Fisher, H. (2004), *Why we love: The nature and chemistry of romantic love*, Macmillan, New York.

Fisher, H. E., Aron, A., & Brown, L. L. (2006), „Romantic love: A mammalian brain system for mate choice", *Philosophical Transactions of the Royal Society of London B: Biological Sciences, 361*(1476), pp. 2173-2186.

Fowler, J. S., Volkow, N. D., Wolf, A. P., Dewey, S. L., Schlyer, D. J., MacGregor, R. R., Christman, D. (1989), „Mapping cocaine binding sites in human and baboon brain in vivo", *Synapse, 4*(4), pp. 371-377.

Garcia, J. R., MacKillop, J., Aller, E. L., Merriwether, A. M., Wilson, D. S., & Lum, J. K. (2010), „Associations between dopamine D4 receptor gene variation with both infidelity and sexual promiscuity", *PLoS One, 5*(11), e14162.

Georgiadis, J. R., Kringelbach, M. L., & Pfaus, J. G. (2012), „Sex for fun: A synthesis of human and animal neurobiology", *Nature Reviews Urology, 9*(9), pp. 486-498.

Komisaruk, B. R., Whipple, B., Crawford, A., Grimes, S., Liu, W. C., Kalnin, A., & Mosier, K. (2004), „Brain activation during vaginocervical self-stimulation and orgasm in women with complete spinal cord injury: fMRI evidence of mediation by the vagus nerves", *Brain Research, 1024*(1), pp. 77-88.

Marazziti, D., Akiskal, H. S., Rossi, A., & Cassano, G. B. (1999), „Alteration of the platelet serotonin transporter in romantic love", *Psychological Medicine, 29*(3), pp. 741-745.

Previc, F. H. (1998), „The neuropsychology of 3-D space", *Psychological Bulletin, 124*(2), p. 123.

Skinner, B. F. (1990), *The behavior of organisms: An experimental analysis*, Cambridge, MA: B. F. Skinner Foundation.

Spark, R. F. (2005), „Intrinsa fails to impress FDA advisory panel", *International Journal of Impotence Research, 17*(3), pp. 283-284.

Stoléru, S., Fonteille, V., Cornélis, C., Joyal, C., & Moulier, V. (2012), „Functional neuroimaging studies of sexual arousal and orgasm in healthy men and women: A review and meta-analysis", *Neuroscience & Biobehavioral Reviews, 36*(6), pp. 1481-1509.

CAPITOLUL 2: Droguri

Chatfield, T. (2010, November), Transcript of „7 ways games reward the brain", https://www.ted.com/talks/tom_chatfield_7_ways_games_reward_the_brain/transcript?language=en.

Dixon, M., Ghezzi, P., Lyons, C., & Wilson, G. (Eds.) (2006), *Gambling: Behavior theory, research, and application*, Context Press, Reno, NV.

Ewalt, David M (19 decembrie 2013, „Americans will spend $20.5 billion on video games in 2013", *Forbes*, https://www.forbes.com/sites/davidewalt/2013/12/19/americans-will-spend-20-5-billion-on-video-games-in-2013/#2b5fa4522c1e.

Fleming, A. (mai-iunie 2015), „The science of craving", *The Economist 1843*, https://www.1843magazine.com/content/features/wanting-versus-liking.

Fritz, B., & Pham, A. (20 ianuarie 2012), „Star Wars: The Old Republic–the story behind a galactic gamble", http://herocomplex.latimes.com/games/star-wars-the-old-republic-the-story-behind-a-galactic-gamble/.

Gentile, D. (2009), „Pathological video-game use among youth ages 8 to 18: A national study", *Psychological Science*, 20(5), pp. 594-602.

Ian W. v. Pfizer Australia Pty Ltd. Victoria Registry, Federal Court of Australia, 10 martie 2012.

Klos, K. J., Bower, J. H., Josephs, K. A., Matsumoto, J. Y., & Ahlskog, J. E. (2005), „Pathological hypersexuality predominantly linked to adjuvant dopamine agonist therapy in Parkinson's disease and multiple system atrophy", *Parkinsonism and Related Disorders*, *11*(6), pp. 381-386.

Moore, T. J., Glenmullen, J., & Mattison, D. R. (2014), „Reports of pathological gambling, hypersexuality, and compulsive shopping associated with dopamine receptor agonist drugs", *JAMA Internal Medicine*, *174*(12), pp. 1930-1933.

National Research Council (1999), *Pathological gambling: A critical review*, Chicago: Author.

Nayak, M. (20 septembrie 2013), „Grand Theft Auto V sales zoom past $1 billion mark in 3 days. Reuters", http://www.reuters.com/article/entertainment-us-taketwo-gta-idUSBRE98J0O820130920.

Pfaus, J. G., Kippin, T. E., & Coria-Avila, G. (2003), „What can animal models tell us about human sexual response?", *Annual Review of Sex Research*, *14*(1), pp. 1-63.

Pickles, K. (23 noiembrie 2015), „How online porn is fueling sex addiction: Easy access to sexual images blamed for the rise of people with compul-sive sexual behaviour, study claims", *Daily Mail*, http://www.dailymail.co.uk/health/article-3330171/How-online-porn-fuelling-sex-addiction-Easy-access-sexual-images-blamed-rise-people-compulsive-sexual-behaviour-study-claims.html.

Przybylski, A. K., Weinstein, N., & Murayama, K. (2016), „Internet gaming disorder: Investigating the clinical relevance of a new phenomenon", *American Journal of Psychiatry*, *174*(3), pp. 230-236.

Rutledge, R. B., Skandali, N., Dayan, P., & Dolan, R. J. (2015), „Dopaminergic modulation of decision making and subjective well-being", *Journal of Neuroscience*, *35*(27), pp. 9811-9822.

Study with "never-smokers" sheds light on the earliest stages of nicotine dependence (9 septembrie 2015), *Johns Hopkins Medicine*, https://www.hopkinsmedicine.org/news/media/releases/study_with_neversmokers_sheds_light_on_the_earliest_stages_of_nicotine_dependence.

Voon, V., Mole, T. B., Banca, P., Porter, L., Morris, L., Mitchell, S., Irvine, M. (2014), „Neural correlates of sexual cue reactivity in individuals with and without compulsive sexual behaviors", *PloS One*, *9*(7), e102419.

Weintraub, D., Siderowf, A. D., Potenza, M. N., Goveas, J., Morales, K. H., Duda, J. E., Stern, M. B. (2006), „Association of dopamine agonist use with impulse control disorders in Parkinson disease", *Archives of Neurology*, *63*(7), pp. 969-973.

CAPITOLUL 3: Dominația

Barbier, E., Tapocik, J. D., Juergens, N., Pitcairn, C., Borich, A., Schank, J. R., Vendruscolo, L. F. (2015), „DNA methylation in the medial prefrontal cortex regulates alcohol-induced behavior and plasticity", *The Journal of Neuroscience*, *35*(15), pp. 6153-6164.

Baumeister, R. F., Bratslavsky, E., Muraven, M., & Tice, D. M. (1998), „Ego depletion: Is the active self a limited resource?", *Journal of Personality and Social Psychology*, *74*(5), pp. 1252-1265.

Cortese, S., Moreira-Maia, C. R., St. Fleur, D., Morcillo-Peñalver, C., Rohde, L. A., & Faraone, S. V. (2015), „Association between ADHD and obesity: A systematic review and meta-analysis", *American Journal of Psychiatry*, *173*(1), pp. 34-43.

Goldschmidt, A. B., Hipwell, A. E., Stepp, S. D., McTigue, K. M., & Keenan, K. (2015), „Weight gain, executive functioning, and eating behaviors among girls", *Pediatrics*, *136*(4), pp. e856–e863.

Kadden, R. (1995), *Cognitive-behavioral coping skills therapy manual: A clinical research guide for therapists treating individuals with alcohol abuse and dependence* (nr. 94), Darby, PA: DIANE Publishing.

Laskas, J. M. (21 decembrie 2014), Buzz Aldrin: The dark side of the moon. *GQ*, http://www.gq.com/story/buzz-aldrin.

MacDonald, G. (1993), *The light princess: And other fairy tales*, Whitethorn, CA: Johannesen.

MacInnes, J. J., Dickerson, K. C., Chen, N. K., & Adcock, R. A. (2016), „Cognitive neurostimulation: Learning to volitionally sustain ventral tegmental area activation", *Neuron, 89*(6), 1331–1342.

Macur, J. (1 martie 2014), „End of the ride for Lance Armstrong", *The New York Times*, www.nytimes.com/2014/03/02/sports/cycling/end-of-the-ride-for-lance-armstrong.html.

Massey, S. (22 iulie 2016), „An affective neuroscience model of prenatal health behavior change", [video], https://youtu.be/tkng4mPh3PA.

McBee, S. (26 ianuarie1968), „The end of the rainbow may be tragic: Scandal of the diet pills", *Life Magazine*, pp. 22-29.

Miller, W. R. (1995), *Motivational enhancement therapy manual: A clinical research guide for therapists treating individuals with alcohol abuse and dependence*, Darby, PA: DIANE Publishing.

Nowinski, J., Baker, S., & Carroll, K. M. (1992), *Twelve step facilitation therapy manual: A clinical research guide for therapists treating individuals with alcohol abuse and dependence* (Project MATCH Monograph Series, Vol. 1), Rockville, MD: U.S. Dept. of Health and Human Services, Public Health Service, Alcohol, Drug Abuse, and Mental Health Administration, National Institute on Alcohol Abuse and Alcoholism.

O'Neal, E. E., Plumert, J. M., McClure, L. A., & Schwebel, D. C. (2016) „The role of body mass index in child pedestrian injury risk", *Accident Analysis & Prevention, 90*, pp. 29-35.

Power, M. (29 ianuarie 2014), „The drug revolution that no one can stop", *Matter*, https://medium.com/matter/thedrug-revolution-that-no-one-can-stop-19f753fb15e0#.sr85czt5n.

Previc, F. H. (1999), „Dopamine and the origins of human intelligence", *Brain and Cognition, 41*(3), pp. 299-350.

PsychonautRyan (9 martie 2013), „Amphetamine-induced narcissism", Bluelight.org, http://www.bluelight.org/vb/threads/689506-Amphetamine-Induced-Narcissism?s=e81c6e06edabb-cf704296e266b7245e4.

Rasmussen, N. (2008), *On speed: The many lives of amphetamine*, New York: NYU Press.

Salamone, J. D., Correa, M., Farrar, A., & Mingote, S. M. (2007), „Effort-related functions of nucleus accumbens dopamine and associated forebrain circuits", *Psychopharmacology, 191*(3), pp. 461-482.

Schlemmer, R. F., & Davis, J. M. (1981), „Evidence for dopamine mediation of submissive gestures in the stumptail macaque monkey", *Pharmacology, Biochemistry, and Behavior, 14*, pp. 95-102.

Schurr, A., & Ritov, I. (2016), „Winning a competition predicts dishonest behavior", *Proceedings of the National Academy of Sciences, 113*(7), pp. 1754-1759.

Tiedens, L. Z., & Fragale, A. R. (2003), „Power moves: Complementarity in dominant and submissive nonverbal behavior", *Journal of Personality and Social Psychology, 84*(3), pp. 558-568.

Trollope, A. (1874), *Phineas redux*, London: Chapman and Hall.

CAPITOLUL 4: Creativitatea și nebunia

Barrett, D. (1993), „The Committee of Sleep: A study of dream incubation for problem solving", *Dreaming, 3*(2), pp. 115-122.

Dement, W. C. (1972), *Some must watch while some just sleep*, New York: Freeman.

Fiss, H., Klein, G. S., & Bokert, E. (1966), „Waking fantasies following interruption of two types of sleep", *Archives of General Psychiatry, 14*(5), pp. 543-551.

Friedman, T. (Producer), & Jones, P. (Director) (1996), *NOVA: Einstein Revealed*, Boston, MA: WGBH.

Gottesmann, C. (2002), „The neurochemistry of waking and sleeping mental activity: The disinhibition-dopamine hypothesis", *Psychiatry and Clinical Neurosciences, 56*(4), pp. 345-354.

Green, A. E., Spiegel, K. A., Giangrande, E. J., Weinberger, A. B., Gallagher, N. M., & Turkeltaub, P. E. (2016), „Thinking cap plus thinking zap: tDCS of frontopolar cortex improves creative analogical reasoning and facilitates conscious augmentation of state creativity in verb generation", *Cerebral Cortex, 27*(4), pp. 2628-2639.

James, I. (2003), „Singular scientists", *Journal of the Royal Society of Medicine, 96*(1), pp. 36-39.

Kuepper, H. (2017), „Short life history: Hans Albert Einstein", http://www.einstein-website.de/biographies/einsteinhansalbertcontent. html.

Nasar, S. (1998), *A beautiful mind*, New York, NY: Simon & Schuster.

Orendain, S. (28 decembrie 2011), „In Philippine slums, capturing light in a bottle", *NPR All Things Considered*, https://www.npr. org/2011/12/28/144385288/in-philippine-slums-capturing-light-in-a-bottle.

Pinker, S. (2002), „Art movements", *Canadian Medical Association Journal, 166*(2), p. 224.

Root-Bernstein, R., Allen, L., Beach, L., Bhadula, R., Fast, J.,

Hosey, C., & Podufaly, A. (2008), „Arts foster scientific success: Avocations of Nobel, National Academy, Royal Society, and Sigma Xi members", *Journal of Psychology of Science and Technology, 1*(2), pp. 51-63.

Rothenberg, A. (1995), „Creative cognitive processes in Kekulé's discovery of the structure of the benzene molecule", *American Journal of Psychology, 108*(3),pp. 419-438.

Scarone, S., Manzone, M. L., Gambini, O., Kantzas, I., Limosani, I., D'Agostino, A., & Hobson, J. A. (2008), „The dream as a model for psychosis: An experimental approach using bizarreness as a cognitive marker", *Schizophrenia Bulletin, 34*(3), pp. 515-522.

Schrag, A., & Trimble, M. (2001), „Poetic talent unmasked by treatment of Parkinson's disease", *Movement Disorders, 16*(6), pp. 1175-1176.

Winerman, L. (2005), „ Researchers are searching for the seat of creativity and problem-solving ability in the brain", *Monitor on Psychology, 36*(10), p. 34.

CAPITOLUL 5: Politica

Amodio, D. M., Jost, J. T., Master, S. L., & Yee, C. M. (2007), „Neurocognitive correlates of liberalism and conservatism". *Nature Neuroscience, 10*(10), pp. 1246-1247.

Bai, M. (2017, June 29), „Why Pelosi should go and take the '60s generation with her", *Matt Bai's Political World*, www.yahoo.com/news/pelosi-go-take-60s-generation-090032524.html.

Brooks, A. (2006), *Who really cares?: The surprising truth about compassionate conservatism*, Basic Books.

Cahn, N., & Carbone, J. (2010), *Red families v. blue families:*

Legal polarization and the creation of culture, Oxford: Oxford University Press.

Carroll, J. (31 decembrie 2007), „Most Americans very satisfied with their personal lives", Gallup.com, http://www.gallup.com/poll/103483/most-americans-very-satisfied-their-personal-lives.aspx.

Crockett, M. J., Clark, L., Hauser, M. D., & Robbins, T. W. (2010), „Serotonin selectively influences moral judgment and behavior through effects on harm aversion", *Proceedings of the National Academy of Sciences, 107*(40), pp. 17433-17438.

De Martino, B., Camerer, C. F., & Adolphs, R. (2010), „Amygdala damage eliminates monetary loss aversion", *Proceedings of the National Academy of Sciences, 107*(8), pp. 3788-3792.

Dodd, M. D., Balzer, A., Jacobs, C. M., Gruszczynski, M. W., Smith, K. B., & Hibbing, J. R. (2012), „The political left rolls with the good and the political right confronts the bad: Connecting physiology and cognition to preferences", *Philosophical Transactions of the Royal Society B: Biological Sciences, 367*(1589), pp. 640-649.

Dunne, C. (14 iulie 2016), „Liberal artists don't need orgasms, and other findings from OkCupid", Hyperallergic, http://hyperallergic.com /311029/liberal-artists-dont-need-orgasms-and-other-findings-from-okcupid/.

Ebstein, R. P., Monakhov, M. V., Lu, Y., Jiang, Y., San Lai, P., & Chew, S. H. (august 2015), „Association between the dopamine D4 receptor gene exon III variable number of tandem repeats and political attitudes in female Han Chinese", *Proceedings of the Royal Society B, 282*(1813), p. 20151360.

Edelman, B. (2009), „Red light states: Who buys online adult entertainment?", *Journal of Economic Perspectives, 23*(1), pp. 209-220.

Eysenck, H. J. (1993), „Creativity and personality: Suggestions for a theory", *Psychological Inquiry, 4*(3), pp. 147-178.

Ferenstein, G. (8 noiembrie 2015), „Silicon Valley represents an entirely new political category", TechCrunch, https://techcrunch.com/2015/11/08/silicon-valley-represents-an-entirely-new-political-category/

Flanagan, C. (septembrie 2015), „That's not funny! Today's college students can't seem to take a joke", *The Atlantic*.

Giving USA. (2012), *The annual report on philanthropy for the year 2011*, Chicago: Author.

Giving USA. (29 iunie 2017), „Giving USA: Americans donated an estimated $358.38 billion to charity in 2014; highest total in report's 60-year history", [declarație de presă], https://givingusa.org/giving-usa-2015-press-release-giving-usa-americans-donated-an-estimated-358-38-billion-to-charity-in-2014-highest-total-in-reports-60-year-history/.

GLAAD. (2013), *2013 Network Responsibility Index*, http://glaad. org/nri2013.

Glaeser, E. L., & Gyourko, J. (2002), *The impact of zoning on housing affordability* (Working Paper No. 8835), Cambridge, MA: National Bureau of Economic Research.

GovTrack. (n.d.), „Statistics and historical comparison", https://www.govtrack.us/congress/bills/statistics.

Gray, N. S., Pickering, A. D., & Gray, J. A. (1994), „Psychoticism and dopamine D2 binding in the basal ganglia using single photon emission tomography", *Personality and Individual Differences, 17*(3), pp. 431-434.

Harris, E. (2 iulie 2012), „Tension for East Hampton as immigrants stream in", *The New York Times*, http://www.nytimes.com/2012/07/03/nyregion/east-hampton-chafes-under-influx-of-immigrants.html.

Helzer, E. G., & Pizarro, D. A. (2011), „Dirty liberals! Reminders of physical cleanliness influence moral and political attitudes", *Psychological Science, 22*(4), pp. 517-522.

How states compare and how they voted in the 2012 election, (5 octombrie 2014), *The Chronicle of Philanthropy*, https://www.philanthropy.com/article/How-States-Compare-How/152501.

Kahneman, D., Knetsch, J. L., & Thaler, R. H. (1991), „Anomalies: The endowment effect, loss aversion, and status quo bias", *Journal of Economic Perspectives, 5*(1), pp. 193-206.

Kanazawa, S. (2010), „Why liberals and atheists are more intelligent", *Social Psychology Quarterly, 73*(1), pp. 33-57.

Kanazawa, S. (2017), „Why are liberals twice as likely to cheat as conservatives?", *Big Think*, http://hardwick.fi/E%20pur%20si%20muove/why-are-liberals-twice-as-likely-to-cheat-as-conservatives.html.

Kertscher, T. (30 decembrie 2017), „Anti-poverty spending could give poor $22,000 checks", Rep. Paul Ryan says, Politifact, http://www.politifact.com/wisconsin/statements/2012/dec/30/paul-ryan/anti-poverty-spending-could-give-poor-22000-checks/.

Konow, J., & Earley, J. (2008), „The hedonistic paradox: Is homo economicus happier?", *Journal of Public Economics, 92*(1), pp. 1-33.

Kristof, N. (7 mai 2016), „A confession of liberal intolerance", *The New York Times*, http://www.nytimes.com/2016/05/08/opinion/sunday/a-confession-of-liberal-intolerance.html.

Laber-Warren, E. (2012, August 2), „Unconscious reactions separate liberals and conservatives", *Scientific American*, http://www.scientificamerican.com/article/calling-truce-political-wars/.

Leonhardt, D., & Quealy, K. (15 mai 2015), „How your hometown affects your chances of marriage", *The Upshot* [Blog post], https://www.nytimes.com/interactive/2015/05/15/upshot/the-places-that-discourage-marriage-most.html.

Luguri, J. B., Napier, J. L., & Dovidio, J. F. (2012), „Reconstruing intolerance: Abstract thinking reduces conservatives' prejudice against nonnormative groups", *Psychological Science, 23*(7), pp. 756-763.

Match.com. (2012), Match.com presents Singles in America 2012, *Up to Date* [blog], http://blog.match.com/sia/.

Moody, C. (20 februarie 2017), „Political views behind the 2015 Oscar nominees", CNN, http://www.cnn.com/2015/02/20/politics/oscars-political-donations-crowdpac/.

Post, S. G. (2005), „Altruism, happiness, and health: It's good to be good", *International Journal of Behavioral Medicine, 12*(2), pp. 66-77.

Real Clear Politics (9 iulie 2014), „Glenn Beck: I'm bringing soccer balls, teddy bears to illegals at the border", http//www.realclearpolitics.com/video/2014/07/09/glenn_beck_im_bringing_soccer_balls_teddy_bears_to_illegals_at_the_border.html.

Robb, A. E., Due, C., & Venning, A. (16 iulie 2016), „Exploring psychological wellbeing in a sample of Australian actors", *Australian Psychologist*.

Schittenhelm, C. (2016), „What is loss aversion?", *Scientific American Mind, 27*(4), pp. 72-73.

Settle, J. E., Dawes, C. T., Christakis, N. A., & Fowler, J. H. (2010),

„Friendships moderate an association between a dopamine gene variant and political ideology", *The Journal of Politics, 72*(4), pp. 1189-1198.

Verhulst, B., Eaves, L. J., & Hatemi, P. K. (2012), „Correlation not causation: The relationship between personality traits and political ideologies", *American Journal of Political Science, 56*(1), pp. 34-51.

Wilson, M. R. (23 august 2010), „Not just News Corp.: Media companies have long made political donations", *OpenSecrets Blog,* https://www.opensecrets.org/news/2010/08/news-corps-million-dollar-donation/.

CAPITOLUL 6: Progresul

Akiskal, H. S., Khani, M. K., & Scott-Strauss, A. (1979), „Cyclothymic temperamental disorders", *Psychiatric Clinics of North America, 2*(3), pp. 527-554.

Angst, J. (2007), „The bipolar spectrum", *The British Journal of Psychiatry, 190*(3), pp. 189-191.

Bellivier, F., Etain, B., Malafosse, A., Henry, C., Kahn, J. P., Elgrabli-Wajsbrot, O., Grochocinski, V. (2014), „Age at onset in bipolar I affective disorder in the USA and Europe", *World Journal of Biological Psychiatry, 15*(5), pp. 369-376.

Birmaher, B., Axelson, D., Monk, K., Kalas, C., Goldstein, B., Hickey, M. B., Kupfer, D. (2009), „Lifetime psychiatric disorders in school-aged offspring of parents with bipolar disorder: The Pittsburgh Bipolar Offspring study", *Archives of General Psychiatry, 66*(3), pp. 87-296.

Bluestein, A. (Februarie 2015), „The most entrepreneurial group in America wasn't born in America", http://www.inc.com/magazine/201502/adam-bluestein/the-most-entrepreneurial-group-in-america-wasnt-born-in-america.html.

Boucher, J. (2013), *The Nobel Prize: Excellence among immigrants*, George Mason Uni versity Institute for Immigration Research.

Burns, J. (15 iulie 2016), „How the niche sex toy market grew into an unstoppable $15B industry", http://www.forbes.com/sites/janetwburns/2016/07/15/adult-expo-founders-talk-15b-sex-toy-industry-after-20-years-in-the-fray/#58ce740538a1.

Chen, C., Burton, M., Greenberger, E., & Dmitrieva, J. (1999), „Population migration and the variation of dopamine D4 receptor (DRD4) allele frequencies around the globe", *Evolution and Human Behavior, 20*(5), pp. 309-324.

Eiben, A. E., & Smith, J. E. (2003), *Introduction to evolutionary computing* (vol. 53), Heidelberg: Springer.

Huff, C. D., Xing, J., Rogers, A. R., Witherspoon, D., & Jorde, L. B. (2010), „Mobile elements reveal small population size in the ancient ancestors of *Homo sapiens*", *Proceedings of the National Academy of Sciences, 107*(5), pp. 2147-2152.

Intergovernmental Panel on Climate Change (2014), IPCC, 2014: Summary for policymakers, în *Climate change 2014: Mitigation of climate change* (Contribution of Working Group III to the Fifth Assessment Report of the Intergovernmental Panel on Climate Change), New York, NY: Cambridge University Press.

Keller, M. C., & Visscher, P. M. (2015), „Genetic variation links creativity to psychiatric disorders", *Nature Neuroscience, 18*(7), p. 928.

Kohut, A., Wike, R., Horowitz, J. M., Poushter, J., Barker, C., Bell, J., & Gross, E. M. (2011), *The American-Western European values gap*, Washington, D.C.: Pew Research Center.

Kurzweil, R. (2005), *The singularity is near: When humans*

transcend biology, New York: Penguin.

Lino, M. (2014), „Expenditures on children by families, 2013", Washington, D.C.: U.S. Department of Agriculture.

McRobbie, L. R. (11 mai 2016), „6 Creative ways countries have tried to up their birth rates", http://mentalfloss.com/article/33485/6-creative-ways-countries-have-tried-their-birth-rates.

Merikangas, K. R., Jin, R., He, J. P., Kessler, R. C., Lee, S., Sampson, N. A., Ladea, M. (2011), „Prevalence and correlates of bipolar spectrum disorder in the World Mental Health Survey Initiative", *Archives of General Psychiatry, 68*(3), pp. 241-251.

Nicolaou, N., Shane, S., Adi, G., Mangino, M., & Harris, J. (2011), „A polymorphism associated with entrepreneurship: Evidence from dopamine receptor candidate genes", *Small Business Economics, 36*(2), pp. 151-155.

Project Nourished–A gastronomical virtual reality experience, (2017), http://www.projectnourished.com.

Ranasinghe, N., Nakatsu, R., Nii, H., & Gopalakrishnakone, P. (Iunie 2012), „Tongue mounted interface for digitally actuating the sense of taste", în *2012 16th International Symposium on Wearable Computers* (pp. 80-87), Piscataway, NJ: IEEE.

Roser, M. (2 decembrie 2017), „Fertility rate", *Our World In Data*, https://ourworldindata.org/fertility/.

Smith, D. J., Anderson, J., Zammit, S., Meyer, T. D., Pell, J. P., & Mackay, D. (2015), „Childhood IQ and risk of bipolar disorder in adulthood: Prospective birth cohort study", *British Journal of Psychiatry Open, 1*(1), pp. 74-80.

Wadhwa, V., Saxenian, A., & Siciliano, F. D. (octombrie 2012), *Then and now: America's new immigrant entrepreneurs, part VII*, Kansas City, MO: Ewing Marion Kauffman Foundation.

CAPITOLUL 7: Armonia

Gloria, M., Iqbal, S. T., Czerwinski, M., Johns, P., & Sano, A. (2016), „Neurotics can't focus: An in situ study of online multitasking in the workplace", *Proceedings of the 2016 CHI Conference on Human Factors in Computing Systems*, New York, NY: ACM.

Killingsworth, M. A., & Gilbert, D. T. (2010), „A wandering mind is an unhappy mind", *Science*, *330*(6006), pp. 932-934.

Lee, K. E., Williams, K. J., Sargent, L. D., Williams, N. S., & Johnson, K. A. (2015), „40-second green roof views sustain attention: The role of micro-breaks in attention restoration", *Journal of Environmental Psychology, 42*, pp. 182-189.

Mooney, C. (26 mai 2015), „Just looking at nature can help your brain work bet- ter, study finds", *Washington Post*, https//www.washingtonpost.com/news/energy-environment/wp/2015/05/26/viewing-nature-can-help-your-brain-work-better-study-finds/.

Raskin, A. (4 ianuarie 2011), „Think you're good at multitasking? Take these tests", *Fast Company*, https://www.fastcodesign.com/1662976/think-youre-good-at-multitasking-take-these-tests.

Robinson, K. (8 mai 2015), „Why schools need to bring back shop class", *Time*, http://time.com/3849501/why-schools-need-to-bring-back-shop-class/.

TINYpulse, (2015), *2015 Best Industry Ranking. Employee Engagement & Satisfaction Across Industries*.

idei // observații // note

idei // observații // note

idei // observații // note

idei // observații // note

Tiparul executat de:
S.C. EVRIKA EURODIPS S.R.L.
Galaţi
E-mail: office@evrikagalati.ro